자연은 가장 긴 실만을 써서 무늬를 짠다

이 책에 쏟아진 찬사들

과학은 인간사에 관심을 지닌 현실의 사람이 하는 일이다. 이 책은 정확하면서도 감동적인 방식으로 과학의 인간적인 측면을 이야기한다.

— 션 캐럴, 칼텍 이론물리학자이자 『빅 픽처』의 저자

타스님 제흐라 후사인은 생명, 사랑, 물리학을 시처럼 감동적으로 표현한다. 물리학, 아니 과학이 무엇인지를 알고 싶은 모든 이에게 이 놀라운 책을 추천한다. 놀라운 열정과 재능으로 물리학 역사의 가장 기념비적인 순간을 탁월하게 기술한다.

— 아미르 D. 악셀, 『0을 찾아서』의 저자

힉스의 발견에 이르기까지, 현대 물리학의 발전 과정을 경쾌한 어조로 고찰한다. 후사인은 기자와 젊은 이론 연구자의 대화를 통해, 그리고 목격자의 눈을 통해 그 창조의 실을 따라간다.

— 존 후스, 하버드 대학교 과학 교수

"이론물리학자는 어떻게 생각할까?" 타스님 제흐라 후사인은 안다. 그녀는 그들의 목적을 알고, 열정을 느끼고, 좌절을 포착하고, 성공의 기쁨을 함께한다. 이 책은 허구의 장치를 통해 여느 대중 과학책보다 더욱 명쾌하게 물리학적 사고의 역사 — 근원에 있는 탐구심과 본질적으로 결과에 개의치 않는 태도 — 를 들려준다.

탁월한 구성에 유려한 문체로 물리학 역사를 따라가는 여행을 허구 속 인물들의 모험담처럼 들려준다. 각각의 모험담은 느슨하게 다른 모험담으로 이어지고, 이야기꾼들은 서로 전자우편을 주고받는다. 흔히 "도저히 내려놓을 수가 없다"는 표현이 찬사의 말로 쓰이곤 하지만, 이 책은 다음 이야기로 넘어가기 전에 잠시 멈추고 음미할 때 더 깊이 읽을 만하다. 각 장은 물리학에서 중요한 개념이 출현한 순간을 포착할 뿐 아니라, 그 발전을 둘러싼 인물, 문화, 시대까지도 다룬다. 그러니 시간을 내어, 짬짬이 멈추고 사색하면서 인내심을 발휘하기를. 충분한 보상을 얻을 테니까!

타스님 제흐라 후사인은 패러다임을 바꿀 발견의 최전선에서 일하는 과학자들의 도전 과제와 흥분을 흥미진진하게 묘사하면서 또 다른 깨달음을 안겨준다. 힉스 장이라는 역사적인 발견으로 끝을 맺는 이 이야기는 우리가 기초 물리학을 이해해온 과정을 재기 넘치게 설명한다. 상상을 자극하는 비유로 가득한 여러 목소리를 통해 시간과 공간을 엮음으로써 현재 우리가 현실을 어떻게 이해하고 있는지를 보여준다.

— 엘리자베스 F. 매코맥, 브린모어 대학교 물리학 교수

과학적 발견의 과정을 인간적인 요소에 초점을 맞추어 묘사한다. 대담한 추측, 잘못 들어선 길, 과학자들의 경쟁심, 든든하게 받쳐주는 공동체를 통해 편지와 학술 논문을 쓴 저자들의 관점에서 이야기를 끌어나간다. 명쾌하면서 흠 잡을 데 없는 글에 인간의 행동을 물리학의 관점에서 묘사하는 재치 있는 내용이 틈틈이 섞여 있다. 심오한 연구에 몰두하는 글재주 좋은 과학자의 책이다. 물리학을 연구하지만 숲을 보지 못하고 나무만 보는 이들 — 우리 대다수를 뜻한다 — 은 인간의 마음이 빚어낸 장엄한 구성물인 원대한 통합을 쉽고도 명쾌하게 다룬 이 멋진 책이 한눈에 보여주는 숲의 장관을 즐기게 될 것이다.

— 아사드 아비디, UCLA 공학 교수

타스님 제흐라 후사인은 과학의 팽팽한 실들과 풍부한 상상력을 발휘하여 짜낸 시간의 실들을 노련하게 시적으로 엮어 멋진 태피스트리를 짠다. 물리학의 씨실과 사랑의 날실이 엮이면서 유쾌한 읽을거리를 자아낸다. 사과의 낙하에서 힉스 보손이 어른거리는 양성자의

4

충돌에 이르는 낯선 힘들이 유려한 글을 통해 우리 곁에 친숙하게 다가온다.

— 조지프 마주르, 『수학 기호의 역사』의 저자

이 매우 독창적인 책은 자연의 법칙을 이해하려는 인간의 어찌할 수 없는 집착을 새로운 관점에서 보게 한다. 시간과 공간을 솜씨 좋게 엮은 이 여행기를 통해, 저자는 물리학자들이 "진정한 금덩어리, 유일한 불로장생약"을 찾기 위해 어떤 노력을 하는지를 실감 나게 보여준다.

— 프레디 카차조, 퍼리미터 이론물리학 연구소

저자의 관찰력 뛰어난 화자들은 뉴턴, 맥스웰, 아인슈타인, 보어 등의 지적 혁명을, 현대의 수수께끼들로 이어지는 드라마를 목격한 이들이다. 저자는 심오한 물리학 지식을 이용해 새로운 장르를 창조한다. 물리학의 역사적 순간을 그와 관련된 인물들과 함께 상상하여 한 편의 이야기 속 이야기로 엮은 진정한 과학 소설을 썼다.

— 마크 A. 피터슨, 『갈릴레오의 뮤즈』

아이작 뉴턴부터 끈 이론에 이르기까지 물리학에서 발견이 일으킨 흥분을 흥미진진하게 묘사한다. 매우 성공적이지만 불완전한 우리의 우주 이해로 이어진 개념들의 역사를 접하면서 짜릿함을 느끼고 싶은 모든 이에게 추천한다.

이 책은 연애, 물리학과의 연애를 보여준다. 공식과 수학이 아니라, 우리가 우주를 이해하는 방식을 바꾼 이들에 관한 책이다. 오래되었거나 새로운 역사적 발견들을 매우 사적인 방식으로 접하게 될 것이고, 발견의 배후에 있는 추진력이 스스로 해결하고자 애쓰는 문제와 열정적인 관계를 맺을 때가 아주 많다는 사실을 알아차릴 것이다.

칼비노의 소설을 떠올리게 하는 자기 참조적 구조와 매코맥의 『어느 고전 물리학자의 밤 생각』과 비슷한 전제 — 허구가 물리학에 생기를 불어넣을 수 있다는 — 를 통해 저자는 당대에 아마추어 애호가들이 보았을 법한 시선으로 역사적인 발견들을 둘러보는 여행길로 우리를 안내한다. CERN에서 이루어진 힉스 보손의 발견이 계기가 되어 열정 넘치는 젊은 물리학자와 고군분투하는 과학 기자 사이에 오가는 전자우편을 통해 펼쳐지는 이야기 속에서 뉴턴, 맥스웰, 아인슈타인이 엮는 '태피스트리'의 긴 실들이 물리학의 역사적 순간을 목격했다고 상상한 인물들의 편지를 통해 드러난다. 이윽고 이야기는 힉스 보손의 발견으로 이어지고 끈 이론으로 매듭지어진다.

한 연구 분야의 발전을 탁월하게 해석하면서 수준 높은 문학적 성취를 이룬 대중 과학책은 아주 드물다. 저자는 물리학의 몇몇 분야들을 탁월하게 묘사하면서 주요 발견이 이루어진 그 장소와 시대의 목소리를 통해 역사적·지리적 풍경도 멋지게 그려낸다. 이론물리학자들은 CERN, 닐스보어 연구소, 트리에스테, 스톡홀름, 하버드와 케임브리지 대학교를 다룬 부분을 읽을 때 고개를 끄덕이면서 인정할 것이다. 저자는 분명히 이 모든 곳에서 지냈을 것이다. 나는 기초 물리학을 통합하려고 시도한 온갖 단계들을 다룬 많은 대중서들을 읽었지만, 이렇듯 잘 읽히고 설득력 있는 책은 접한 적이 없다.

— 올프 린드스트룀, 웁살라 대학교 물리학 교수

후사인은 지난 3백 년 동안 이루어진 물리학의 가장 중요한 발견 여섯 가지를 살펴본다. 각 사례는 그 발견의 시대를 산 허구적인 주인공의 눈을 통해 제시된다. 그 덕분에 우리는 발견이 이루어지는 그 순간을 거의 직접 눈으로 보는 듯한 느낌을 받으면서, 발견의 본질 자체에 대한 깨달음도 얻는다. 이 발견의 장면들은 그 자체로 눈을 뗄 수 없는 한 편의 이야기로 엮여 있다. 후속편이 기대된다.

— 크리슈나 라자고팔, MIT 물리학 교수

내 모든 이야기의 출발점인

아미와 아부에게

자연은
가장 긴 실만을 써서
무늬를 짠다

타스님 제흐라 후사인 ｜ 이한음 옮김

ONLY THE
LONGEST
THREADS

EBS
BOOKS

이 책의 제목 '자연은 가장 긴 실만을 써서 무늬를 짠다'는 양자전기역학의 재규격화이론을 완성해 1965년 노벨물리학상을 공동 수상한 리처드 파인만의 1964년 코넬 대학교 특강의 맺음말 중 일부입니다. 이 특강은 나중에 다른 여러 강연과 묶여서 『물리 법칙의 특성(The Character of Physical Law)』이라는 책으로 발간되었습니다.

차례

자연은 가장 긴 실만을 써서 무늬를 짠다.
따라서 자연의 천은 작은 조각 하나하나가
태피스트리 전체의 짜임새를 드러낸다.
— 리처드 파인만

마음속의 시 한 편

제네바 세른(CERN)

사라

잠듦과 깨어 있음 사이에 비몽사몽의 순간이 있다. 그 모호하고 몽롱한 순간에는 존재 자체가 퍼져 있고 불분명하다. 여러 존재 사이에 흩어져 있는, 마치 상태들의 겹침 속에 있는 듯하다. 그 상태는 빨리 지나간다. 파동 함수가 붕괴한다. 자신의 현실, 수많은 가능성 중에서 선택된 이 특정한 현실로 의식이 흘러든다. 나는 완전히 깨어났을 때 내 선택에 늘 박수갈채를 보낸 것은 아니었지만, 오늘은 선택을 잘했다. 오늘 아침, 나는 다른 어느 곳보다도 바로 여기 있고 싶었으니까. 세른에서 힉스 보손* 정밀 관측이 이루어진 역사적인 순간의 일부로서 말이다.

---

* Higgs boson. 소립자 중 하나로 뒤에서 상세히 설명된다. ― 옮긴이

이 세미나가 열릴 것이라고 발표된 순간부터, 그 모호한 입자가 마침내 관측되었다는 소문이 빠르게 퍼지기 시작했다. 나는 추측이 사실로 바뀌는 광경을 지켜볼 엄청난 기회가 왔음을 알아차렸기에, 감언이설로 꾀는 전자우편을 쓰고, 간청하는 전화를 걸고, 갖은 술책을 부려 방문자 신분증을 얻고, 제네바로 가는 열차표를 끊었다. 힉스 보손은 수십 년 전부터 존재할 것이라고 강력하게 예견되어왔지만, 그 가능성이 확신으로 바뀌는 순간, 우리의 지식은 상전이를 일으킬 터였다. 즉 전환점이든 계단 함수든 다른 뭐라고 부르든 간에 불연속적인 변화가 일어날 것이다. 과학의 풍경을 바꾼 발견을 다룬 글을 읽을 때마다 나는 당시 그 자리에 있었던 사람들, 자신의 발밑에서 지축이 흔들리는 것을 느꼈을 사람들은 과연 어떤 기분이었을지 궁금해진다. 오늘 모든 일이 계획대로 진행된다면, 그 충격을 직접 경험할지도 모르겠다. 그 예측이 옳았음이 증명된다면, 우리는 몇 시간 사이에 갑작스럽고 돌이킬 수 없는 새 시대로 진입할 수도 있다.

　　목적지에 도착하기도 전에 웅얼거리는 목소리들이 들린다. 문은 오전 7시 30분이 되어야 열리겠지만, 나는 운명의 시간을 놓치고 싶지 않았기에, 자정이 지난 직후에 도착했다. 아직은 몇 명밖에 없었다. 노트북을 들여다보는 이도 있고, 책을 읽고 있는 이도 있다. 간간이 사람들이 모여들면서, 군중은 기하급수적으로 늘어났다. 지켜보고 있자니, 흩어져 있던 사람들은 자발적으로 체계를 갖추어 하나의 패턴을 이룬다. 그래프에 자료 점들이 추가되는 것처럼 사람들은 여기저기 무리를 지어 모였다가, 이윽고 더 바깥으로 퍼지면서 빈 공간을 다 차지하고 하나로 융합되어 연속체를 이룬다.

줄은 입구에서부터 뱀처럼 구불구불 이어져 대회의실을 지나 계단 아래로 뻗어 있다. 일찍 와서 충분히 휴식을 취한 우리 같은 이들은 이제 일어선다. 대학원생임을 분명히 알 수 있는 이들이 많다. 나는 어디에서든 그들을, 우리 부족의 표식을 알아볼 것이다. 깨어 있기 위해 어떤 이들은 화장실로 가서 얼굴에 찬물을 뿌려대고, 어떤 이들은 커피를 계속 들이켠다. 마치 때를 맞추는 양, 화재경보기 소리가 온 복도에 시끄럽게 울려 퍼진다. 그러나 아무도 움직이지 않는다. 나는 줄에서 빠져나가 맡은 자리를 잃느니 차라리 연기에 쓰러지겠다는 것이 모두의 심경이 아닐까 추측한다.

리포터, 사진사, 기자 등이 줄에 합류하면서 군중은 록 콘서트 관중에 버금갈 만큼 늘어난다. 보손이 존재한다는 증거를 갖기 전임에도 힉스 보손 파파라치가 등장했구나 하는 생각이 문득 떠올라, 나도 모르게 웃음이 터져 나온다. 그 소리에 몇 명이 나를 쳐다보고, 모두가 조심스럽게 흘깃 훑어보는 가운데 한 명이 웃음 짓는 모습이 눈에 들어온다. 내 마음을 안다는 듯한, 심지어 약간 공감한다는 기색도 있는 호의적인 웃음이다. 그 웃음을 지은 남자는 머리도 눈도 검은색이고, 어디선가 본 듯도 하다. 그랬으면 하는 생각 때문이 아니라, 전에 분명히 보았기 때문이다. 어디서였는지는 기억나지 않지만.

그는 누군가와 전화로 이야기하는 중이다. 이탈리아 억양인가? 판단을 내리기 전에 강당 문이 열린다. 사람들이 우르르 안으로 쏟아져 들어간다. 나도 휩쓸려 — 수백 명과 함께 — 성소로 들어간다.

제네바 세른

레오

그녀가 어디로 갔지? 1분 전만 해도 바로 여기서 대강당으로 들어가려는 인파에 밀리고 있었는데? 조가 전화를 걸지 않았다면 그녀를 계속 지켜볼 수 있었을 텐데. 게다가 그는 딱히 와닿을 만한 할 말이 있었던 것도 아닌 듯하다. "레오, 오늘 모든 사람과 그 동료들이 이 보손 기사를 쓸 거야. 나는 네가 돋보이는 기사를 쓸 것이라고 기대하고 있어. 뭔가 참신하게 들리도록 써." 봄을 참신하게 들리도록 쓰는 편이 낫지 않을까? 아니면 사랑을? 또는 죽음을 다룬 다른 어떤 기사를?

나는 조의 말에 별로 개의치 않는다. 그의 말이 쓰라린 것은 그저 내 신경을 건드리기 때문이다. 내가 쓰는 기사에 스스로 점점 만족을 못 느낀다고 털어놓지 말았어야 했다. 나는 그에게 여전히 과학에 관해 쓰고 싶지만, 다른 식으로 쓰고 싶다고 말한 바 있다. 편집자가 으레 하듯이, 조가 이 새로운 방식이 어떤 것인지 물었을 때 나는 딱 부러지게 대답하지 못했다. 내가 할 수 있었던 말은 그저 내 설명이 명확할 때에도 뭔가 빠져 있다는 점을 알아차린다는 것뿐이었다. 나는 단어들 사이에 균열이 있음을 알아볼 수 있지만, 그 틈새를 어떻게 메워야 할지는 알 수가 없다. 답이 손에 잡힐 듯 말 듯한 거리에서 맴돈다는 느낌을 받을 때도 있지만, 손을 뻗으면 그냥 증발해 사라진다. 나는 그런 안타까운 상황이 슈뢰딩거의 고양이 같다고 했다. 바라봄으로써 내가 고양이를 죽이는 것이라고.

그 유추가 좀 와닿았는지, 조는 내게 새로운 시각을 놓고 뭐라 할 생각은 전혀 없지만, 그것을 찾아낼 때까지 아무튼 기사를 계속 써야 한다고 말했다. 그는 이렇게 경고했다. "이런저런 새 목소리를 실험하느라 시간을 낭비하지 마. 우리 일터는 문예지가 아니라 대중 잡지라고." 그렇게 말해놓고는 어떻게 싹 돌아서서 시간이 급박하다는 사실과 독창적인 접근법을 갈구하는 내 웅어리진 욕망을 상기시킬 수 있는 걸까? 조의 때를 못 맞춘 전화에 짜증이 나서 좀 길게 그쪽에 신경 쓰는 바람에 빨간 백팩을 멘 여성을 놓치고 말았다.

오늘 기사를 어떤 방향으로 쓸지도 아직 판단이 서지 않았다는 사실 때문에 더 짜증이 난다. 좀 다른 각도에서 문제에 접근하려는 시도를 하다가 이미 충분히 시간을 허비한 상태다. 이번에는 정면으로 맞서야 한다.

조가 내 평정을 흩뜨리기 전까지, 나는 꽤 흡족해하고 있었다. 이곳의 소동을 보면서 신나고 흥분해 있었고, 여기서 뭔가를 보거나 들으면 곧바로 단어들이 흘러나올 것이라고 기대했다. 기사에 쓸 만한 것이 있을까 주위를 흘깃 둘러보니, 많은 사람들이 노트북, 태블릿, 스마트폰 등 자신의 기기에 시선을 고정한 채 인터넷을 검색하고 있는 모습이 보였다. 나는 궁금해졌다. 그들은 이곳이 월드와이드웹의 탄생지임을 알까? 디지털 우주가 기원한 이곳에서 물리적 우주의 기원도 탐사되고 있다는 사실을 생각하는 이가 있을까?

고생물학자나 고고학자와 달리, 물리학자에게는 연구를 시작할 유적이나 화석이 없다. 변하지 않은 채 후대로 전해지는 것이 전혀 없다. 물리학자가 연구하는 모든 것은 변형되고 진화하고 융합한다. 진리는 그냥 발굴할 수 있는 것이 아니라 재현해야 한다. 우주가 막 탄생하여 에너지로 가득

차서 이글거릴 때, 몇몇 입자가 부글거리다가 터져 나왔다. 혼돈 속에서 나타났다가 곧바로 붕괴하여 망각 속으로 사라진 이 입자들은 많은 비밀을 간직하고 있었다. 우리는 힉스 보손이 그때 형성된 입자 무리의 일부였고, 우리에게 들려줄 이야기를 많이 간직하고 있을 것이라고 믿지만, 실제로 그 입자를 접하기 전까지는 아무것도 알 수 없다. 확실히 알 수 있는 방법은 오로지 처음에 이 보손을 출현시킨 바로 그 원초적인 에너지를 생성하는 것뿐이다. 강입자 충돌기(LHC, Large Hadron Collider)가 하는 일이 바로 그것이다. 이 장치는 내가 서 있는 땅 밑에 묻혀 있다. 거대한 고리 안에서 양성자 빔을 엄청난 속도로 가속시킨다. 빅뱅 이후 처음 몇 초 이래로 본 적이 없는 에너지에 도달할 때까지 계속 가속한다. 그런 다음 양성자들을 서로 정면으로 충돌시킨다. 그때 에너지가 분출되면서 온갖 입자들이 쏟아져 나온다. 우리는 그중 하나가 좀처럼 보기 힘든 힉스 보손이기를 희망한다.

기사의 첫머리를 이런 식으로 쓰면 괜찮지 않을까? 머릿속에서 다시 단어들이 줄달음치고 있었지만, 그 뒤에 어떻게 '우주의 기원'이나 디지털-물리 세계의 유추로 이어갈지 막

막하기만 했다. 바로 그때 그 소리가 들렸다. 마치 새장에 갇혀 있던 종다리가 풀려나면서 내는 듯한 웃음소리가 한순간 흥거운 곡조처럼 울려 퍼졌다. 고개를 돌리자마자 그녀가 한눈에 들어왔다. 마치 실수로 웃음을 터뜨렸다는 양, 쑥스러운 웃음을 짓고 있었다. 나도 마주 보며 웃음을 지어주었다. 그저 괜찮다고 안심시키려는 의도에서였다. 그런데 그녀의 얼굴, 부드러운 갈색 머리칼, 담갈색 눈을 보는 순간, 그녀를 전에 본 적이 있다는 생각이 떠올랐다.

작년 봄 나는 하버드 대학교의 고에너지 이론 연구 그룹(High Energy Theory Group)에 관한 심층 취재 기사를 쓴 적이 있었다. 교수 몇 명의 경력을 소개하면서 그들의 연구 활동을 살펴본 기사였다. 나는 그들을 인터뷰하기 위해 학교를 방문했는데, 제퍼슨 연구소라고 짐작한 붉은 벽돌 건물로 가고 있을 때, 분홍색 꽃이 화사하게 핀 나무 밑에 앉아 있는 한 여성이 눈에 들어왔다. 그녀는 고개를 숙인 채 펜을 입으로 씹으면서 책을 들여다보고 있었고, 그 주변으로 떨어진 꽃잎들이 널려 있었다. 순간 내가 제대로 가고 있는지 확인하고 싶은 충동이 일었다. 나는 그녀에게 다가가 물리학과가 어디인지 물었다. 그녀는 바로 앞쪽을 가리켰다. 나는 누구를 찾아갈지 말했고, 그녀는 오른쪽 사무실로 가라고 하면서 길을 설명해주었다. 몇 마디 대화와 몇 차례의 웃음을 주고받은 뒤에 나는 갈 길을 갔다.

그녀와의 만남은 그것이 전부였건만, 그때의 일이 오늘 세세한 부분까지 다 기억난다. 한순간 스쳐 지나간 대상이 지속적인 영향을 미칠 수 있다는 생각이 문득 든다. 순식간에 나타났다가 사라지는 덧없는 입자들은 우리 우주가 펼쳐지는 방식에 중요한 역할을 한다. 나는 뻗어나가려는 생각을 멈추었다. 감상적인 인사장이 아니라 기사를 써야 했다. 그러면서도 나는 목을 빼면서 그녀를 찾고 있었다.

사람들이 쉴 새 없이 이리저리 밀리는 와중에 잠깐씩 생기는 틈새를 통해, 그녀의 백팩이 언뜻 눈에 띄었다가 곧 다시 사라졌다. 바로 그때 한 문장이 머릿속에 떠올랐다. "소립자들의 상호 작용은 데이터의 짙은 안개에 가려져 있어, 엿보는 인간의 눈에 보이지 않는다." 이 정도면 기사의 첫 줄로 쓸 만하지 않을까! 그 문장은 내 마음을 사로잡았다. 나는 나중에 쓸 시간이 충분하다고 ― 빛나는 웃음을 지닌 그 여성을 찾은 뒤에 — 스스로에게 말했지만, 단어들은 본래 제 의지를 갖고 있기에 머릿속에서는 기사가 계속 이어졌다.

"아원자 세계의 비밀을 알아내려는 우리 같은 이들은 안개가 갈라지기를 바라면서 그 안에 구멍을 뚫고 옆으로 휘저으면서 인내심을 갖고 앉아 있어야 한다. 오늘 아침 한순간 안개가 걷혔고, 우리는 오랫동안 찾고 있던 힉스 보손일 가능성이 가장 높은 새 입자를 언뜻 포착했다." 흠, 완벽하지는 않아도 그리 나쁘지는 않았다. 그런데 기억하기에는 너무 길었다. 잊어버리기 전에 적어두기 위해 펜을 꺼내려는 바로 그때 예고도 없이 조가 전화를 했고, 문이 열렸고, 그 소동 속에 그녀를 잃어버렸다.

기자실에 앉아서 나는 앞에 걸린 커다란 스크린을 응시했다. 이 역사적인 순간을 방송할 장비도 다 설치되어 있었다. 이 가상 유리창을 통해 대강당의 모습이 비쳤다. 계단에까지 사람들이 앉아 있는 모습이 보였다. 서 있을 자리조차 없었다. 나는 그 미소 띤 얼굴의 여성을 찾아 좌석을 한 줄 한 줄 다 훑었지만, 군중 속에서 그녀를 찾아낼 수가 없었다. 어쩌면 그녀는 그저 나의 뮤즈일지도 모른다. 아무튼 내 기사의 첫 줄에 영감을 주었으니까. 나는 작년의 그 기사도 호평을 받았다는 점을 떠올렸다. 그녀를 다시 본 것은 이번 기사도 잘될 것이라는 징조일 수 있었다. 그러나 스스로에게 그렇게 말하면서도 나는 스크린을 응시한 채 빨간 백팩을 찾으려고 애썼다. 아직 행운은 찾아올 기미를 보이지 않았다. 실험자들이 산더미 같은 데이터를 훑으면서 어떤 얼룩, 비정상적인 것을 찾을 때 느끼는 좌절감이 이와 비슷하지 않을까 하는 생각이 들었다. 무언가 눈에 확 들어오는…….

사라

그 웃음이 나를 안다는 의미였을까, 아니면 제멋대로 터져나온 내 웃음에 그냥 호의적으로 반응한 것일까? 전에 만난 적이 있나? 앉을 자리를 찾으면서, 나는 머릿속에 떠오르는 사람들을 죽 훑어본다. 함께 학교를 다닌 사람은 분명히 아니다. 이탈리아인이나 그쪽 혈통처럼 보인다. 어디서 무슨 일로 만났을까? 배낭을 의자 밑에 쑤셔 넣고 다시 허리를 펴는 순간, 아하, 기억이 난다. 그는 작년에 고에너지 이론 연구 그룹 기사를 쓴 기자였다. 우리는 제퍼슨 연구소 바깥에서 만났고, 내가 그에게 사무실로 가는 길을 알려주었다. 물리학과의 우리 모두는 그 기사가 어떻게 나왔는지 잘 알았다. 균형 잡힌 시각에서 잘 쓴 기사였다. 그는 연구자들을 희화화하지 않았고, 그들의 연구 경력에 입발림하는 칭찬을 늘어놓지도 않았다. 그러나 그 기사가 크게 호평받은 것은 그가 연구 정신과 그 연구에 매달려 있는 사람들과 그들의 삶을 제대로 포착했기 때문이다. 그 기사는 내가 지나다니는 복도 게시판에 꽤 오랫동안, 몇 달 동안 붙어 있었고, 나는 작게 나온 그의 사진과 이름도 본 적이 있었다. 그의 이름은 레오나르도…… 뭐 그런 쪽이었다. 친구들에게 그와 잠시 마주쳤다는 이야기를 하자, 그들은 노골적으로 떠들어댔다. "그는 귀여워. 물리학도 알아. 아주 잘 안다는 것도 보여주었지. 더 이상 뭘 바라는 거니? 왜 그렇게 서둘러 쫓아버린 거니? 뭔가 할 말을 찾아냈어야지!" 여기서 그를 다시 보았다는 사실을 친구들이 알면, 쓸데없는 일에 매달리느라 기회를 낭비했다고 온갖 잔소리를 해댈 것이고, 열변이 다 끝날 때까지 내 속만 태우고 있을 것이 뻔하다.

내가 의자에 앉자마자 누군가 내 어깨를 두드린다. 뒷줄에 앉은 여성이 자신과 친구들의 사진을 찍어달라고 부탁한다. 눈을 감는 사람이 나올까 봐, 서너 장 찍어준다. 주변의 모두가 시간의 한순간만큼이나 형태 없는 무언가를 형태 있는 기록으로 남기기 위해 카메라 — 그리고 카메라 폰 — 를 눌러대고 있다. 우리는 순간을 포착하려는 본능이 아주 강하다. 역사 내내 우리는 그림과 사진을 통해 자신의 여행을 기록해왔다. 우리가 지금 하고 있는 마음의 여행에서는 추상적인 데이터가 우리가 떠올릴 수 있는 유일한 추억거리일 때가 많다. 그래서 우리는 그 데이터를 도표와 그래프로 바꾼다. 관계를 드러내고 정보를 시각적으로 보여줄 방법을 찾기 위해서다. 낯선 것을 익숙하게 만들고자 모든 방안을 강구한다.

기대감과 흥분이 뒤섞여 들뜬 분위기가 대강당 안을 가득 채우고 있다. 나는 어떻게든 이 분위기의 정수를 담아둘 수 있으면 좋겠다 싶다. 며칠 전 콩코르드 광장 근처에서 본 기념품점이 떠오른다. 그곳에는 '파리 공기'라는 별난 라벨이 붙은 작은 유리병들이 죽 놓여 있었다. 나는 겉으로는 이 감상적인 함정에 빠지는 어리숙한 관광객들에게 코웃음을 쳤지만, 속으로는 이 예쁜 병을 하나 사고 싶은 유혹을 느꼈다. 집에서 병을 열었을 때 파리의 공기가 내 방을 가득 채우는 광경을 상상했다. 그 말을 입으로 내뱉을 때의 기쁨을 상상하니, 비싼 값을 주고 빈 병을 사는 것도 괜찮다 싶었다. 막 사려는 순간에 친구들이 잡아끌지 않았다면, 그 유혹에 넘어갔을 것이다.

공기를 간직하고픈 욕망은 지금이 더 강렬하다. 지금 바로 여기는 이론물리학이 주는 전율을 실감할 수 있는 매우 드문 일이 벌어지는 현장이다. 우리는 추상적이면서 구체화할 수 없는 개념들을 다루면서 생애의 대부분을 보낸다. 마음속에만 간직할 수 있는 것들이다. 우리가 산을 움직인 것처럼 느낄 때에도, 우리의 성취를 가리키는 표지판 역할을 할 수 있는 물질적인 것은 전혀 없다.

우리 분야에서 쓰는 도구들도 무형의 것들이다. 움켜쥐거나 버릴 물질도 전혀 없고, 우리의 감정을 흡수하거나 반사할 대상도 전혀 없다. 이론물리학은 대체로 사적인 활동, 마음속에서 살아가는 삶이다. 그러나 지금 여기에서 우리를 지배하는 열정이 흘러나와 외부 표현물을 찾아낸 듯하다. 나는 설령 의미 없는 소품이라 할지라도, 이 강당의 분위기를 다시 떠올리는 데 도움이 될 만한 무언가를 간직하고 싶다. '세른 공기: 2012. 7. 4.'라고 라벨을 붙인 볼품없는 주석 깡통이라도 누군가 팔기 시작한다면, 나는 그걸 사기 위해 기꺼이 줄을 설 것이다.

그러면 사람들이 내게 무엇을 연구하는지, 이 세계에 해결할 온갖 구체적인 문제들이 있음에도 왜 추상적인 문제에 매달려 세월을 보내는지 물어올 때, 이 깡통을 내밀 수 있을 텐데. 하나의 수수께끼가 해결되었을 때의 심오한 기쁨을 드러내면서 나는 이렇게 말할 것이다. 그 승리의 분위기를 깊이 들이마셔보세요. 이 공기는 인류가 이룰 수 있는 최고의 성취를 이뤘을 때의 흥분과 기쁨으로 채워져 있어요. 호기심, 영감, 창의성, 협력, 발명, 끈기, 목적의식, 인정을 받았다는 전율이 온몸을 관통하는 기분을 느껴봐요. 이 지식 탐구야말로 우리를 고양시키지요. 우리에게 영예와 존엄성을 부여합니다. 우리가 이루고자 하는 바가 바로 그것이지요.

하지만 그렇게 화려한 수사를 쏟아내면 미쳤다는 소리를 들을 것이다! 입자물리학의 매력을 전달할 더 차분한 방법을 찾아야 한다. 나는 전기에서 GPS와 PET* 영상에 이르기까지 이론 연구에서 따라 나온 온갖 유형의 혜택들을 죽 나열할 수도 있지만, 그런 목록을 주워섬기는 것이 조금 방어적인 태도처럼 보인다. 솔직히 말하자면 사람들은 순수 과학 연구가 인간의 기본 욕구를 충족시키기 때문에 그것을 추구한다. 질문을 하고 답을 찾으려는 욕구는 그 정신을 질식시키지 않고서는 부정할 수가 없다. 전문 지식이 없는 이들에게 경이감과 충족감이라는 원초적인 기분을 전달하려면 어떻게 해야 할까? 어떤 개념을 세세하게 깊이 설명하지 않은 채로, 그것이 나를 잡아당기는 느낌을 어떻게 하면 전달할 수 있을까?

우리가 일군 것들에는 아름다움과 힘이 배어 있다고 한다. 힉스 보손이 오늘 발표된다면 ─ 그 소문의 출처가 예측한 대로 ─ 그 말이 진리임이 다시금 명백해질 것이다. 이 사

---

* Positron Emission Tomography. 양전자 방출 단층 촬영. 몸에서 대사 활동이 활발한 곳을 찾아낸다. ─ 옮긴이

건을 언론에서 유례없는 수준으로 다룬 덕분에, 수십 년 동안 추적되어온 그 모호한 보손이라는 말을 사실상 모두가 들은 셈이었다. 이 "표준 모형*의 마지막 빠진 조각"을 사냥하는 일에 많은 이들이 독창성, 혁신, 부지런함을 쏟아부었다. 그러나 힉스 보손의 발견은 입자물리학 명단에 그저 하나를 더 기입하는 수준이 아니다. 존재했다는 흔적을 전혀 남기지 않고 사라진 입자를 우리가 감지할 수 있다는 논리의 힘을 보여주는 상징이자 증언이다. 발견된다면, 힉스 보손은 입자물리학의 표준 모형뿐 아니라, 사유 체계 전체를 옹호하게 된다. 우리의 방정식이 지혜와 논리를 지닌다는, 우리가 그 안에 집어넣은 것보다 더 많은 것을 안다는 증거가 된다.

주요 인사들이 들어와서 자리에 앉자 박수갈채와 소란이 인다. 나는 당연히 피터 힉스**를 알아보았고, 힉스를 독자적으로 추적하는 두 검출기인 ATLAS와 CMS***를 대변하

---

* Standard Model. 입자물리학의 주류 이론을 가리키는 말로서, 우주의 모든 물질이 17가지 소립자에서 유래했다고 본다. ― 옮긴이

는 인물들인 파비올라 자노티(Fabiola Gianotti)와 조 인칸델라 (Joe Incandela)도 보인다. 양쪽의 결과가 서로 어떻게 들어맞는 지 알아보는 일도 흥미로울 것이다. 세른 사무총장인 롤프디터 호이어(Rolf-Dieter Heuer)가 연단에 선다.

몇 분 지나지 않아 내 앞의 스크린에는 세계에서 가장 정교한 실험의 결과, 기구, 도표가 잇달아 비칠 것이다. 그러나 지금은 이 강당과 매우 흡사한, 지구 반대편에 있는 다른 강당에 가득 들어찬 얼굴들만 비치고 있다. 멜버른에서 열리는 국제 입자물리학 학술 대회장에서 물리학자들이 의자에 들러붙은 채 무슨 일이 일어날지 기대하고 있는 광경이다.

"오늘은 특별한 날입니다." 호이어가 말을 시작한다. 드디어 쇼가 시작된다.

제네바 코르나뱅 역

레오

열차가 출발하기 두 시간 전이다. 나는 기사를 마지막으로 손본 뒤 조에게 보내고 싶다. 밀라노로 돌아가는 열차에서 조금이라도 잠을 청할 수 있도록 나는 벤치에 앉아서 노트북을 펼친 뒤, 내가 쓴 글을 죽 읽는다. 말미에 이렇게 덧붙인다.

"비록 예비 조사 단계이긴 하지만, 오늘 ATLAS와 CMS 검출기에서 나온 결과들은 놀라울 만치 일치했다. 서로 독자적으로 진행된 양쪽 실험에서 125~126GeV*의 에너지 범위에 속한 새로운 입자가 있다는 결정적인 증거가 나왔다. 겉으로 볼 때, 지금까지 발견된 가장 무거운 소립자인 이 보손**은 표준 모형을 완결 짓는 빠진 조각의 모든 특징을 지니지만, 과학자들이 그것을 힉스 보손으로 공식 선언하려면 먼저 한 기준 집합 전체를 충족시킨다는 것을 확인해야 한다.

어떤 특성을 지닌 것으로 드러나든 간에, 이 입자는 분명히 그 부류에서 최초로 밝혀지는 것이다. 물질도 아니고 힘도 아니며, 전혀 새로운 범주에 속한다. 세른 사무총장 롤프디터 호이어는 말한다. '우리는 자연 이해의 한 이정표에 도달했습니다.' 이 새로운 입자의 특성을 더 상세히 연구하는 일은 '우리 우주의 다른 수수께끼들에 빛을 던져줄 가능성이 높습니다'."

아주 썩 마음에 드는 글은 아니지만, 마감 시한이 걸려 있다. 지금으로서는 이 정도로 충분할 것이다.

그렇긴 해도 조금 초조해지는 것은 어쩔 수 없다. 나는 상처에 앉은 딱지를 떼어내고 싶은 충동을 결코 거부하지 못했다. 나는 기사가 시작은 아주 좋지만, 중간 부분이 좀 처지

• 기가전자볼트. 1전자볼트의 10억 배다. 전자볼트는 전자의 에너지를 가리키는 단위 중 하나로, 입자물리학에서 널리 쓰인다. — 옮긴이
•• boson. 양자역학에서는 물질의 기본 입자를 보손과 페르미온이라는 두 종류로 나눈다. 보손은 다시 힘을 전달하는 게이지 보손 네 가지와 입자에 질량을 부여하는 힉스 보손으로 나뉜다. — 옮긴이

고, 마지막은 밋밋하다고 판단한다. 나는 몇몇 단어를 골라 이렇게 저렇게 바꾸어본다. 그래도 전혀 소용이 없다. 명확하고 간결해지긴 했는데, 뭔가…… 울림이 없다. 문제가 무엇인지 콕 찍을 수 있다면 바로잡을 수 있을지도 모른다. 나는 한 번 더 천천히 읽어본다. 관련된 사실들은 모두 언급되어 있지만, 희열감이 느껴지지 않는다. 이유가 무엇일까? 이보손이 그 부류 중 첫 번째라고 적었다. 그 발견이 자연 이해의 한 이정표라고도 적었다. 심지어 우주의 수수께끼들까지 넌지시 암시했다. 무엇을 더 써야 할까? 빠뜨린 것이 뭐지?

점점 조바심이 나는 와중에도 내 마음은 이 질문을 내가 알고 있는 유일한 방법으로 붙잡고 씨름하고 있다. 단어들이 수면으로 떠오른다. 파열된 구절들이 문제를 표현하고자, 문제에 형태와 차원을 부여하고자 애쓰고 있다. 단어와 구절이 쉴 새 없이 오락가락하던 중에 자연사 박물관의 기억이 불현듯 떠오른다. 왜 이 기억이지? 여기서 뭘 말하려는 거지? 나는 그 장면이 무엇을 의미하는지 파악하려고 애쓰면서 스스로에게 그 장면을 묘사해본다. 그러다가 한순간 깨달음이 찾아온다. 마지막 문단이 예전에 보았던 전시회처럼 느껴진다는 것을. 전시 상자에 산뜻하게 꽂혀 있던 나비들로 이루어진 벽을 말이다. 교과서적인 완벽한 전시물이었지만, 내게는 아무런 감동도 주지 못했다. 그 고정된 날개들을 아무리 오래 바라보든 간에, 안무 따위와 상관없이 제멋대로 혼란스럽게 날개를 치면서 날아다니는 모습을 지켜보기 전까지는 나비를 진정으로 알 수 없다. 그 전시회는 너무나 꼼꼼하게 전시물을 배치했다. 움직임도, 생명도, 우연한 만남이 이루어질 기회도 전혀 없었다. 그 전시실에서는 클로로폼 냄새까지 맡을 수 있었다. 내 기사의 끝부분도 비슷한 냄새를 풍긴다.

진단이 나오니 좀 안도감이 생기지만, 그렇다고 해도 치료제는 여전히 눈에 띄지 않는다. 글에 움직임과 생명이 필요하고 우연한 발견이 이루어질 여지도 남길 필요가 있다는 말은 나무랄 데 없지만, 어떻게 해야 그럴 수 있을까? 두통이 밀려오는 것을 느낄 수 있다. 역 주변을 거닐다 보면 좀 나아질 성싶다. 열 발짝쯤 떨어진 곳에 카페가 보인다. 마지막으로 뭘 먹은 것이 언제였더라? 음식이 들어가면 기분이 좀 나아질 수도 있지 않을까?

탁자들 사이를 이리저리 비집고 계산대로 가는데, 뭔가

발에 걸리는 바람에 고꾸라진다. 수상쩍을 만치 익숙한 붉은 띠가 신발에 엉켜 있는 것이 눈에 들어온다. 나는 힐긋 위를 올려다보았지만, 이 각도에서 보이는 것이라곤 멋진 안경뿐이다. 클립처럼 생긴 머리 집게 사이로 부드러운 갈색 머리카락이 흘러내려 얼굴에 커튼처럼 드리운다. 가방끈에서 발을 빼내는데, 그녀가 놀라서 돌아본다. 분명히 그녀다.

그녀가 말한다. "저런, 미안해요. 탁자 밑에 두었다고 생각했어요. 괜찮으세요?"

"괜찮습니다." 나는 서둘러 안심시킨다. 한순간 나는 다음에 뭘 해야 할지 망설인다. 행운의 사고라고 이야기해야 할까? 그녀는 여기에 홀로 와 있다. 이야기를 나누기에 안성맞춤인 상황이지만, 나는 바닥에 넘어지는 꼴사나운 모습을 보인 상태다. 기회를 그냥 흘려보내고 싶지 않지만, 너무 밀어붙이는 것처럼 보이고 싶지도 않다. 뭐라고 말을 꺼내야 하지? 부담 없이 호의적으로 건넬 말이 뭐가 있을까 궁리하던 참에, 힉스 보손이 구원자로 등장한다. 지금 이 순간, 전 세계의 과학 애호가들은 자기 팀이 큰 경기에서 이겼을 때 스포츠 애호가들이 느끼는 것 같은 동료애를 경험하고 있다.

함께 느끼는 기쁨은 낯선 이들 사이에 으레 있는 사회적 장벽을 넘게 해준다. 이 점을 더 깊이 파고들려는 생각을 차단하고, 나는 말한다. "이렇게 묻는 것이 실례일지도 모르겠지만, 아침에 세른에 있지 않았어요? 뵌 것 같아서요."

"맞아요." 그녀가 답한다. 목소리에 흥분한 기색이 역력하다.

"거기서 일하나요?"

"아니, 아니에요. 사실 여기는 그냥 관광객으로 온 거예요. 파리에 들렀다가, 그 세미나 소식을 들었어요. 가까운 곳이어서 오지 않을 수가 없었지요." 그녀는 잠깐 멈추었다가 말을 이었다. "대학원생이에요." 그녀는 마치 앞서 한 문장이 불완전하다는 양 덧붙인다. 마치 자신의 열정을 정당화할 필요가 있다고 느끼는 것처럼 말이다. "물리학을 공부해요."

"오로지 이것 때문에 제네바로 왔다고요?"

"네." 그녀가 고개를 끄덕인다.

단 한 마디였지만, 그 말에 자부심이 엿보인다. 초승달 같은 눈썹과 환한 웃음을 접하니, 그녀를 더 알고 싶어진다. 바로 지금 나는 독자들이 내 글에 보이기를 원하는 반응을 보인다.

"나는 작가입니다. 밀라노에 살아요. 오늘 아침 발표를 기사로 쓰기 위해 왔지요."

"정말 멋진 일을 하시네요."

아직 반응이 모호하고, 그저 예의상 관심을 보인 것일 수도 있지만, 나는 맞장구치기로 한다. "평소라면 대체로 그 말에 동의하겠지만, 지금은 좀 막힌 상태예요. 말이 나온 김에 몇 가지 질문을 해도 될까요? 당신의 관점이 내가 쓰고 있는 기사에 정말 도움이 될 수도 있거든요."

"얼마든지요." 그녀가 탁자 옆 빈 의자를 가리킨다.

내 예상보다 일이 잘 풀리고 있다. 잠시 나는 작년에 있었던 짧은 만남을 이야기할까 고민한다. 그러면 그녀가 좀 편해질까, 아니면 지금까지도 내가 자신을 기억하고 있다는 사실에 오싹한 느낌을 받는 것은 아닐까? 그녀가 나를 알아보았다는 기미를 전혀 보이지 않았기에, 나는 말하지 않기로 한다. 문득 내가 탁자를 손가락으로 두드리고 있다는 사실을 깨닫는다. 초조할 때 나오는 어리석은 습관이다. 나는 그녀가 눈치채기 전에 그 동작을 멈추었기를 바란다.

"먼저 설명을 좀 해야겠네요. 나는 일반 대중에게 과학을 알리는 글을 써요. 그런데 논조를 펼치는 방식이 그다지 마음에 안 들 때가 너무 많아요. 덜 기자가 쓴 글처럼 보이게 하고 더 활기에 찬 글을 쓰고 싶어요. 독자를 내치는 대신에 끌어들이는, 참여를 유도하는 글이지요. 그래서 무엇이 사람들을 과학에 흥분하게 만드는지 이해하려고 노력 중입니다."

그녀는 다시 고개를 끄덕이고, 다시 웃음을 머금는다. 그런데 그걸로 끝이다.

"정확히 무슨 연구를 하나요?" 나는 묻는다. 그녀가 나를 자기 강박증을 지닌, 극도로 자기중심적이면서 신경질적인 유형의 저술가라고 여기기 전에.

"끈 이론을 연구하고 있어요."

"어떤 사람들인지 들었어요! 10차원에서 돌아다닌다는 사람들이죠?" 한순간 침묵이 깔린다. 그 순간이 영원처럼 이어지는 듯하다. 나는 생각한다. 이제 당신 차례예요. 말해요. 아무 말이나 해봐요. 아니면 낯선 사람이 너무 심한 농담을 한 걸까?

그때 그녀가 말한다.

"인정해요. 하지만 오늘 같은 날에는 4차원으로 내려오지요."

이제야 대화가 맞아떨어진다. 이 추진력이 가라앉도록 놔둘 수 없다.

"그러면 오늘 아침의 흥분으로 돌아가서요, 그 발표는 실시간 영상으로 올라오고 있었고 뉴스도 시시각각 계속 갱신되잖아요. 어디에 있든 간에 어떤 일이 일어나는지 거의 즉시 알 수 있을 텐데, 직접 여기로 오고 싶어 한 이유가 뭔가요?"

그녀는 코를 찡그리면서 천장을 올려다본다. "음, 좀 어리석게 들릴 수도 있지만요, 힉스 보손은 내가 학생 때 내내 읽은 것이에요. 오늘 아침 세른에 모인 사람들은 대부분 이 입자를 시험 문제에서 봤을 거예요. 이 입자를 얼마나 잘 아느냐에 따라 성적이 나뉘지만, 그것이 실제로 존재하는지 확실히 아는 사람은 아무도 없었어요. 그런데 갑자기 오늘 그 입자가 교과서 바깥 현실로 걸어 나올 수 있다는 걸 알아차렸죠. 소설 속 인물이 갑자기 현실에 등장하는 것과 비슷해요. 나는 이곳에서 그 입자를 환영하고 싶었어요."

그때 스피커에서 큰 소리로 방송이 나오는 바람에 나는 내가 어디에 있는지 의식하게 된다. 우리는 각자 다른 도시로 떠날 열차를 기다리면서 역에 앉아 있다. 이 우연한 행운의 만남은 곧 끝날 수밖에 없고, 나는 시간이 얼마나 남았는지 알고 싶다.

"열차 타려면 얼마나 남았어요?"

내가 묻자, 그녀는 손목시계를 흘깃 보고는 말한다. "한 시간쯤요. 당신은요?"

나는 그녀보다 좀 더 뒤에 출발한다고 대답한다. 시간이 충분하다고는 할 수 없다. 그녀가 내 인생에서 양자 터널로 빠져나간다면, 물질화했을 때처럼 예기치 않게 사라질 때를 대비하여, 나는 그녀를 다시 찾을 수 있기를 바란다. 적어도 이름은 알아야 한다. 작년에 그렇게 하지 않아서 후회하지 않았던가. 같은 실수를 다시 저지르고 싶지는 않다.

"음, 그런데요, 제대로 소개를 드리지 않았네요. 저는 레오라고 합니다."

"만나서 반갑습니다, 레오 씨. 저는 사라예요."

사라

"저는 레오라고 합니다." 그가 말한다.

나는 "알아요"라는 말이 입 밖에 나오지 않도록 입술을 깨물어야 했다. "만나서 반갑습니다"라고 으레 하는 인사를 할 때, 우리가 전에 만났다는 사실을 내색하지 말자고 스스로에게 상기시킨다. 그것을 만남이라고 부를 수 있다면. 그는 기억하지 못하는 것이 분명하다. 하지만 내가 게시판에 붙어 있는 그의 기사를 계속 본 것과 달리, 그가 자기 학과나 분반이나 뭐라고 부르든 간에 일하는 곳을 새로운 소식이 있는지 알아보러 들를 때마다, 내 사진이 몇 달 동안 그를 바라보고 있던 것은 아니었으니까.

"당신이 말하는 중이었어요." 그가 재촉한다.

"나는 그저 그 순간에 거기에 있고 싶었던 것 같아요." 나는 그렇게 말한다. 더 알고 싶으면, 그는 질문할 수 있다.

"그리고 모든 것이 생각한 대로였나요?" 그는 정말 호기심이 가득한 어조로 묻는다. 마치 이 퍼즐을 풀려고 시도하는 듯하다.

"정말로요!"

레오는 내가 말을 계속하기를 기다리면서 잔뜩 기대하는 표정으로 나를 바라보지만, 나는 어떻게 대답해야 할지 모른다. 일단 이 이야기를 화제로 올리면 나는 계속 끌고 가는 성향이 있다. 그런데 내가 한 말을 아마도 잊을 사람과 그렇게 깊은 대화를 나누고 싶은 것인지 확신이 들지 않는다. 그런 한편으로, 그는 꽤 멋졌고 그를 떨어낼 이유 같은 것은 전혀 없다. 그가 나를 기억하지 못하는 것은 틀림없었지만, 그가 내 가방에 걸려 넘어질 뻔했으니까. 피장파장이라고 말할 수 있다. 그리고 아무튼 이 질문에 답하는 것은 나쁜 생각이 아니다. 이기적인 이유로도 말이다. 그는 글을 잘 썼고, 그가 오늘 아침의 분위기를 자신의 기사에 주입하는 방법을 알아낸다면 나는 친구들과 식구들에게 그냥 그 기사를 건네줄 수 있을 것이다. 그러면 힉스 보손이 무엇이고, 무슨 일을 하고, 그것이 무슨 의미인지를 장황하게 반복해서 설명할 필요가 없어질 것이다. 따라서 훌륭한 과학 저술을 위해, 나는 그에게 적절히 답하기로 결심한다.

"음, 어떻게 설명할까요? 우리 모두는 힉스 보손이 언젠가는 모습을 드러낼 것이라고 예상했어요. 기존에 있는 것들을 옮겨서 들어갈 자리를 만들어야 하는 것이 아니었지요. 여러 해 전부터 표에 힉스가 들어갈 자리를 이미 마련해두었으니까요. 설령 이 발견이 기념비적인 것이라고 해도, 이 입자는 이미 우리의 사고 틀에 통합되어 있는 상태였지요. 입자물리학 교과서를 다시 쓰게 되는 일은 없을 거예요. 그저 진행되는 연구를 으레 언급하던 문장의 시제만 바뀌겠지요. 앞으로의 교과서에는 새로운 문장이 한 줄 추가될 겁니다. 힉스 보손이 2012년 세른에서 발견되었다고요. 몇 년 지나지 않아서 새로운 세대에게는 그 말이 그저 이렇게 들릴 거예요. 맞든 틀리든 둘 중 하나인 평범한 사실을 말하는 진술이라고요. 그러나 이 순간을 경험한 우리들에게는 그 동일한 평범한 문장이 활기와 번뜩임을 불러일으킬 겁니다. 우리에게는 그 밋밋한 문장이 결코 끝이 아니라, 경이로운 기억을 불러내는 출발점이 될 테니까요."

그 말은 거의 미친 소리처럼 들렸지만, 그는 마치 이해한다는 양 검은 눈으로 나를 뚫어지게 쳐다보고 있다.

"무미건조한 글에 숨겨진 비밀 메시지 같네요. 그리고

이제 당신은 열쇠를 가졌으니까, 그 의미를 열 수 있고요."
그가 말한다.

정확해! 그는 핵심을 파악한다.

"굉장하죠. 하지만 그런 한편으로 나는 아직 내게 닫혀
있는 다른 문들 뒤에는 뭐가 있을지 궁금하기도 해요. 우리
교과서에는 과거의 위대한 발견들을 다룬 이런 가물거리는
메시지들이 아주 많이 들어 있지만, 나는 그것들을 여는 방
법을 몰라요……."

"그들이 열쇠를 건넬 때 그 자리에 있어야 하는데 말이
지요." 레오가 안타깝다는 웃음을 지으면서 말한다.

"맞아요." 나는 마지못해 인정한다. 그러나 그 말이 입
밖으로 나올 때 나는 또 다른 방법이 있음을 알아차린다.

"나는 일곱 살 때쯤 할머니가 나와 같은 나이에 찍은 사
진을 발견했어요. 나는 사진 속의 아이에게 푹 빠졌죠. 우리
가 만났다면 친구가 되고 싶었을 거예요. 아이는 약간 뻣뻣
한 자세로 똑바로 서서 약간 장난기 섞인 반항적인 표정으로
카메라를 응시하고 있었지요. 할머니는 허리가 좀 굽었고 피
부에 작은 주름들이 자글자글하고 상냥한 눈을 지닌 분이셨

어요. 내가 사진을 보여드리자 얼굴에 화색이 돌았어요. 나는 언뜻 할머니 안의 작은 아이를 본 듯했지요. 그날 오후를 나는 할머니의 어릴 때 이야기를 들으면서 보냈어요. 할머니 속에서 나를, 내 속에서 할머니를 보기 시작했어요. 그날 이후로 할머니와 나의 관계는 달라졌지요."

다시 이야기가 마구 뻗어나가고 있다. 레오는 계속 이야기를 따라오는 듯하지만, 요점을 알아들을까? 그렇다.

"그러니까 결국 그 소녀와 친구가 된 거군요." 그는 빙긋 웃는다. 그리고 잠시 멈추었다가 천천히 말을 잇는다. "무슨 말인지 알겠어요. 무언가나 누군가의 유아기를 지켜보는 것이 일종의 특권이라는 얘기군요. 친밀감을 주니까요."

바로 그렇다. 무엇이든 간에 갓 생겨나서 아직 취약한 상태에 있을 때에는 우리의 관심을 끌어당기는 경향이 있다. 성숙한 것보다는 미성숙한 것과 친밀해지기가 더 쉽다. 그러나 그것이 전부는 아니었다. 그 사진은 할머니에게 차원을 부여했다. 할머니가 나와 겹쳐 있지 않은 평면들에서도 존재한다는 것을, 할머니의 현실이 내가 아는 것보다 더 깊이가 있다는 사실을 내게 깨닫게 했다. 설령 내가 이야기를 해

달라고 졸라댔다 해도, 나는 결코 할머니의 모든 것을, 할머니가 살아온 삶의 전부를 알아낼 수 없으리라는 것을 깨달았다. 오래전에 찍힌 색 바랜 사진을 통해 나를 사랑하고 따스하게 품어주는 할머니는 갑자기 수수께끼를 간직한 인물이 되었다.

내가 생각에 잠기자, 레오도 잠자코 있다. 그러다가 입을 연다. 눈썹은 아직 찡그린 상태다.

"이 시간 여행이 해결책이 될 수 있겠어요. 최근 들어 나는 일종의 역사책을 쓰고 싶다는 생각을 했거든요. 우리의 우주관을 바꾼 이론들을 역사적으로 살펴보는 거죠. 중력이나 상대성 같은 것들이오. 그런데 쓰려고 할 때마다 너무 딱딱한 글이 나오는 거예요. 그 개념이 아무리 중요하다고 해도, 너무 오래전에 나온 것을 갖고 사람들을 흥분시키기란 어렵잖아요. 몇 세기 전을 돌아볼 때, 후대의 인물인 나는 그 개념이 탁월하다는 것을 이미 알고 있으니까 참신하게 느껴지지 않는 거죠. 아마 그 답이 당신 할머니의 사진 속에 있을지도 모르겠네요. 그 이론들이 새로웠던 때로 돌아갈 필요가 있지 않을까 싶네요."

"정말 좋은 생각 같아요. 과거로 돌아가서 앞으로 일이 어떻게 펼쳐질지를 아직 모르는 사람의 시선으로 친숙한 이론들을 대하면 무척 재미있을 것 같은데요……."

레오는 시선을 살짝 돌려 먼 곳을 응시한다. 마치 무언가에 집중하려고 애쓰는 듯하다. 그는 코를 찡그리면서 머리를 흔든다.

"하지만 그게 전부일 리는 없어요. 그 순간에 그 자리에 있는 것만으로 모든 문제가 해결된다면, 오늘 아침 일을 다룬 내 기사는 활기가 넘쳐야 마땅하겠지요. 그런데 아니에요. 첫머리는 아주 마음에 들지만, 끝부분에서는 머리를 쥐어뜯고 싶을 지경이에요. 오늘 일의 모든 주요 내용을 세세하게 다 집어넣으려고 애썼어요. 수준 있는 그림을 한 점 그리는 것이라고나 할까요? 관련 사실들이 모두 다 들어가 있고요, 그저……."

"사실 자체는 과학이 아니에요." 내 입에서 불쑥 그 말이 튀어나온다. 너무 자주 써먹는 바람에, 반사 작용처럼 되어 버린 탓이다.

레오는 눈을 치켜뜨면서, 계속하라는 몸짓을 한다. 나는 뒷말을 마저 할 수밖에 없다.

"'사실은 과학이 아니다, 사전이 문학이 아니듯이.'* 몇 년 전 어떤 책에서 읽은 구절인데요, 지금도 내 마음속에서 메아리치고 있지요."

"바로 그거예요!" 레오가 말한다. 흥분한 기색이 역력하다. 그는 떠들기 시작하지만, 지금은 머릿속에서 펼쳐지는 생각이 그냥 밖으로 들리는 것이나 다름없었기에, 나는 잠자코 그의 생각의 흐름이 나아가도록 놔둔다. "의미를 생성하는 것은 연결이에요. 문학은 단어들을 연결하는 방식이고, 과학은 사실들을 연결하는 방식이지요. 이야기나 이론의 구조는 점들을 어떻게 연결하느냐에 달려 있고요."

이미 알고 있잖아요. 나는 그렇게 말하고 싶다. 전에도 이미 그 점들을 이었잖아요! 나는 작년의 기사를 떠올린다. 아주 잘 쓴 기사였다. 그가 연구자들과 그들이 하는 연구들

• Martin H. Fischer, *Fischerisms*, ed. and comp. Howard Douglas Fabing and Ray Marr(Springfield, IL: Charles C. Thomas, 1944).

을 더는 풀어낼 수 없을 만치 잘 엮었기 때문이다. 독자는 연구자들과 그들이 갖고 있는 개념 사이의 관계를 이해했고, 그들이 어떤 여행을 하고 있는지도 대강 알아차릴 수 있었다. 그 사례를 언급하면 내가 그를 알고 있다는 사실이 드러나니까 말할 수 없지만, 지금 그가 쓰고 있는 기사에 관해서는 말할 수 있다.

"오늘 내가 여기 온 이유는 사실들과 아무 관련이 없어요. 사실들은 어디에서나 찾을 수 있을 테니까요. 나는 그 강당에서 끓어오를 감정을 경험하러 왔어요. 그 공기를 직접 마시려고요."

나는 그의 주의가 온통 내게 쏠리는 것을 느낄 수 있다.

"이 힉스 보손 기사 말인데요, 썩 마음에 들지 않는다고 했지요? 오늘 아침 여기에서 터져 나온 감정에 관해서도 썼어요? 이 연구에 매달려온 사람들, 아니 이 연구 자체가 삶이었던 사람들의 기쁨은 담았어요? 그들의 흥분, 혼란 그리고 그들이 이 연구에 쏟아부은 피와 땀, 눈물은요?"

그는 천천히 고개를 젓는다. 아니요.

휴, 그러면서 어떻게 활기가 느껴질 것이라고 기대한 거죠? 나는 말하고 싶다. 하지만 아직 그 정도로 친한 사이는 아니어서, 나는 더 조심스럽게 적당한 반응을 내비친다. "내 말은요, 독자들에게 모든 사실을 마지막 하나까지 다 들려줄 필요가 없다는 거예요. 그냥 그것들이 어떻게 의미를 만드는지만 보여주면 되는 거죠. 연결을 보여주는 거예요. 과학을 보여주세요!"

"보여주라고요? 들려주지 말고요?" 레오가 놀리는 듯한 웃음을 지으면서 묻는다. "그건 소설의 특징이 아닌가요?"

그가 그 말을 내뱉은 순간, 나는 우리가 뭔가 큰 것에 다다랐음을 알아차린다. 나는 시계를 들여다보려는 충동을 억누르지만, 시간이 얼마 없다는 것을 느낄 수 있다.

나는 반박한다. "소설이 뭐 잘못되었나요? 새로운 접근법을 찾고 있다고 말했잖아요, 맞죠?"

그의 머릿속에서 생각이 굴러가는 소리가 들리는 듯하다. 그 새로운 방법 말고! 소리치는 것 같다. 그러나 그의 기사를 읽었기에, 나는 그가 그렇게 쓸 수 있다는 것을 안다. 그저 내 열차가 떠나기 전에 그를 확신시킬 수 있기만을 바랄 뿐이다.

레오

소설이라고? 그 생각은 두려움과 흥미를 동시에 불러일으킨다. 나는 소설을 쓰지 않는다. 결코 쓴 적이 없다. 하지만 그점이 문제일 수도 있다. 사라의 말이 옳을 수도 있다. 내 글에 빠져 있는 모든 것들은 소설이 탁월하게 해내고 있는 바로 그것들이다. 이미 나는 내 글에 있는 균열을 감정으로 메운다면, 갈라진 조각들이 더 단단하게, 더 일관성 있게 결합되리라는 것을 알아차릴 수 있다. 그러나 설령 소설이 모든 문제를 해결할 수 있다고 할지라도, 소설을 쓰는 문제는 누가 해결해야 하지? 나는 소설 같은 것은 한 번도 써본 적이 없는데? 아니, 시작할 엄두조차 나지 않는데? 이 문제를 고심하려니 머릿속의 시냅스에 열불이 나는 것을 느낄 수 있다. 하지만 나는 외면한다.

"아주 좋은 생각이네요. 다른 누군가에게요."

사라는 약이 오른 듯하다. 마치 내가 롤러코스터를 공중에서 끼익 멈추고 신나 하는 양 비친 듯하다. "왜 자신은 아니라고 하는 거죠?" 그녀가 묻는다.

"어떻게 써야 할지를 모르니까요. 나한테 소설은 사람을 의미하는데, 사실 나는 사람에 관한 글은 쓰지 않거든요. 내가 쓰고자 하는 것은 사상을 다루는 글이에요. 혁신을 일으키는 개념이지요……." 나는 그 단어가 충격을 완화시켜주기를 바라면서 말한다. 사라가 아무런 대꾸도 하지 않아서, 나는 말을 계속한다. "……물리학의 경로를 바꾼 이론들 말입니다."

그 말이 웃음, 그리고 반응을 불러낸다. "우리가 우주를 이해하는 방식을 바꾼 이론들에 관해 쓰고 싶다고 말하지 않았어요?"

"같은 말입니다." 나는 그녀가 다시 대화에 참여한 것을 기뻐하면서 말한다.

그러자 그녀가 반박한다. "그렇지 않아요. 우리의 이해가 바뀐다는 것은 우리가 관여한다는 뜻이죠. 좋든 싫든 간에, 사람은 자동적으로 이 이야기의 일부가 되는 거예요. 잠깐 생각해봐요. 과학은 우리가 우주와 협력하면서 구축하는 거예요. 자연과 우리 사이의 대화이지요. 우리 자신을 무시하면 반쪽짜리 이야기가 된다고요. 사상에 관해 쓰고 싶다고요? 좋죠, 쓰세요. 하지만 사람들을 통해서 써야죠. 물리학 이야기를 쓰세요, 그것을 어떻게 경험하는지를요."

어느새 사라의 눈이 환하게 타오르고 있다. 그녀의 확신과 맞닥뜨리자, 내 저항은 비틀거리기 시작한다. 소설이 정말 해답이 될 수 있을까? 그것이 내가 찾고 있던 '새로운 양식'일까?

내가 흔들리고 있음을 알아차렸는지, 그녀는 아예 쐐기를 박으려고 나선다.

"아시겠지만, 사상은 진공 상태에서 존재하는 것이 아니에요. 우리 마음속에서 구현되는 거죠. 바로 그 때문에 이론 물리학자들이 자신이 어떤 연구를 하는지 대중에게 설명하기가 그토록 어려운 거예요. 우리는 보여줄 물질적인 것이 거의 없고, 모든 활동이 펼쳐지는 장소인 마음속으로 사람들을 초청할 수도 없어요."

사라는 시계를 흘깃 쳐다본다. "하지만 당신은 할 수 있어요. 독자들을 누군가의 머릿속으로 집어넣을 수 있어요. 소설이 하는 일이 바로 그것이니까요."

그 마지막 문장을 듣는 순간, 내 머릿속에서 폭동이 일어난다. 그녀가 옳다. 귀로 들으면 자신이 어떤 생각을 하는지 언제나 알아차릴 수 있다. 설령 자기 자신에게 직접 말할 수 없다 해도 말이다. 어느 면에서는 그것이 바로 문학이 주는 기쁨이다. 우리는 소설을 읽을 때 지면에서 자기 자신의 생각과 마주친다. 자신의 마음속에서 뒤죽박죽 엉켜 있는 생각들, 표출되고자 애쓰는 감정들이 풀려날 길을 찾는다. 그리고 쌓여 있던 모든 긴장이 해소된다.

때로 우리는 그저 자신에게 공명을 일으키는 음(音)으로 들은 적이 없기 때문에, 무언가를 이해하지 못한다고 생각한다. 딱 맞는 음으로 와닿는 단어들로 표현된 것을 들어본 적이 없기 때문에 자신이 물리학을 이해하지 못하는 것이라고 생각하는 이들이 있다면? 유려하게 잘 다듬은 성명서를 건네받는 대신에, 새로운 개념을 발전시키고 그것을 표현하려고 애쓰는 과학자의 생각을 들을 수 있다면? 아마 사람들은 친숙한 것을 보게 되지 않을까? 이 뒤엉킨 생각들 중 일부를 자신의 생각이라고 여기지 않을까?

그리고 그것이 소설 형식으로 써볼 시도를 할 이유가 안 된다면, 다른 것들은 더더욱 이유가 될 수 없다.

사라가 기대한다는 표정으로 눈썹을 치켜올린다. "괜찮죠?" 그녀가 몸짓을 했다. 내 머릿속에서 불쑥 엉뚱한 목소리가 들린다. '그녀가 손을 써서 말을 하네? 이탈리아 사람 같아.' 이런, 조심해야지. "시도는 해볼 수 있을 것 같아요." 나는 대답한다. 벅차기는 하지만, 생각해볼 만하다.

"아유, 제발!" 사라가 말한다. "멋진 생각이에요. 그리고 당신은 할 수 있어요. 난 안다니까요."

어떻게 또는 왜 아는지 묻기도 전에, 그녀는 의자 밑에서 백팩을 꺼내더니 물건들을 주섬주섬 챙기기 시작한다. 남은 시간이 몇 분밖에 없다.

이 만남을 이런 식으로 끝낸다면, 계속 소식을 주고받을 방법이, 아니 적어도 핑계가 없어지게 된다. 그냥 불쑥 전화번호나 전자우편 주소를 물을 수도 있겠지만, 지금까지 활기찬 대화를 나누었고, 그녀의 말에 내 머릿속에 든 것을 무모하게 내버릴 수 있을 것 같은 모습까지 보였지만, 내 감정을 그대로 드러내기에는 너무 이른 듯하다.

"열차 탈 시간이라서 더 붙들 수가 없겠네요. 좋은 착상을 들려주어 고마워요. 아주 즐거운 대화였어요."

"저도 즐거웠어요. 책이 나오기를 기대할게요."

그 말이 마치 마지막 작별 인사처럼 들린다. 나는 재빨리 머리를 굴린다. 이 상황에서 할 수 있는 가장 좋은 말이 뭐지? "책은 아직 잘 모르겠지만, 힉스 보손에 관해 조금 고쳐 쓴 기사는 금방 나올 건데요⋯⋯."

나는 그녀가 내 말뜻을 알아듣기를 바란다. 다행히 그녀는 알아듣는다.

"나오기를 지켜보고 있을게요."

"원하시면, 따끈따끈한 기사를 메일로 보내드릴 수 있어요."

"좋은 생각이네요." 사라는 공책을 조금 찢어서 뭔가 적고는 접어서 내게 내민다.

"어, 이제는 뛰어야겠어요." 그녀는 백팩의 지퍼를 올리면서 말했다. "안녕."

그녀가 떠날 때, 나는 손에 쥔 종이를 편다. Breaking. symmetries@gmail.com이라고 적혀 있다. 나는 얼굴에 웃음꽃이 피어오르는 것을 억누를 수 없다. 모든 최고의 이야기가 어떻게 시작되는지를 알려주는 주소 같다. 대칭을 깨면서 말이다.

"남은 여행 잘하세요!" 나는 그녀의 뒤에 대고 소리친다.

사라는 돌아보면서 손을 흔든 뒤, 철로를 향해 간다. 나는 빨간 백팩이 점점 작아지는 광경을 죽 지켜본다.

전자우편: 레오와 사라

보낸 사람: Sara Byrne 〈breaking.symmetries@gmail.com〉

날짜: 2012. 7. 6. 금요일, 오후 3:41

제목: 안녕하세요

받는 사람: Leonardo.Santorini@gmail.com

안녕하세요, 레오

기사를 공유해주셔서 감사합니다. 마음에 들었어요. 그런데 당신이 얼마나 잘 쓰는지를 알고 나니, 그 책을 써야 한다는 확신이 더 강해졌어요. 나는 파리로 가는 열차에서 우리 대화를 곰곰이 생각했어요. 나는 과학 교양서를 읽는 것을 좋아하지만, 개념들에 둘러싸인 삶을 살아가는 사람들의 열정을 전달하는 책은 부족하다고 생각해요. 당신의 책은 일반 대중에게 놀랍고 새로운 깨달음을 안겨줄 수 있어요. 그러니 그 문제를 진지하게 생각보시기를.

그래서 필요하다면 독자 겸 조언자 역할을 자원할게요.

　　　　　　　　　　　　　모든 일이 잘되기를, 사라

보낸 사람: Leonardo Santorini 〈leonardo.santorini@gmail.com〉

날짜: 2012. 7. 8. 일요일 오전 11:21

제목: 책

받는 사람: breaking.symmetries@gmail.com

안녕하세요, 사라

기사가 마음에 들었다니 무척 기쁘네요. 도와주겠다고 한 말 고마워요. 그 제안 기꺼이 받아들일게요. 이 책의 착상을 내 머릿속에서 꺼낼 수 없다는 점도 인정해야겠어요. 사실 좀 이상한 방식으로, 내가 얼마 동안 그 개념을 향해 나아온 것 같기도 해요……

하지만 이것이 정확히 전통적인 접근법은 아니므로, 집필 과정에서 누군가와 이런저런 이야기를 나눌 수 있다면 큰 도움이 될 거예요. 내가 각 장을 쓰면 읽어보고 나서 평을 해줄래요? 너무 바쁘다고 말해도, 충분히 이해할 수 있어요.

그럼 안녕, 레오

보낸 사람: Sara Byrne 〈breaking.symmetries@gmail.com〉

날짜: 2012. 7. 13. 금요일 오후 1:24

제목: 기꺼이

받는 사람: Leonardo.Santorini@gmail.com

레오

할게요.

등록했다고 쳐요.

사라

보낸 사람: Leonardo Santorini 〈leonardo.santorini@gmail.com〉

날짜: 2012. 7. 14. 토요일 오후 9:04

제목: 고마워요!

받는 사람: breaking.symmetries@gmail.com

사라, 정말 기뻐요, 고마워요

지금 책의 개요를 짜고 있어요. 물리학 진화의 각 장에서 이야기꾼 역할을 할 인물들을 그럭저럭 짜냈는데, 끈 이론가는 '창작할' 필요가 전혀 없다는 생각이 떠올랐어요. 마지막 장을 써주지 않을래요?

안녕,

레오

보낸 사람: Sara Byrne 〈breaking.symmetries@gmail.com〉

날짜: 2012. 7. 15. 일요일 오전 11:15

제목: 시간 끌기 그만!

받는 사람: Leonardo.Santorini@gmail.com

레오

그 일은 그때 가서 생각해요!

지금은 첫 장을 읽을 날만 기다리고 있어요.

사라

보낸 사람: Leonardo Santorini 〈leonardo.santorini@gmail.com〉

날짜: 2012. 10. 25. 목요일 오후 1:53

제목: 검토

받는 사람: breaking.symmetries@gmail.com

안녕, 사라

이 편지를 받고 흡족하기를. 지난번 함께 검토한 뒤로 시간
이 좀 걸렸지만, 집필이 내가 생각한 것보다 훨씬 더 오래 걸
렸으니까요. 늘 그렇지요! 드디어 처음 두 장을 끝냈는데, 당
신에게 보내기 전에 당신이 검토할 시간이 있는지 확인하고
싶어요. 물론 검토해주면 무척 감사하겠지만, 괜히 부담을
주는 게 아닐까 싶어서요……

그럼 이만,

레오

보낸 사람: Sara Byrne 〈breaking.symmetries@gmail.com〉

날짜: 2012. 10. 26. 금요일 오전 7:39

제목: 기다리는 중

받는 사람: Leonardo.Santorini@gmail.com

안녕, 레오

당연히 시간 내야죠. 사실, 기다리고 있답니다. 빨리 보내요.

사라

PART

1

첫 번째 원고

보낸 사람: Leonardo Santorini ⟨leonardo.santorini@gmail.com⟩

날짜: 2012. 10. 29. 월요일 오후 11:21

제목: 1회분

받는 사람: breaking.symmetries@gmail.com

안녕, 사라

처음 두 장이에요. 집필은 가장 좋을 때에도 외로운 과정이 될 수 있어요. 그리고 이 작품의 규모를 생각할 때, 작품에 관해 이야기를 나눌 누군가가 있다는 사실에 이중으로 감사한 마음이 들어요. 그러니 중요하다고 생각하면, 얼마든지 마음 편하게 덧붙이거나 수정하세요.

너무 오래 걸려서 미안하지만, 이 책은 실존주의적 불안을 꽤 거친 거예요! 어떤 과학적 내용을 집어넣고 싶을지는 처음부터 알고 있었기 때문에, 우리가 대화를 나눈 뒤 나는 각 개념을 사람들이 처음 맞닥뜨리게 된 시간과 장소를 간략하게 목록으로 작성하는 일을 시작했어요. 제네바에서 돌아오는 열차 안에서 나는 각 장에 맞는 인물들을 대강 골랐어요. 아주 많은 조사를 해야만 나와 전혀 다른 세상에서 살던 이들의 마음속으로 들어갈 수 있다는 것을 알지만, 그쪽으로는 꽤 기대하고 있어요. 밀라노에 도착할 즈음에는 내가 처음에 예상했던 것만큼 어렵지는 않을 것이라는 생각이 들기 시작했어요. 그런데 막상 글을 쓰려고 앉자마자 그 착각은 사라지더군요.

소설을 쓰려는 시도는 한 번도 한 적이 없었기에, 작법을 좀 더 배워야겠다고 생각했지만, 참고 자료를 읽으면 읽을수록 더 혼란스럽더군요. 모든 것들이 내 계획이 잘못되었다고 말하더군요. 나는 인물에 살을 충분히 붙이지 못했어요. 그들의 인생행로가 휘어지기를 거부하더군요. 드라마도, 갈등도 전혀 없었어요. 한 책은 얼마나 많은 움직임과 성장이 이루어졌는지를 알아보려면 각 인물의 주요 인생 사건들을 그래프에 죽 표시하라고 했지요. 나는 시도했지만 아무것도 발견하지 못했어요. 다른 곳으로 가는 사람도, 무언가를 하는 사람도 없었고, 모두가 그냥 거기에 줄곧 있었어요. 생각만 하면서요. 막 포기하려 할 때, 문득 깨달음이 찾아왔어요. 돌아다니거나 진화한 쪽은 화자가 아니라 물리학이라는 것을요! 관점을 바꾸자, 내가 찍은 그래프의 점들이 인물의 복잡한 인생 곡선을 보여주더군요. 괴로운 갈등과 기쁨과 성취의 순간으로 가득한 흥미로운 여정을요.

잠시 동안 나는 관점을 붙들고 씨름했어요. 책을 쓰는 일이 불러일으키는 많은 것들과는 다른 거죠! 나는 물리학을 화자로 만들 생각도 했는데, 물리학은 내 옆에 그냥 앉아 있지 않았어요. 물리학은 주인공일지 모르지만, 우리가 물리학을 직접 보거나 그 말을 직접 들은 적이 있을까요? 우리는 상호 작용을 통해서만, 접선이 곡선을 아는 방식을 통해서만 물리학을 알아요. 나는 화자가 이야기를 할 때 물리학의 모습이 비치기를 원했어요. 그때부터 단어들이 날아오르기 시작했고, 몇 달 뒤에 이렇게 결과가 나온 거지요.

마지막으로 설명에 관해서예요. 나는 어떤 주제를 포함시킬지를 놓고 유별나다고 할 정도로 꽤 까다롭게 굴었어요. 이 책은 결코 교과서를 염두에 둔 것이 아니었는데, 상세히 설명하려고 할 때마다 글이 축 늘어지는 것을 느꼈어요. 그래서 이 글의 기본 정신에 들어맞지 않은 것은 다 잘라냈어요. 이 책을 통해 독자가 알기를 바라는 것은 오로지 제정신이 아닌 듯한 생각이 머릿속에서 마구 날뛰면서 생각을 바꿔놓을 때의 느낌이니까요.

서두가 너무 길었죠? 각 장의 배경을 좀 말할게요. 첫 장은
영국 시골이 무대예요. 뉴턴이 사망한 해에 한 시골 지주
의 10대 아들이 난해한 『자연철학의 수학적 원리(*Principia
Mathematica*)』를 이해하고자 애써요. 때는 새 시대의 여명기
이지요. 사람들은 정교하고 불분명한 철학 대신에 관찰을 통
해 단서를 얻기 시작하지요. 수 세기 동안 자신을 옥죄고 있
던 자연철학이라는 장엄한 구축물로부터 해방된 자연은 마
침내 스스로 말할 수 있게 돼요. 많은 이들이 지적 운동에 참
여했지만, 뉴턴은 저명한 인사들 중에서도 우뚝 선 인물이었
지요. 그의 천재성은 모호한 일상 언어로 관찰한 내용을 궁
극적인 정확성을 지닌 수학 언어로 번역하는 능력이었어요.
역사상 처음으로 조건과 관계를 정확히 기술한 뒤 정량적인
예측을 하는 데 쓸 수 있게 되었어요. 과학을 바꾼 그 방식은
아무리 강조해도 지나치지 않지요. 지금 우리는 고전역학을
식상하다고 보지만, 그것이 오래되었고 명확하다는 점을 생
각하면 그런 태도는 우리 자신을 구박하는 것이나 마찬가지
지요. 모든 위대한 진리가 그렇듯이, 이 방정식들도 아직 닳

지 않았어요. 사람들은 수천 년 동안 사랑에 빠지곤 했지만, 매번 누군가 사랑을 찾아낼 때마다 그 사랑은 다시 새로워지지요. 뉴턴의 기만적이리만치 단순한 공식의 깊숙한 곳에 들어 있는 보석은 수 세기 전과 마찬가지로 지금도 변함없이 빛나고 있어요.

두 번째 장은 젊은 케임브리지 학자가 화가인 누이에게 보낸 편지예요. 그들이 살던 빅토리아 시대의 사회는 발명과 혁신에 푹 빠져 있었어요. 왕립연구소의 과학 강연은 사교 행사였어요. 멋진 연미복을 입은 신사들과 우아한 모자를 쓴 귀부인들이 최신 발견 소식을 들으러 와서 새로운 지식을 시연하는 광경을 지켜보았지요.

나는 이 장을 쓰기 전에 런던에서 얼마간 지냈어요. 왕립연구소를 방문해 둥근 유리창 너머로 패러데이 연구실을 들여다보았지요. 지하실의 전시물들을 둘러보는데 입으로 불어 만든 완벽한 모양의 유리 공, 칭칭 감아놓은 코일, 색 바랜 라벨을 붙인 채 가루가 가득 들어 있는 색 유리병이 눈에 들어왔어요. 상자에 담겨 반짝거리는 플라스크, 물병, 유리병도 있었지요. 진주조개 안의 진주처럼 칙칙한 금속 틀 안에 들어 있는 지구의도 보였고요. 검은 나무 받침대 위에 놓인 연마한 합금으로 만든 이런저런 작은 기구들도 군데군데 있었어요. 나는 매료되었어요. 엉성하다거나 초보적이라고 부를 수도 있지만, 이런 기구들은 어디에 필요했는지를 고스란히 보여주고 거부할 수 없는 고유의 아름다움을 지니고 있었어요. 이런 기기가 자연과의 논의를 중개하던 시절에는 지금처럼 대화가 들리지도 보이지도 않는 디지털 과정 속에 숨겨져 있지 않았지요. 흔들리고 떨리고, 윙윙거리고 쿵쿵거리고, 불꽃을 터뜨리고 불빛을 번쩍이면서 모습을 드러냈지요. 나는 그 경험이 자신의 운명을 점치기 위해 영혼을 불러내는 위저보드 위로 화살표가 움직이는 모습을 지켜보는 것과 좀 비슷하지 않을까 상상해요.

내가 조사하면서 얻은 가장 큰 선물 중 하나는 맥스웰을 새로 알게 된 거예요. 그는 원대한 철학적 문제부터 과학을 수행하고 소통하는 방식에 이르기까지, 지적 관심의 폭이 놀라울 만치 넓은 사람이었어요. 특히 과학 분야에서 나는 그에게 많은 것을 배울 수 있었어요. 맥스웰은 글을 쓸 때 잘난 척을 전혀 하지 않았어요. 그는 과학 역사에 실패로 끝난 탐구 사례들도 서술되어야 한다고 강하게 느꼈지요. 그의 글에는 그런 의도가 여실히 드러나 있어요. 사람들이 다양한 학습 방식을 논의하기 수십 년 전에 이미 맥스웰은 최대한 다양한 방식으로 지식을 전달해야 한다고 주장했어요. "생각들은 다양한 문을 통해 들어와서 마음이라는 성채에 모일 때, 그것들이 차지한 위치가 확고부동해진다."

이런 모든 자료들을 종합할 때, 맥스웰이 사람들에게 단지 과학을 가르친다는 차원을 넘어 과학을 통해 생각하는 법을 가르치려 했다는 인상을 가장 강하게 받았어요. 다른 의도로 그런 엄격한 태도를 취했다고는 보기 어렵거든요. 그는 학생들에게 이렇게 말했어요. "내 의무는 여러분에게 필요한 토대를 제공하여 여러분의 생각이 그 위에서 자유롭게 배열되도록 하는 것입니다. 각자가 스스로 자신의 생각을 정립하고, 과학을 공부한다는 구실로 다른 사람의 사고방식을 추종하지 않는 것이 가장 좋습니다." 그는 자연법칙을 꼼꼼히 연구하는 것이 "건강하고 활발한 사고 습관을 기르도록 자극하고, 그럼으로써 모든 통속적인 생각에 있는 오류를 알아차리고 기존 진리든 새로운 진리든 간에 진리에 확고히 뿌리를 내릴 수 있게 해준다"고 했어요.

뉴턴과 맥스웰을 조사하는 과정에서는 두 사람의 문체가 정반대라는 것을 알 수 있었어요. 뉴턴의 문장은 간결해요. 그는 수학, 정확성, 주장의 옳음을 증명하는 데 중점을 두었어요. 그가 제시한 그래프는 모두 완벽하게 다듬어져 있어요. 어떤 과정을 거쳐 나왔는지 알려줄 증거는 모두 완전히 없었고요. 맥스웰의 언어는 명쾌하고 생생해요. 권위 있지만 격식을 차리지 않는 말투지요. 그의 글에서 방정식은 논증으로부터 자연스럽게 튀어나와요. 이런 차이점 중 일부는 각자가 속한 시대와 문화에서 비롯되었겠지만, 그저 각자의 성격을 반영하는 것들도 있어요. 이런 특징들을 제거하는 것은 풍부한 색감을 지닌 컬러 사진을 흑백 사진으로 바꾸는 것과 같아요.

짬을 내어 이 장들을 읽고 나면 답장을 부탁해요. 물론 서두르지는 말고요. 하지만 당신이 뭐라고 말할지 정말 듣고 싶어요.

그럼 이만,

레오

제1장

우주를 교란하다

고전역학

"내가 감히 우주를 교란하려 한다고?"

_ T. S. 엘리엇

1

이제 서두를 필요가 없다. 집에 거의 다 왔다. 화롯불 옆 덧창 틈새로 별들이 우리를 들여다보고 있다는 것을 알고 나니 안심이 되어, 손과 마음의 고삐도 느슨해진다. 우리는 지친 말들이 알아서 천천히 걷도록 놔두고, 생각도 자유롭게 흘러가도록 놔둔다.

　멀리 언덕의 완만한 비탈이 저무는 태양에 빛나고 있다. 노을빛 하늘에는 양털 구름이 점점이 흩어져 있고, 그와 딱 어울리게 둥지로 돌아가는 새들의 노래가 공중에 울려 퍼진다. 눈앞에 펼쳐지는 아름다운 풍경에 푹 빠져 있는데, 저절로 생각이 길옆으로 펼쳐진 숲과 그 너머의 짙은 그늘 속에 자리한 채 졸졸 흐르는 냇물 쪽으로 옮겨간다. 감미롭게 꼴꼴거리며 흐르는 물은 내가 있는 곳에서 보이지 않으리라는 것을 알지만, 그 숨겨진 보물을 떠올리는 것만으로도 나는 더할 수 없이 행복한 기분이 든다. 무언가 기분 좋은 비밀을 간직하고 있을 때, 숨겨진 무언가를 자기만이 알고 있을 때 으레 그렇듯이.

나는 그런 흔한 비밀이 때때로 기쁨을 줄 수 있다면, 자연의 비밀이 고스란히 드러날 때 마음이 얼마나 희열에 휩싸일지 궁금하다. 아이작 뉴턴 경은 가장 높은 하늘에 신들이 사는 숭고한 처소로 들어가는 광휘로 빛나는 견고한 문을 처음 보았을 때 어떤 기분이었을까? 그는 수많은 허기진 밤을 자신은 전혀 돌보지 않은 채 열정적으로 계산에 몰두하면서, 사다리의 단을 하나하나 공들여 이어 붙이면서 신들이 사는 높은 하늘까지 올라갔다. 하지만 나는 생각한다. 그가 헤아릴 수 없는 것을 깊이 생각하면서 기나긴 세월을 고독하게 보내지 않았다면, 과연 모든 것이 드러나는 지고한 세계의 입구에 마침내 설 수 있었을까?

아이작 경은 『자연철학의 수학적 원리』를 통해 자신이 그토록 힘들여 만든 이성의 사다리를 후대에 물려주었다. 그 전집의 처음 두 권에서 그는 수학적 원리를 제시했고, 그 원리를 토대로 자연철학에 접근하는 자신의 방법을 구축했다. 세 번째 권과 '세계의 체계(The System of the World)'라고 이름 붙인 마지막 권에서는 그 원리를 써서 눈부시기 그지없는 우주의 체계를 고스란히 드러낸다. 이 수학 명제들이 너무나도 강력한 까닭에, 아이작 경은 그것을 써서 "천체들이 태양과 몇몇 행성…… 행성, 혜성, 달, 바다의 운동에 미치는 중력"을 유도할 수 있었다.

그런 수준에 오르는 것이 내가 가장 소중히 품고 있는 꿈이지만, 세 번째 권에 담긴 경이로움을 이해하려면 먼저 앞의 두 권에 정립된 원리들에 통달해야 한다는 것을 안다. 때때로 나는 느리고 엄숙한 학습에 지치고, 나 스스로 천체의 모형을 구축할 수 있을 만큼 숙련되고 우아하게 이 명제들을 다룰 수 있는 날이 과연 올지 조바심을 느끼곤 한다. 그러나 나는 아직 여름을 열다섯 번밖에 보지 못했고, 아빠는 나에게 소중한 도구와 강력한 무기는 훈련과 경험이 부족한 이들의 손에 쥐어지지 않는다고 말하신다.

아이작 경은 강력한 수학적 진리에도 같은 말이 적용된다는 것을 알았다. 그래서 그는 초심자를 막는 장벽을 세웠다. 그 보물에 이르기 위해 넘어야 할 벽이다. 『자연철학의 수학적 원리』의 처음 두 권은 이 장벽을 어떻게 넘을 수 있는지를 상세히 다루고 있지만, 그 일에는 세심함과 근면함이 둘 다 요구되므로 아이작 경은 자신이 찾아낸 비밀 지식을 그 힘을 이해할 수 있는 이들만 접할 수 있도록 한 것이다. "터무니없는 비평이나 어리석은 논박"을 제기하는 이들이 아니라. 그들은 "오랜 세월 익숙해진 편견을 제쳐놓을" 수 없는 이들이기 때문이다.

점점 낙담해질 때마다 나는 내 목표의 숭고함을 스스로에게 상기시키면서 다시 학업 의지를 다잡는다. 위풍당당한 옥좌에 앉은 붙박이 태양이 세계들이 조화롭게 궤도들을 따라 회전하도록 인도하는 것처럼, 『자연철학의 수학적 원리』는 내 생각을 인도한다. 처음에는 이 단어, 그 뒤에는 저 단어에 차례로 이끌리면서 나는 주변 행성들의 인력(引力)에 동요하는 위성처럼 글 위를 이리저리 방황하다가, 여러 번 읽고 나서야 현인들이 그려놓은 사유의 궤도에 서서히 친숙해지고 있다. 그 명제들이 공동으로 영향을 미친 덕분에, 회전하는 내 마음의 축은 안정을 이루고, 궤도 주위로 펼쳐진 불확실성이라는 깊은 우주 공간으로 날아가지 않고 있다.

아빠는 내가 온종일 책에 고개를 처박고 있는 것을 지켜보았다. 때로 나는 어둠이 깔린 지 이미 오래라는 것도 모르고 있다가 아빠가 들어와 내 방의 덧창을 열 때에야 알아차리곤 한다. 밀물이 있으면 썰물도 있다. 조석 작용이 일어나는 것처럼, 왈칵 밀려드는 시기가 있다. 그럴 때 고심하는 것들이 더 명확해지고, 내 마음이 누군가의 마음과 연결되어 더 높은 진리를 향해 나아가는 것이 느껴진다. 그런 뒤에 썰물의 시기가 찾아온다. 생각을 끌어내고 길을 이끌어줄 착상이 전혀 떠오르지 않는 시기다.

아빠는 내가 끈기 있게 버티는 모습을 보며 기뻐했다. 아빠는 직관에 기대어 빠르게 얻은 것보다 그렇지 않은 지식이 더 가치 있다고 말했다. 더 철저히 파악하고 더 확고히 자리를 잡기 때문이라는 것이다. 아빠는 프랜시스 베이컨(Francis Bacon) 경의 경고도 들려주었다. "한 공리에서 다른 공리로 규칙적이고 점진적으로 나아가라. 마지막에 가장 일반적인 것에 다다를 때까지. 그렇게 다다를 때 그것이 텅 빈 개념이 아님을 알아차릴 것이다. 그것은 잘 정의되어 있으며, 그렇기에 자연이 자신의 첫 번째 원리라고 사실상 인정할 것이고, 그렇기에 만물의 심장과 골수에 놓여 있다는 것을 깨닫게 된다." 나는 아빠가 내 노력에 흡족해한다는 것을 알았지만, 어느 정도인지는 몰랐다. 그런데 오늘 오후 우리가 읍내로 온 이유를 알고 나서야 깨달았다. 아빠가 런던에서 보낸 헨리 펨버턴(Henry Pemberton)의 새 저서를 가지러 가는 중이라고 말했을 때, 나는 정말로 놀랐고 정신을 못 차릴 만치 기뻤다. 『자연철학의 수학적 원리』의 험한 바다를 뚫고 항해할 때 차분한 길잡이가 되어줄 만한 것을 나는 오래전부터 원했는데, 세평에 따르면 『아이작 뉴턴 경의 철학관(A View of Sir Isaac Newton's Philosophy)』이라는 펨버턴의 책이 바로 그 역할을 한다는 것이었다.

내가 지금 두 손으로 꽉 움켜쥐고 있는 이 소중한 소포가 바로 그것이다. 펨버턴은 서문에서 수학 독자들만을 염두에 두고 『자연철학의 수학적 원리』를 펴낸 아이작 경의 지혜를 의심하지 않는다고 썼다. 그 초창기에는 뉴턴의 기하학적 추론법을 이해할 만한 사람들만이 그의 위대한 발견의 진리에 설득될 수 있었으므로. 그러나 이제 아이작 경의 교리가 "동일한 내용을 이해할 능력이 있는 모든 이들로부터 만장일치로 인정을 받아 완전히 확정되었기"에 펨버턴은 "수학적 과학에 눈을 돌린 젊은 신사들이 그런 학문을 더 즐겁게 추구하도록 장려해야" 한다는 견해를 피력하면서, 그들의 학업에 도움을 주고자 더 쉽게 이해할 수 있도록 뉴턴 경의 철학을 상세히 설명하겠다고 했다.

돌부리에 말의 발이 걸리는 바람에, 그 상호 작용의 힘에 일정한 움직임을 보이던 몸 상태와 내가 한껏 빠져 있던 몽상 상태가 깨진다. 나는 아빠를 바라본다. 아빠는 웃음을 지어 보인다. 똑같은 웃음이 내 얼굴에도 피어난다. 내 웃음이 아빠의 웃음에 반응하여 나온 별개의 몸짓인지, 아니면 우리 둘 다 같은 느낌을 받아서 동시에 지은 것인지 누가 알까? 운동 법칙에 따르면, 두 물체가 서로를 향해 움직일 때 비록 각 운동이 달라 보일지라도 하나의 원인으로 생긴다고하니까. 둘을 가까이 끌어당기는 것은 양쪽의 공모하는 특성으로부터 생기는 하나의 작용이다.

내 생각은 뉴턴의 운동 법칙에, 세계의 한결같은 질서를 든든히 받치는 고정된 토대에 머물러 있다. 힘이 느껴지는 바로 그 단어는 오래전 마법사가 주문을 외울 때 느꼈을 법한 종류의 존경심을 불러일으킨다. 그러나 이 새로운 마법은 기존 마법보다 더 심오하다. 그 효력이 하늘에 있는 별자리의 위치에 의지하는 것도 아니고, 잎이 피고 지는 봄가을에만 나타나는 것도 아니다. 법칙은 미신보다 더 강력하다. 정교한 제의에 의존하는 것이 아니라 그런 모든 거추장스러운 것들에 구애받지 않기 때문이다. 이성의 찬란한 주문 — 그렇게 부를 수도 있다면 — 은 밤에 우리를 비추는 각각의 별을 향하는 것만큼 우리에게도 향할 수 있고, 그 별들과 우리 사이의 엄청난 거리에 상관없이 효력을 발휘할 수 있다. 이런 새로운 진리는 고대의 제의와 미신이 수수께끼라는 어둠으로 감싸고 있던 것에 빛을 비춘다. 그 강렬한 힘을 다시 느끼고 싶은 마음에, 나는 호흡을 가다듬으면서 그 법칙을 다시 떠올린다.

법칙 1: 모든 물체는 힘이 가해져서 상태의 변화를 강요받지 않는 한, 정지한 상태 혹은 직선(right line)*으로 일정한 운

---

* 직선(straight line)을 가리키는 예전 용어.

동을 하는 상태를 계속 유지한다.

법칙 2: 운동의 변화는 가해지는 추진력에 비례한다. 그리고 힘이 가해지는 직선 방향으로 변한다.

법칙 3: 모든 작용에는 늘 방향이 반대이면서 크기가 같은 반작용이 있다. 즉 두 물체가 서로에게 가하는 상호 작용은 언제나 같고, 방향만 반대다.

아빠가 손을 뻗어서 어깨를 흔드는 바람에, 나는 몽상에서 깨어난다. 집에 도착했다.

2

나는 춤추는 작은 종잇조각들을 통해 자연철학의 경이를 처음으로 알아차렸다. 그날 저녁의 일이 너무 생생하게 기억에 남아, 나는 팔다리를 태우는 열기를 거의 다시금 느낄 수 있다. 막 여덟 살이 되었을 때 나는 열병에 걸려 침대에 누워 있어야 했다. 그때 아무 일도 없이 시간이 느릿느릿 아주 평온하게 영원히 흘러가는 듯했다. 침을 삼킬 때마다 아팠고 식욕도 없었고, 엄마가 숟가락을 들어 올릴 때마다 나는 입술을 오므렸다. 영원히 이어질 것 같은 지루하고 나른한 생활을 체념한 듯 받아들이고서, 깜박깜박 뒤숭숭한 잠에 빠져들고 있을 때 강한 손이 부드럽게 이마를 쓰다듬는 것을 느꼈다. 눈을 뜨니 아빠가 옆에 있었다. 아빠는 나를 일으켜 앉힌 뒤, 아주 수수께끼 같은 분위기를 풍기면서 주머니에서 작은 유리 원반, 천 조각, 잘게 자른 종잇조각들을 꺼냈다. 별것 아닌 듯했지만, 아빠가 천으로 원반을 문지른 다음 종잇조각 위로 움직이자 놀라운 일이 벌어졌다. 사전 경고도 없이, 종잇조각들이 갑자기 활기를 띠며 휙 날아올라 유리에 달라붙었다. 수직으로 움직이는 것도 있었고, 빗금을 이루면서 올라오는 것도 있었다. 유리에 잠시 달라붙어 있는 것도 있었고, 곧바로 가라앉는 것도 있었다. 다시 뛰어오르는 것도 있었고, 뛰어올랐다가 내려앉으면서 보이지 않는 소용돌이에 휘말린 듯 공중에서 빠르게 도는 것도 있었다. 나는 그 광경에 매료되었고 신나게 박수를 쳤다. 더 해보라고 졸라대자 아빠는 두 번 더 보여준 뒤, 내가 음식을 좀 먹으면, 직접 종이를 춤추게 할 수 있다고 말했다. 내가 음식을 먹을 때, 아빠는 전기에 관해 알려주었다. 물체를 문질러 자극했을 때 물체가 얻는 보이지 않는 힘이라고 했다. 어떤 물질이 이 놀라운 성질을 지니고 있는지는 직접 해봐야 안다고 했다. 그런 식으로 우리는 시도한 뒤, 우리가 얻은 지식을 남에게 전한다. 자연과 거래한 내역을 새기고 우리의 관찰과 생각을 기록함으로써. 이 놀라운 사실에 푹 빠진 나머지, 나는 알아차리지 못하는 사이에 버터 바른 빵을 다 먹었다.

아빠는 일어나서 나가기 전에 내 머리를 헝클어뜨리면서 말했다. "존, 아빠는 네가 훌륭한 자연철학자가 될 거라고 생각해. 밖에 나가서 세상이 어떻게 돌아가는지 관찰할 수 있을 만큼 체력이 좋아지기만 하면 돼. 모든 현상은 나름의 비밀을 지니고 있어. 자연에 올바른 질문을 하는 사람은 누구나 그 비밀을 알고 답을 풀 수 있단다. 세계 자체가 하나의 거대한 수수께끼야."

그것이 시작이었다. 내 주변에 숨겨진 수수께끼를 푸는 것이 고귀한 목표가 되었다. 식사를 하고 체력을 키울 가치가 있는 목표였다. 그때부터 나는 세계의 열렬한 관찰자가 되었다. 극도의 열정과 관심을 갖고 자연의 모든 자그마한 활동을 지켜보면서 자연이 실수로 떨굴 만한 모든 단서를 찾으려 했다. 아빠는 지주와 농부로서의 할 일을 마친 뒤 저녁 식사를 하기 전, 나를 서재로 불러 오늘 무엇을 발견했는지 묻곤 했다. 아주 진지하고 참을성 있게 내 말에 귀를 기울였고, 내 생각을 유도하는 질문을 했다. 아빠는 우리 사유 체계 전체의 토대에 놓인 암묵적인 가정이 하나 있다고 말했다. 한 번 일어난 일은 비슷한 상황에서 다시 일어날 것이라는 가정이다. 자연에서 일어나는 일들은 무작위적이 아니라 어떤 패턴을 따른다. 마치 기름칠이 잘된 기계에서 나오는 제품처럼, 미래는 과거로부터 나온다. 일단 그 사실을 확신하면, 그 메커니즘을 알아내려는 탐구는 불가피해진다.

아빠와 나는 해시계 이야기를 나누고 정원의 서양보리수 그림자가 시간이 흐르면서 어떻게 변하는지 그림으로 그렸다. 또 우리는 햇빛에 프리즘을 갖다 대어 빛을 이루는 뒤섞인 색깔들이 흩어지게 했다. 책을 펼쳐 비탈면의 기울기를 바꾸면서 얼마나 멀리까지 굴러가는지 매끄러운 바닥에 구슬을 굴리기도 했다. 아빠는 사물들의 유사성을 염두에 두고 서로 어디에서 차이가 나는지 찾아보라고 했다. 아직 혼자서 읽을 수 없는 책에 담긴 지식을 골라 알려주었고, 그런 지식은 해가 지나면서 내게 친숙해지고 소중한 친구가 되었다.

베이컨의 생생한 표현은 아빠가 내게 읽어줄 때 내 어린 마음에 깊은 인상을 남겼다. "울퉁불퉁한 거울이 자신의 형상과 부위에 따라 비치는 대상의 모습을 왜곡하듯이, 마음도 감각 기관을 통해 대상의 인상을 받을 때 감각이 올바로 알린다고 신뢰할 수 없으며, 개념을 형성할 때 사물의 특성과 자신의 특성을 뒤섞는다." 어린 나이에 나는 우리의 감각이 틀릴 수 있고 우리의 지성이 오류를 저지를 수 있다는 점을 인식하도록 배웠다. 자연철학자들은 이 편향을 언제나 의식하고 있을 것이 틀림없다. 자신도 모르게 이루어지는 행동을 고려하고, 더 나아가 바로잡을 수 있도록 말이다.

베이컨은 "추측하고 나누는 것이 아니라, 발견하고 아는 것"이 목표임을 상기시킨다. 그리고 직접 황당한 세계를 고안하겠다는 것이 아니라, "이 세계 자체의 특성을 조사하고 해부하는 것"이 원하는 바라면, 우리는 늘 사실로 돌아가야 한다. "비출 대상이 전혀 없다면 거울을 아무리 잘 닦아봐야 헛수고이기 때문이다. 그리고 경비원에게 어떤 일을 할지를 알려주듯이, 지식인에게도 연구할 알맞은 재료를 제공할 필요가 있다." 프랜시스 경은 "우리 자신이 상상한 꿈을 세계의 패턴으로 제시하는" 일이 없도록, 강하게 경고한다.

아빠는 그런 일을 피할 방법은 오로지 자신이 올바르게 반박할 여지가 없이 간직한 것보다 결코 더 많은 지식을 가정하지 말고, 자연의 법칙과 패턴에 관해 추측하는 일에 빠지지 말고 만물의 체계를 관장하는 진정한 법칙을 꾸준히 탐구하는 일에 매진하는 것뿐이라고 설명했다. 그런데 사람들이 언제나 그런 태도를 보인 것은 아니었다. 추측을 체계화한 뒤, 그것이 자연과 불완전하게라도 들어맞으면 참이라고 선언하는 것이 철학자들의 기존 관행이었다. "아마 탐구 자체가 워낙 원대해서 자신이 결코 참이면서 완전한 해답을 얻을 것이라는 생각을 미처 못했겠지." 아빠는 그렇게 공감을 표했다. 그러나 그 뒤로 오랜 세월이 흐르면서 자연철학자들은 추측을 토대로 진척시키는 것이 대단히 불합리하다고 경계하기 시작했다. 그들은 첫 번째 관찰로부터 일반 공리로 서둘러 넘어가는 것을 꺼리며, 대신에 펨버턴이 썼듯이 "극도로 신중하게, 그리고 아주 느리게" 나아간다. 아주 많은 증거가 모인 뒤에야 비로소 그들은 지식을 종합하고 그것으로부터 공통의 토대를 추출하려고 시도한다.

　일단 탐사 가능한 모든 상황에 어떤 특성이 들어맞는다는 확신을 얻으면, 자연철학자들은 그것이 비슷한 상황들에서도 보편적으로 참이라고 가정한다. 이 귀납 추리 과정은 대단히 중요하다. 그것이 없다면 어떤 발전도 이루어질 수 없기 때문이다. 우리는 손에 닿지 않는 곳에 있는 물체의 특성을 찾을 방법도 없어지고, 따라서 알려진 모든 사례에서 참인 듯한 것을 취해서 비록 잠정적이라고 할지라도 보편적인 진리로 승격시킬 방법도 없어진다. 아빠가 내게 상기시켰듯이, 과학자로서의 우리는 어떤 가설을 세우든 어떤 가설을 우리 철학에 받아들이든 간에, 오로지 그것을 질문으로 받아들여야 한다. 우리가 진리라고 받아들이는 것조차 후속 발견을 통해 모순이나 한계가 드러남으로써 논박당할 수 있다.

　펨버턴은 그것을 이렇게 설명한다. 수학에서 증명은 결론적일 수 있는데, 왜냐하면 그 학문이 우리 마음속의 개념을 다루기 때문이다. "마음은 자신이 지닌 개념을 완전히 그리고 충분히 알고 있을 수 있으므로, 기하학 추론은 완벽하게 다듬어질 수 있다. 그러나 자연의 지식 분야에서는 우리가 고찰하는 대상이 우리 없이 존재하며, 완벽하게 알려져 있는 것도 아니다."

아빠는 런던의 왕립협회에서 가치 있는 지식을 발전시키기 위해 매주 사람들이 모여 누군가가 실험하는 모습을 지켜보고 자연철학의 현안들을 논의하고 논쟁한다고 알려주었다. 이 고상한 대의를 위해, 그들은 세계 곳곳에서 이루어진 새롭거나 오래된 발견들에 관한 정보도 수집한다고 했다. 그들은 세계의 장엄한 설계가 너무나 방대하여 어느 한 저술가가 어둠 속에서 홀로 곰곰이 생각해서 밝혀낼 수 있는 것이 아니라고 믿는다. 그래서 모은 정보를 《철학 회보(*Philosophical Transactions*)》라는 잡지에 발표한다. 내 어린 마음에 강한 인상을 심어준 것은 "누구의 말도 그대로 받아들이지 말라(Nullius in verba)"는 그 협회의 좌우명이었다. 그저 권위 있는 사람의 말이라는 이유로 무턱대고 받아들이지 말고 모든 주장을 실험을 통해 검증하라는 대담한 선언이다. 어느 누구의 주장이 더 존중받을 이유는 전혀 없다. 누가 하든 모든 주장은 검증의 대상이다. 아빠는 신의 눈에 그렇듯이, 왕립협회의 눈에도 우리 모두는 평등하다고 말했다.

같은 정신으로 충만한 나는 그들이 하듯이 다양한 실험을 수행했다. 그래서 모든 종류의 무거운 물체는 같은 높이에서 떨어뜨렸을 때 동시에 땅에 닿는다는 갈릴레오의 주장에 흥미를 느낀 나는 엄마가 심하게 그리고 때론 호들갑스럽게 싫은 기색을 보여도 개의치 않고, 다락방 창문에서 모양과 크기가 제각기 다른 온갖 물체를 바닥으로 떨어뜨렸다. 나는 그 법칙에 어긋나는 사례를 찾아내기를 바랐지만, 동시에 떨어뜨린 물체들은 죽 나란히 날아서 함께 땅에 떨어졌다. 엄마는 내게 이 법칙을 사실로 받아들이고 다른 법칙을 조사하라고 설득했다.

나는 현상들을 오래 열심히 엿보았다. 내 강렬한 시선 아래 자신의 비밀을 드러낸 것들도 있었다. 또 어떻게 일어나는지 이해하고자 내가 모형을 세우고 재현한 현상들도 있었다. 나는 시계를 조립하고 연을 만들었고, 이웃 소도시에서 풍차를 처음 본 뒤 돌아와서 어떻게 작동하는지 알아내고자 작은 복제품을 만들었다. 베이컨은 자연이 "자신의 일을 자신의 방식으로 알아서 하도록 놔둘" 때만이 아니라 "속박하고 괴롭힐" 때, "자연 상태에서 빠져나오게 강요하고 쥐어짜고 변형할" 때에도 자신의 비밀을 드러낸다고 했다. 그의 말을 염두에 두고, 나는 내 모형을 더 효율적으로 만들 수 있는지 알아보기 위해 설계를 바꾸곤 했다. 모양과 크기가 다양한 연을 만든 다음 어느 것이 더 잘 나는지 꼼꼼히 관찰했다. 그렇게 만드는 일을 끝낸 뒤에는, 아스포델과 고사리삼 사이에 몇 시간 동안 누워 하늘을 올려다보며 왜 무언가가 그렇게 되는지를 이해하려고 애쓰면서 보내곤 했다. 곧 나는 내가 관찰한 것을 보존할 필요가 있음을 깨달았다. 그렇지 않으면 잊어버릴 위험이 있었다. 그래서 나는 종이 몇 장을 묶고 피지를 붙여 공책을 만들었다. 말려서 잘 빻은 쥐똥나무류 열매로 만든 파란 잉크를 깃촉에 찍어, 내가 알아낸 사실, 생각, 의문을 쏟아내듯 적었다. 내가 배운 것, 조사한 것, 궁금한 것 등을 줄줄이 적었다. 마치 내 개인적인 취향과 선호에 따라 신기한 것들을 모아 엮은, 내 나름의 작은 문집 같았다.

어느 날 저녁, 공책이 거의 꽉 찼을 때 나는 아빠에게 보여주었다. 아빠는 내 노력에 무척 기뻐했고, 내가 진짜 공책을 받을 준비가 되었음을 증명했다고 했다. 친구에게처럼 속

내를 털어놓을 수 있고, 훗날 나를 당혹스럽게 하거나 배신할 기억의 영구 기록물 역할을 하게 되고, 가장 중요한 점인데, 내가 자라도 쓸 공간이 충분하도록 장을 늘릴 수 있는 공책이었다. 아빠는 말했다. "발견하고 생각하는 모든 것들을 적으렴. 베이컨이 한 것처럼 해. 네가 접하는 모든 거짓들을 '하나하나 열거하여 배제시켜라. 그러면 과학은 더 이상 그런 것들로 골치를 썩이지 않을 수 있다.' 실험할 때는 세세한 부분까지 엄정하고 명확하게 해야 한다. 남들이 '각 점이 어떻게 나왔는지 알아볼 수 있도록, 그것이 어떤 오류와 관련이 있는지 알아볼 수 있도록, 그런 것이 발견될 수 있다면 더 믿을 수 있고 절묘한 증거를 스스로 고안할 수 있도록' 말이다." 또 아빠는 고인이 된 왕립협회 회장 로버트 훅(Robert Hooke)이 자신의 저서 『마이크로그라피아(Micrographia)』에서 사람의 기억은 불완전할 때에도 행동을 제어한다고 썼다고 알려주었다. 진료와 경험이 오래 쌓인 의사일수록 더 유능한 것이 바로 그 때문이다. 그러면 "자신의 경험을 완벽하게 기록해둘 뿐 아니라, 수백 년에 걸친 수많은 사람들의 경험까지 지니"면 어떨까? 아빠는 이렇게 조언했다. "후대를 위해 자신의 실험 결과를 기록할 때는 과시가 아니라 공용을 위해 하는 것이고, 허영심 때문에 자신이 겪은 안 좋은 경험을 빠뜨려서는 안 돼."

그렇게 말하면서 아빠는 책장에서 두꺼운 책을 꺼내왔다. 1천 쪽에 달했고, 아름다운 갈색 가죽으로 장정되어 있었다. 아빠는 깃촉을 들어 첫 장에 달필로 이렇게 썼다. "이 책은 존의 재산임." 추운 겨울 저녁에 퍼지는 불의 온기처럼 행복한 느낌이 온몸으로 퍼졌다. 아빠는 나를 쳐다보고 있었고, 내 안에 퍼지는 열기를 보았을 것이다. 아빠는 면지에 "누구의 말도 그대로 받아들이지 말라"고 라틴어로 적은 뒤, 나에게 책을 건넸다.

더할 나위 없이 행복했다.

3

내 자연철학 조사가 점점 정교해지자, 아빠는 수학의 원대한 새 개념 중 몇 가지를 말해주었다. 생각을 조금 전환하는 것만으로도 전혀 새로운 시야가 열리곤 한다는 것을 보여주기 위해 유량과 유율 이야기를 들려주었다. 세부적인 내용은 내 이해 범위를 넘어선다는 것을 우리 둘 다 알고 있었지만, 그래도 나는 그런 대화가 좋았고 기본 개념은 계속 내 안에 남았다.

　이미 나는 자연에 끊김 없는 직선이 몇 개 있다는 점에 주목하고 있었다. 대부분의 대상은 물질적으로 확장된 부위에서, 그리고 움직이는 경로에서 곡선이 나타난다. 대포알은 허공에서 포물선을 그린 뒤 땅에 떨어지고, 행성은 타원을 그리면서 천체 운동을 한다. 그러나 이렇게 어디에나 있는 곡선은 수학자에게 심오한 도전 과제를 안겨주었다. 곡선을 어떻게 어떤 하나의 매끄러운 대상으로 표현할 수 있을까? 뉴턴 이전의 주류 모형은 죽 이어져 있는 방향이 조금씩 다른 일련의 작은 직선들로 곡선을 근사적으로 나타내는 것이었다. 직선의 길이가 짧을수록 이 구성물은 곡선과 더 가까워진다. 그러나 이런 방식은 얼마나 성공적이든 간에, 곡선을 절단했다. 하나인 것을 끊어서 직선들을 죽 이어 붙인 들쭉날쭉하고 모난 형태로 만든다.

　뉴턴은 그 주류 견해와 언뜻 보면 사소하지만 궁극적으로는 아주 중요한 차이가 있는 방식으로 이 문제에 접근했다. 곡선을 죽 이어 붙인 작은 직선들의 집합으로 생각하는 대신에, 그는 곡선의 모양이 계속해서 방향을 바꾸는 하나의 작은 직선이 남긴 자취라고 보았다. 즉 그는 곡선을 정적인 대상이 아니라, 진화하는 대상으로 보았다.

어떤 양이 시간이 흐르면서 진화할 때, 최종 결과를 알려면 변화의 양과 이 변화가 일어나는 속도를 모두 알아야 한다는 것은 이미 잘 알려져 있었다. 뉴턴은 공간을 지나는 양에도 같은 논리가 적용되어야 한다고 말했다. 그는 모든 변화는 흐름으로 기술할 수 있고 흐름에는 언제나 속도가 관여한다고 설명했다. 뉴턴은 흐르는 양을 유량(fluent)이라 하고, 흐르는 속도를 유율(fluxion)이라고 했다.

이 개념을 곡선에 적용할 때, 뉴턴은 직선을 가능한 한 아주 짧게 줄이는 것부터 시작하여 점이 될 때까지 줄였다. 이 점을 유량으로 삼고, 그 점이 진화를 규정하는 유율을 지닌다고 가정함으로써, 뉴턴은 공간을 지나는 한 점의 매끄러운 흐름을 곡선으로 나타낼 수 있었다. 그는 이 기본적인 깨달음을 토대로 미적분의 체계 전체를 세웠다. 유량을 연구하는 과학은 매우 유용하다. 실제로 모든 것은 움직인다고 말할 수 있기 때문이다.

엄마가 세상을 떠났을 때 나는 아직 열 살도 채 안 된 아이였다. 슬픔이 굽이치는 바다의 거대한 물결처럼 무겁게 밀려들면서 뒤덮었다. 슬픔은 아빠의 마음속에 깊이 뿌리를 내렸고, 나는 아빠도 잃지 않을까 하는 두려움에 사로잡혔다. 아빠의 눈 속에서 타오르던 불길은 꺼졌고 어둠이 깔렸다. 태양은 완전히 사라지고, 별빛이 반사된 흐릿한 빛만 이따금 비칠 뿐이었다.

교구 목사인 윌리엄 숙부가 엄마를 위해 기도하러 왔다. 엄마는 숙부와 우애가 아주 좋았기에 그도 슬픔에 잠겼지만, 신앙심으로 버텼다. 우리도 마찬가지이긴 했다. 숙부와 아빠는 케임브리지에 다니던 시절에 단짝이 되었고, 그 뒤로 쭉 우정을 이어갔다. 사실 아빠가 엄마를 만난 것도 숙부 덕분이었다.

장례식이 끝나고 조문객들이 다 떠난 뒤, 숙부와 아빠는 식탁 앞에 앉아 이야기를 나누었다. 아빠는 신혼 때 그린 엄마의 작은 초상화를 들고 있었다. 숙련된 화가가 모든 기량을 발휘하여 아름답고 우아하게 그린 그림이었지만, 아빠는 엄마의 미모가 제대로 담기지 않았다고 우기면서 언젠가는 더 나은 초상화가에게 맡기겠다고 말하곤 했다. 그날 밤 아빠가 양손으로 초상화를 품에 꽉 껴안고 있을 때, 나는 아빠가 울먹이는 소리를 들은 것도 같다. 나는 어찌할 바를 몰랐기에 조용히 위층으로 올라가 침대 안으로 기어 들어갔다. 어둠 속에서 꼼짝하지 않고 있자, 이윽고 잠이 내게 자비를 베풀었다.

그 뒤로 며칠 동안 계속 손님들이 찾아왔다. 소작인들은 엄마를 좋아했기에, 위로를 전하기 위해 찾아왔다. 나는 연민 어린 시선을 감당하기 어려워 정원으로 피했다. 윌리엄 숙부가 찾았을 때 나는 엄마가 아주 좋아하던 정자에 누워 떠가는 구름을 올려다보고 있었다. 숙부는 아무 말 없이 내 옆에 누워 함께 하늘을 바라보았다. 잠시 뒤 숙부는 눈으로는 여전히 구름을 바라보면서 말했다.

"아빠가 니컬러스 손더슨(Nicolas Saunderson) 이야기를 하신 적이 있니?" 왠지 익숙한 이름이었다. 손더슨은 아빠와 숙부가 학생이었을 때 케임브리지 교수였다. "아빠와 나는 그분에게서 뉴턴의 이론을 처음 배웠어. 아주 해박하고 인기도 많은 분이었지만, 정말 놀라운 점은 그분이 맹인이었다는 거야. 그분은 매우 끈기 있게 공부를 계속했고 어떤 시련에도 굴복하지 않았어. 그래서 원대한 우주의 장엄함을 마음으로 볼 수 있었지. 그의 보이지 않는 눈에 자연의 숨겨진 비밀이 훤히 드러났고, 궁극적으로 그는 전에 뉴턴이 맡았던 루카스 좌 교수직을 맡았지."

숙부는 말을 이었다. "자연의 질서를 고찰하다 보면 엄청난 힘과 평화를 느끼게 돼. 마음의 기질에 영향을 미치지. 우리는 영광스러운 전지전능한 존재의 조언과 권능을 통해서만 이 가장 아름다운 우주를 이해할 수 있다는 것을 알게 돼. 세계는 끊임없이 변하지만, 그 흐름의 한가운데에는 고요한 중심이 있어. 시간을 초월하는 세계의 체계지. 이 중심에 확고히 자리를 잡으면, 인생의 평지풍파를 더 잘 견딜 수 있을 거야. 지금은 상실감이 아주 크겠지만 흘러가도록 놔둬야 해. 자연의 아름다운 조화가 마음속의 슬픈 공허를 채우는 데 도움을 줄 거야."

우리 사이의 공간에 짙게 침묵이 깔렸고, 잠시 누워 있자 분위기가 누그러졌다. 이윽고 숙부는 떠나려고 일어섰다.

숙부는 외투에 묻은 풀을 떨어내면서 말했다. "네 아빠는 엄마를 무척 사랑하셨어. 두 사람은 아주 친밀했는데, 이제 그 관계가 끊겨서 나는 네 아빠가 곧장 고통 속으로 빠져들지나 않을까 걱정스럽다. 아빠를 다른 쪽으로 이끌 어떤 힘이 없다면 말이야. 존, 너는 아빠의 태양이야. 그의 하늘에 뜬 가장 밝은 광원이지. 네 사랑이 아빠를 끌어당기는 구심력이 되어야 해. 아빠를 안정된 상태로 유지하고 규칙성과 목적성을 갖고 일상생활로 돌아가게 하도록 이끄는 중력이 되어야 한다고."

나는 고개를 끄덕였다. 숙부는 내 턱을 톡 두드리고는 집 안으로 들어갔다.

나는 슬그머니 내 방으로 들어가 앉아서 생각에 잠겼다. 나는 그것이 물체의 운동 상태의 변화가 아니라 본질적 특성임을 알고 있었다. 그것이 뉴턴의 제1법칙이었고, 아빠와 함께 자주 논의하던 것이기도 했다. 나는 모든 물체가 정지해 있든, 일정한 속도로 움직이고 있든 간에 그냥 놔두면 그 운동 상태를 유지한다는 것을 이해하고 있었다. 물체에 있는 물질의 양은 이 타성, 즉 비활동량의 척도다. 정지에서 운동으로 또는 운동에서 정지로의 변화, 또는 운동 방향의 변화, 더 나아가 한 일정한 속도에서 다른 속도로의 변화든 간에, 물체의 운동 상태의 변화는 언제나 힘이 존재함을 보여주는 것이 틀림없다. 물체가 이런 변화를 스스로 수행하는 일은 결코 없을 것이기 때문이다.

나는 뉴턴의 제2법칙을 통해, 가해진 힘의 크기에 비례하여 물체의 운동 상태가 바뀐다는 것도 알고 있었다. 그리고 가해진 힘이 동일하다면 무거운 물체는 가벼운 물체보다 운동의 변화가 더 적을 것이다. 일어나는 변화는 물체가 이미 지닌 운동과 관계가 없다. 가해진 힘이 같다면 물체의 운동에는 언제나 동일한 양의 변화가 일어날 것이다. 물체가 정지 상태에서 운동을 하든, 한 운동 상태에서 다른 운동 상태로 변하든 간에 초기 상태와 최종 상태의 차이는 늘 같을 것이다.

나는 여기까지는 확실히 알고 있었지만, 중력의 작용은 몰랐다. 그리고 중력을 전혀 모른다면, 어떻게 힘을 발휘해야 할까? 나는 소중한 공책을 꺼냈다. 채워진 쪽들은 확실하면서 변하지 않은 것들을 떠올리게 했고, 그 점에서 위안이 되었다. 빈 쪽들은 앞으로 여러 해에 걸쳐 적힐 수도 있을 비밀들을 속삭이면서 약속을 내비쳤다. 어쨌거나 기분은 훨씬 나아졌다.

빈 쪽을 넘긴 뒤, 나는 큰 글자로 이렇게 썼다. "구심력과 중력."

4

아이작 경은 이렇게 썼다. "구심력은 물체가 중심인 어떤 점을 향해 끌리거나 당겨지거나 어떤 식으로든 움직이는 것이다. 중력은 이런 종류의 힘이다. 중력을 통해 물체는 지구의 중심으로 향한다. 자기력은 철이 자석을 향해 움직이는 힘이다. 그리고 무엇이든 그 힘은 행성을 본래 추구할 직선 운동에서 계속 벗어나도록 끌어당기고, 원형 궤도를 돌게 만든다."

지구는 내가 아이의 손으로 이 대목을 옮겨 적은 이래로 여섯 번 태양 궤도를 돌았지만, 내 마음은 수없이 지축을 회전했고, 그 과정에서 내 이해도 훨씬 늘어났다.

엄마가 돌아가신 뒤의 암흑기에 나는 윌리엄 숙부의 조

언에 따라 아빠와 더 많은 시간을 보내려고 애썼다. 나는 아빠를 찾는 것을 덜 부끄러워하기 시작했다. 우리의 대화가 아빠에게도 다른 쪽으로 생각을 돌리려는 의도적인 목표 아래 이루어진다는 것을 알아차렸기 때문이다. 대개 저녁마다 우리는 자연철학에서 얻는 기쁨을 서로 이야기했는데, 계절이 지남에 따라 내 이해 수준도 높아지고 아빠와의 관계도 점점 돈독해져갔다. 나는 이런 토론을 한 뒤에 홀로 여러 시간 곰곰이 생각을 하면서 부족한 부분을 채웠고, 믿음직한 동료인 공책에 내 철학적 여정을 꼼꼼히 기록했다. 지금 그때 적은 쪽들을 다시 들춰보니, 줄줄이 꼼꼼하게 적었을 뿐 아니라, 여백에까지 주석을 달면서 애썼던 것이 보인다.

중력은 이해하기가 쉽지 않았다. 처음에 내가 확실히 알수 있었던 것은 중력이 물체를 떨어지게 만든다는 사실뿐이었다. 중력은 힘이므로 반드시 거기에 속박된 물체의 운동 상태를 바꿀 것이 틀림없기 때문에, 떨어지는 물체의 속도는 끊임없이 바뀔 것이라는 결론이 따라 나왔다. 나는 갈릴레오의 주장과 이 목적을 위해 내가 했던 다양한 실험으로부터, 지구의 중력이 같은 높이에서 떨어뜨린 두 물체가 질량과 크기에 상관없이 동시에 땅에 떨어지게 만든다는 것을 알고 있었다. 같은 시간에 같은 거리를 지나가므로, 두 물체는 언제나 같은 속도로 움직여야 한다. 이 속도가 변하기 때문에, 두 물체는 동일한 방식으로 변해야 한다. 이것이 바로 중력의 특성이었다. 질량이나 크기에 전혀 상관없이, 동일하게 고정된 방식으로 모든 물체의 운동 상태를 바꾼다는 것이다. 따라서 이 힘의 세기는 결코 고정된 것일 리가 없었다.

중력이 가변적인 특성을 지닌다는 것을 받아들인다 해도, 중력에는 내가 이해하지 못하는 부분이 많았다. 예를 들어 땅으로 떨어지는 물체와 궤도에 떠 있는 물체는 뭐가 비슷한 걸까? 이 서로 다른 운동이 어떻게 동일한 원인으로 생길 수 있을까? 생쥐가 작은 이빨로 뭔가를 갉아대듯이 의심이 계속 나를 갉아대면서, 지구로 떨어지는 사과의 궤적과 달이 우아하게 호를 그리면서 도는 궤적과 결코 비슷하지 않다고 속삭이고 있었지만, 나는 그 의구심을 마음속에서 내몰고 사실들에 집중했다. 달은 일정한 시간에 반지름과 거리가 알려져 있는 곡선을 그리면서 지구 궤도를 돈다. 이 운동은 직선이 아니므로, 뉴턴의 법칙에 따를 때 힘이 가해지고 있는 것이 틀림없다. 끊임없이 힘의 영향을 받아야만 달은 직선으로 향하려는 경향에서 계속 벗어나 궤도를 돌게 된다. 아이작 경은 투석구에 든 돌이 날아가지 못하고 속박되어 있듯이, 궤도를 도는 모든 물체도 마찬가지라고 썼다. "모두 궤도 중심에서 멀어지려고 애쓴다. 그리고 그것들을 속박하여 궤도에 붙들어놓는 반대되는 힘이…… 없다면…… 천체들은 일정한 운동을 하면서 직선으로 날아갈 것이다."

어떤 종류의 힘이 원운동을 강요하는 것일까? 나는 열심히 반복하여 그림을 그리면서 원 궤도를 도는 물체가 궤도 중심을 향해 방사상으로 뻗는 힘에 속박되어 계속 떨어지고 있다는 뜻으로 해석될 수 있다고 스스로를 설득하려고 애썼다. 그러나 진정한 이해는 내 손으로 철사를 구부리고 돌리면서 만지작거릴 때에야 찾아왔다. 나는 일기에 그 실험을 이렇게 기록했다.

"철사를 수평으로 그냥 놔두면, 철사는 전혀 변하지 않은 채로 있다. 하지만 내가 철사의 한쪽 끝에 가까운 곳을 잡고 다른 손으로 철사를 아래로 누른다면, 철사는 휘어진다. 이 하향하는 힘을 한 번만 주면, 철사는 한 점에서만 구부러진다. 그 지점 너머에서는 전과 마찬가지로 여전히 직선이다. 그저 방향만 조금 아래쪽으로 향해 있을 뿐이다. 이제 철사의 각도를 돌려 직선 부분이 다시 수평을 향하도록 한 뒤, 앞서 한 행동을 또 한 번 한다. 굽은 부위에서 조금 더 앞쪽을 잡은 뒤, 다시 아래로 동일한 힘을 가한다. 그러면 구부러진 지점이 또 하나 생기지만, 그 너머는 여전히 끝까지 직선을 이루고 있다. 마찬가지로 방향만 조금 달라졌을 뿐이다. 이제 다시 앞쪽 직선 부분이 수평으로 향하도록 돌린다. 이 과정을 철사 끝에 닿을 때까지 반복했더니, 직선은 다각형이 되었다. 다각형의 모서리가 더 짧을수록, 각도는 더 작아지고, 원에 더 가까운 모양이 된다."

그리하여 마침내 나는 어떤 물체에 힘이 지속적으로 작용하여 그 물체를 계속 아래로 밀 때, 물체가 원형 궤도를 돈다는 것을 알 수 있었다. 일단 궤도를 끊임없이 방향을 바꾸는 작은 하강의 연속으로 분해하는 법을 알고 나자, 원심력과 중력 사이의 유사성이 마침내 내 눈앞에 흐릿하게 보이기 시작했다. 나는 원심력이 물체를 중심인 어떤 지점 쪽으로 밀거나 어떤 식으로든 향하게 하는 힘이라면, 물체를 지구 중심으로 향하게 하는 힘인 중력이 달을 궤도에 붙잡아둘 수 있는 힘이라는 것을 모호하게나마 알아차리기 시작했다.

나는 모든 곳에서 그런 희미한 형태들이 나타나는지 찾아보았는데, 알아보는 데 며칠씩 걸리곤 했다. 그러니 어둠 속에서 그것들이 존재함을 감지하고 그 환영을 환한 빛이 비치는 곳으로 꾀어낸 뉴턴은 대단한 천재였다. 뉴턴은 겉으로 보이는 복잡성 아래 질서가 있다고 믿었고, 비록 결과는 반드시 그렇다고 할 수 없을지라도 원인을 보면 자연이 단순하면서 스스로 공명한다고 믿었다. 이를 토대로 그는 일련의 규칙을 제시했다. 교회에 있는 규범에 거의 상응하는 자연철학의 규범을 정립했다. 이 규칙은 단순했다. 만물의 일차 원인은 가능한 한 가장 단순한 원리로부터 유도되어야 한다는 것이다. 원인은 반드시 결과보다 단순할 것이 분명하기 때문이다.

비슷한 결과들은 동일한 원인에서 비롯될 것이다. 일반 진리라고 확언할 수 있는 것은 그것밖에 없다. 자연철학에서는 드러난 현상을 충분히 설명할 수 있는 것 외에 다른 원인을 받아들일 필요가 없다. 자연은 "단순성에 만족하고 불필요한 원인들의 허울에 영향을 받지 않기" 때문이다. 그래서 뉴턴은 지구 쪽으로 끌어당기는 겉으로 볼 때 달라 보이는 두 힘을 대했을 때, 자연이 경제적이라는 믿음을 토대로 이 우연의 일치에 더 깊은 원인이 있지 않을까 생각했다. 즉 우리가 서로 다르게 부르는 이 두 힘이 어떻게든 간에 동일한 것이라면?

처음 이 말을 접했을 때 나는 무척 혼란스러웠다. 둘 다 중력의 작용이라면, 왜 사과는 땅으로 떨어지는 반면, 달은 하늘에서 원을 그리며 도는 걸까? 왜 사과는 궤도를 돌지 않고, 달은 땅으로 떨어지지 않을까? 뉴턴은 이런 피상적인 것들에 개의치 않았다. 위대한 과학자는 계속 체계적으로 연구함으로써, 사과의 수직 하강과 위성의 원형 궤도 사이의 연결 고리를 정립하기 시작했다.

우리는 일상적인 경험을 통해 수직으로 하강하는 물체는 그 방향으로 계속 떨어지는 반면, 앞으로(아니, 사실상 수직이 아닌 다른 어떤 각도로든 간에) 추진되는 물체는 호를 그리며 땅에 다다른다는 것을 안다. 대포알을 비롯한 모든 발사체들이 다 그렇다. 허공에서 포물선을 그린다. 중력의 세이렌이 부르는 소리에 서둘러 답하기 때문이다. 중력을 무시할 수 있다면 이 무거운 탄알은 직선으로 날아갈 것이고, 화약이 부여한 속도를 유지할 것이다. 이 초기 속도가 클수록 탄알은 더 직선에 가까운 경로를 유지하며, 따라서 더 멀리 날아간 뒤에 떨어진다. 실제로 우리는 더 센 힘으로 쏜 대포알이 더 완만한 곡선을 그리면서 더 멀리까지 날아간 뒤에 지표면에 떨어져 비행을 마치는 것을 본다.

"화약의 힘으로 산꼭대기에서 발사한 무거운 대포알이 그 속도로 수평선과 나란한 방향으로 곡선을 그리면서 3.2킬로미터까지 날아간 뒤에 땅에 떨어진다고 하자. 속도를 두 배로 올린다면 두 배 더 멀리까지 날아갈 것이다." 아이작 경은 그렇게 썼다. 그리고 속도를 열 배로 올린다면, 거리는 마찬가지 비율로 증가할 것이다. 사실상 "속도를 높임으로써, 우리는 대포알이 날아가는 거리를 원하는 대로 늘릴 수 있고, 대포알이 그리는 궤적의 곡률을 줄일 수 있을 것이다". 따라서 귀납법을 통해 우리가 대포알에 충분한 속도를 부여한다면, 대포알이 지구를 돌 만큼 아주 큰 곡선을 그리면서 움직일 것이라는 결론을 내릴 수도 있다. 방사상으로 향하는 지구 중력의 끌어당김은 대포알이 영구 궤도를 돌도록 할 것이다. 마치 위성인 것처럼.

뉴턴은 생각했다. 이 말이 모든 위성에 들어맞는다면, 달의 운동을 일으키는 메커니즘도 그것일 수 있지 않을까? 변변찮은 지구에서 뿜어지는 힘이 은빛 달을 궤도에 붙들어 놓는 것이 아닐까?* 중력이 가장 높은 산꼭대기까지 닿는다는 것은 이미 알려져 있었다. 그곳에서도 물체가 바닥으로 떨어지기 때문이다. 그렇다면 중력은 정확히 얼마나 멀리까지 뻗어나갈까? 중력이 천체까지 뻗어나간다면, 무리하게 뻗느라 갈수록 점점 힘이 약해지는 것은 아닐까?

뉴턴보다 앞서 그렇게 약해지는 힘이 존재하지 않을까 추측한 이들도 있었지만, 추정이라는 차원을 넘어섰다고 볼 수 있는 사람은 전혀 없었다. 선배들과 달리, 뉴턴은 그런 별난 생각을 떠올리는 것으로 만족하지 않았다. 그는 생각과

---

* 뉴턴은 한 단계 더 나아가서, 어떤 물체의 속도를 충분히 올리면, "결코 지구로 떨어지지 않고 우주 공간으로 나아가 영원히 자신의 운동을 계속할 수도 있다"고 추정했다.

계산을 정확히 다듬기 위해 애썼고, 자신의 유일한 재판관인 자연을 통해 자신의 결론이 옳은지 확인받고자 했다. 정교한 개념을 혼란스럽게 뒤엉킨 단어들로 적어서 가리는 대신에, 뉴턴은 중력의 힘을 옭아매어 그 특징을 연구할 수 있게 해줄 복잡한 수학적 그물을 짰다. 그는 측정하고 검증할 수 있는 구체적인 예측들을 했다.

정확하면서 의심할 여지가 없는 수학의 도구를 써서, 뉴턴은 대포알이 지구 궤도를 돌게 하려면 얼마나 속도를 올려야 할지를 계산했다. 이 관계를 기하학의 용어로 나타내자, 위성의 속도와 궤도의 크기 사이의 관계가 뚜렷이 드러났다. 자, 보라. 달의 운동은 장갑처럼 이 설명과 딱 들어맞는다. 달과 같은 속도로 움직이는 위성은 필연적으로 달의 발자취를 그대로 따를 것이 틀림없다. 수학적 명제의 힘을 토대로 아이작 경은 한 가지 사실을 증명했다. 이 증명은 거의 시처럼 들린다. 아이가 투석구에 든 돌을 빙빙 돌리듯이, 지구는 보이지 않는 중력의 밧줄로 달을 빙빙 돌린다.

이 사례에서 성공을 거둔 아이작 경은 한 발 더 나아갔다. 그는 생각했다. 천체들이 영구 운동을 하는데, 달이 지구 중력으로 궤도에 얽매여 있다면, 태양 주위에서 비슷한 운동을 하는 행성들도 비슷한 힘으로 움직이지 말라는 법이 있을까? 이 생각이 맞는지 알아보기 위해, 뉴턴은 선배 지식인들의 연구를 발판으로 삼았다. 이성을 통해 하나로 연결된, 서로 조화를 이룬 개념들의 사슬을 말이다. 코페르니쿠스, 갈릴레오, 브라헤, 케플러의 노력은 그들이 공들여 계산한 결과, 달의 궤도를 꼼꼼하게 기술한 자료를 써서 그런 운동을 유지하는 데 필요한 힘이 어느 정도인지를 계산했을 때 완전히 결실을 맺었다. 그런 운동에는 세밀한 균형이 유지되어야 했다. 뉴턴은 이렇게 썼다. "이 힘이 너무 작다면 달을 직선 경로에서 벗어나게 하는 데 부족할 것이다. 너무 크면, 너무 많이 벗어나게 함으로써 지구 쪽으로 끌어당겨 궤도에서 벗어나게 할 것이다. 그 힘은 적당한 양이어야 할 것이고, 그 힘의 크기를 찾아내는 일은 수학자들에게 달려 있다. 특정한 속도로 움직이는 특정한 물체를 정확히 특정한 궤도에 붙들어놓는 역할을 하는 힘의 세기다."

요하네스 케플러(Johannes Kepler)는 행성 운동을 연구하여 행성이 궤도를 한 바퀴 도는 데 걸리는 시간이 태양에서 떨어져 있는 거리와 직접적인 관계가 있다는 것을 발견했다. 아이작 경은 반박할 수 없는 기하학 원리를 써서, 이 관계가 행성이 받는 구심력이 태양에서의 거리와 관련이 있을 때에만, 정사각형의 변 길이와 면적이 반비례를 이루는 것과 같은 비율을 이룰 때에만 나타날 수 있다는 것을 보여주었다. 또 달의 궤도가 지구의 원심력 때문이라면, 이 힘도 궤도가 멀어질수록 비슷한 방식으로 줄어들어야 한다.

뉴턴은 구심력이 달에 가하는 당김과 그것이 약해지는 양상을 알았으므로, 지표면에서의 이 힘을 계산할 수 있었다. 그리고 이 힘은 친숙한 당기는 힘인 중력임이 드러났다. 즉 달 운동의 토대에 있는 힘이 중력임이 확실해졌다. 두 힘이 별개였다면, 낙하하는 물체에 미치는 영향은 두 배로 증가하여, 실제로 관찰되는 것보다 두 배 빨리 떨어졌을 것이다. 이 계산 결과는 달을 지구 궤도로 돌게 하는 메커니즘이 지구가 태양 궤도를 돌도록 하는 것과 동일하다는 주장을 더욱 강화했다.

이런 사실들로부터 뉴턴은 보편 중력의 원리를 유도했다. 즉 질량이 있는 모든 두 물체 사이에는 중력의 인력이 존재한다는 것이다. 마치 "서로에게 끌리는" 것처럼. 그 사실을 밝힌 뒤, 뉴턴은 중력을 써서 온갖 다양한 현상들을 설명했다. 오래전부터 천문학자들에게는 지구의 세차 운동이 수수께끼였다. 세차 운동은 72년마다 지구 궤도의 방향이 1도씩 변하는 현상이다. 뉴턴은 지금까지 설명할 수 없었던 이 현상이 불가피한 결과임을, 태양과 달의 중력이 지구에 함께 작용한 결과임을 보여주었다.

보편 중력 법칙이 말하듯이, 각 물체가 다른 모든 물체에 끌리고, 그 인력의 세기가 오로지 물체들의 질량 및 거리와 관련이 있다면, 각 행성의 궤도는 모든 행성들과 그들이 서로에게 미치는 영향의 조합에 달려 있어야 한다. 뉴턴은 이 점도 들어맞는다는 것을 보여주었다. 목성과 토성이 합에 가까워질 때 나타나는 궤도의 교란은 그저 두 행성의 상호 중력 작용이 빚어내는 관찰 가능한 효과일 뿐이었다. 이 법칙은 천체들이 드넓은 우주 공간에서 서로 아무 상관 없이 지나치는 것이 아니라, 서로에게 경의를 표함으로써 서로의 경로를 수정하고 행동을 조절한다고 말한다.

회절되어 나온 다양한 색깔의 빛을 다시 한 초점으로 모아서 백색 광선으로 만드는 렌즈처럼, 뉴턴은 우리 경험의 프리즘을 통해 볼 때 서로 분리되어 있는 듯한 여러 현상들을 다시 하나로 모아서 합쳤다. 보편 중력이라는 환한 빛줄기 안에 많은 다양한 운동들이 통합된다.

바다의 조석은 달이 지구의 바닷물을 당기기 때문에 나타나는 것이라고 설명되었다. 하늘의 혜성은 태양에 얽매여 아주 오랜 시간에 걸쳐 도는 천체라고 설명되었다. 꼬리를 태우면서 날아가는 혜성은 어떤 무시무시한 질병을 퍼뜨리는 존재가 아니었다. 더 이상 "불길한 전조"와 "미래 세대에 닥칠 불행의 조짐"으로 여겨지지 않았다. 불타는 모습은 그 어떤 전조가 아니라, 그저 태양을 도는 우리 행성처럼 확실하게 규정된 궤도를 따라 지루하게 돌고 있음을 보여주는 것일 뿐이었다. 혜성은 운명의 전령이 아니었고, 따라서 두려워할 대상도, 인간사에 조언을 해줄 존재도 아니었다. 우리의 운명을 바꿀 힘은 우리 자신에게 있다. 운명이 속박되어 있는 것은 천체다.

5

『자연철학의 수학적 원리』는 자연철학의 쐐기돌이다. 오랫동안 전혀 다른 구축물에 속한다고 여겼던 개념들을 연결하여 대단히 장엄하고 완벽한 아치를 만든다. 전능하고 자애로운 창조주만이 꿈꿀 수 있는 일이었다. 그래서 나는 지난밤에 그 책의 서문을 꼼꼼히 다시 읽었다. 『자연철학의 수학적 원리』의 강점, 그 단어 하나하나의 진실성과 정확성에 감탄하고 있을 때, 아빠가 들어왔다. 내 공부는 계속 우리 사이를 묶는 끈 역할을 하고 있었다. 그리고 해가 지날수록 더욱 강해지는 끈이었다. 나는 원심력으로 작용하여 아빠가 꾸준히 일상생활을 하게 만들라고 숙부가 맡긴 임무를 어느 정도 충족시켰다고 믿는다. 내가 생각에 잠겨 있는 것을 본 아빠는 어떤 생각을 하고 있는지 물었고, 나는 대답했다.

그러자 아빠가 말했다. "나는 베이컨과 훅과 왕립협회의 이 새로운 과학 전통 속에서 자란 네가 『자연철학의 수학적 원리』를 지은 천재를 제대로 이해할 것이라는 생각을 종종 하곤 해. 이 대작의 특성을 지금까지 수십 년 동안 자연철학의 주류였던 양식 및 논법과 비교하기만 하면, 그 힘을 진정으로 이해하게 될 거야." 아빠는 책장으로 가더니 『경-에스콰이어의 메멘토 모리(The Memento Mori of Sir-Esq)』라는 낡은 책을 꺼냈다. 아빠는 표지에 내려앉은 먼지를 떨어내고 책장을 넘기다가 한 대목을 읽기 시작했다.

"위는 올바른 본질이고, 아래는 유형과 형상일 뿐이다. 위는 올바른 원리와 원칙이다. 아래는 그림자일 뿐이다. 육신은 그저 재일 뿐이지만, 천체는 생명의 귀한 소금이다."

그리고 이런 대목도 있었다. "언제나 위에 있는 것들로부터 아래에 있는 것들이 나왔으며, 위에 있는 것이 언제나 아래에 있는 것보다 먼저다. 성령도 영혼과 육신보다 먼저다."

아빠는 말했다. "이 낡은 사고방식을 다룬 내용을 다 읽으려는 건 아니야. 뉴턴이 젊었을 때는 신비주의적인 접근법이 주류였다는 점을 알려주려는 거야. 중요도에 따라서 만물의 위계질서가 있고, 불멸의 천체가 지구에 있는 죽을 운명의 존재들보다 훨씬 우월하고, 전혀 다른 존재라고 여겼지. 뉴턴이 연구한 현상들은 새로운 것이 아니었지만, 그의 관점은 새로운 것이었어. 갈릴레오는 지구에서의 역학을 이해하는 데 엄청난 기여를 했고 케플러는 천체의 역학을 매우 성공적으로 기술했지만, 이 두 분야는 의심의 여지 없이 서로 다르다고 여긴 까닭에 어느 누구도 감히 둘을 종합할 생각을 하지 못했어. 뉴턴은 보편 중력 법칙을 통해 누군가에게는 거의 받아들일 수 없는 수준의 주장을 했어. 별이 빛나는 천계를 지배하는 법칙이 우리 바다의 밀물과 썰물을 일으키는 법칙과 같다는 것 말이야. 이 지상에서 일어나는 일들을 가장 중심부에 있는 천체들에서 일어나는 일들과 함께 다룬 거야. 중력이 끊임없이 서로에게 영향을 끼치면서 물체와 물체를, 가장 작은 것부터 가장 엄청난 것에 이르기까지, 서로서로 그리고 모두와 모두를 연결한다는 거지. 놀라울 만치 심오한 통찰력으로, 그는 우주의 모든 사물이 이 영향 아래에서는 동등하다고 선언한 거야."

나는 말했다. "왕립협회가 사람들의 견해와 관찰이 평등하다고 선언한 것처럼요." 아빠는 웃음을 지었다. "맞아. 거의 같은 맥락이었지. 지상은 천체의 그림자가 아니고, 지위가 낮은 사람들의 견해가 귀족이 관찰한 것에 비해 잿더미나 다름없는 것도 아니야. 어떤 개념의 진가는 그 본질적인 가치에 있는 것이고, 검사와 시연을 견디는 능력에 있는 거지. 자연은 우리 모두를, 왕과 농민을 동일한 규칙에 따라 똑같이 대해. 자연은 천체와 지구를 구별하지 않아."

아빠는 말을 계속했다. "보편 중력 법칙이 너무나 대담하고 너무나 범위가 넓어서 반대하는 사람도 많았어. 뉴턴의 개념이 너무 혁신적이고 방법이 너무 어렵다고 여겼거든. 그들은 오컬트를 철학에 다시 들여오는 것이라고 비판했어. 이 수수께끼 같은 원격 작용이 오컬트 현상이 아니고 뭐냐는 거지. 그들은 뉴턴 자신도 그렇게 인정했다고 지적했어. '나는 천체와 바다의 현상들을 중력으로 설명했지만, 아직 중력의 원인은 제시하지 않았다⋯⋯. 중력이 이런 특성들을 지닌 이유를⋯⋯ 아직 판단할 수 없고, 나는 가설을 꾸며내지 않기 때문이다. 그 현상들을 통해 결정되지 않는 것은 무엇이든 간에 가설이라고 불러야 하며, 가설은 형이상학적인 것이든 물리적인 것이든 오컬트적인 특성을 토대로 하는 기계적인 특성을 토대로 하든 간에 실험 철학에 설 자리가 없다⋯⋯. 중력이 정말 존재하고 우리가 제시한 법칙에 따라 행동하며, 천체와 우리 바다의 모든 운동을 충분히 설명한다는 것으로

족하다.'"

아빠는 말했다. "하지만 이 근시안적인 비판자들은 『자연철학의 수학적 원리』를 오해한 거야. 과거에 오컬트라고 불린 것은 우리가 이해하는 세계 너머에 있기 때문에 더 이상 원인을 추구하는 일이 헛수고인 것을 가리켜. 아이작 뉴턴 경의 철학에서 미지의 것은 결코 다다를 수 없는 어딘가를 의미하는 것이 아니거든. 사실 아주 많은 것들이 우리 조상들에게는 숨겨져 있다가 우리에게는 드러났듯이, 후속 실험과 끈기 있는 탐구를 함으로써 자연이 우리 후대에 중력의 원인과 메커니즘을 드러내기를 기대해야지. 모든 결과를 최초의 원인까지 추적하면 분명히 더 흡족하겠지만, 우리가 발견할 수 있는 모든 중간 원인들을 저장하지 않는다면 이 지식에 어떻게 도달하겠어? 어느 한 가지 원인이라도 충분히 입증함으로써, 과학자는 남들이 연구할 안전한 토대를 마련하고, 더 간접적인 원인을 찾으려고 노력하지. 최초의 원인을 찾을 때까지, 중간 지식도 여러 유용한 목적에 쓰일 수 있어. 펌프에서 물이 올라오는 것이 기압 때문이라는 사실이 알려지기 오래전에, 물이 상승한다는 사실 자체는 일상생활에 도움을 주는 장치를 만드는 데 충분했지. 이 힘이 유래한 자연에 있는 샘에 관해 잘 모를 때에도, 우리는 그 결과를 추정할 수 있었어. 자신이 할 수 있는 것을 찾아내는 것이 모든 자연철학자의 의무야. 각 단계를 밟을수록 우리는 원래의 원인에 점점 가까이 다가가지. 더 이상 발전시킬 수 없다고 자신이 할 수 있는 일을 소홀히 하는 것은 정말 꼴불견이야. 아이작 경은 자신의 전설적인 연구가 불완전하고 미완성이라고 고백하면서 아직 알지 못하는 것을 개괄했을 때 크게 용기를 낸 거야. 그는 사과도 변명도 하지 않고, 그저 그 문제를 있는 그대로 보여주었지. 뉴턴은 자신이 간파한 중력이 중간에 매개하는 것이 전혀 없이 아주 먼 거리에 걸쳐 작용하는 힘이라는 것을 제대로 알았어. 이 점을 인정한 것은 그의 실패가 아니라 위대함이었고, 후대 학자들에게 설명하는 일을 맡긴 거지. 그는 이렇게 썼어. '자연을 설명하는 일은 어느 한 사람이나 어느 한 세대에게 너무나 어려운 과제다. 확신을 갖고 무언가를 좀 하고, 나머지는 후대의 누군가에게 맡기는 편이 훨씬 낫다.'"

아빠는 점점 생각에 잠겼다. 화로로 가서 깜부기불을 뒤적거리며 꽤 오래 있다가 다시 말했다. "내가 어릴 때 아버지, 그러니까 네 할아버지께서는 화학에 푹 빠지셨어. 정원 구석에 작은 방까지 만들고는 그곳에서 여러 시간을 실험하면서 보냈어. 환상적인 곳이었고, 어린 내 눈에는 더욱더 그랬어. 벽돌로 만든 화로, 숯불, 증류기, 곰팡내 나는 책들, 광물이 들어 있는 병, 이름 모를 색다른 물질들이 담긴 주머니 같은 것들이 기억나. 때로는 저녁 식사 때 시험관과 도가니에 든 화학 물질을 화제로 삼아 자연의 아름다움을 이야기하곤 했지."

아빠는 말을 이어갔다. "그러자 동네에 소문이 퍼졌지. 한 신사가 자기 실험실에서 화학 실험을 한다는 이야기였지. 그 소식을 듣고 자칭 한 전문가가 우리 집을 찾았어. 자신은 실력이 아주 뛰어나고 연금술 실험 경험이 아주 많아서 철학자의 돌을 발견하기까지 했다고 우리를 설득하려고 했어. 철학자의 돌은 납을 최고의 멋진 황금으로 바꿀 수 있다고 하지. 네 할아버지는 현명한 분이셨기에 탐욕에 끌리지 않고 그를 돌려보냈지. 그날 저녁 할아버지는 어떤 일이 있었는지 우리 아이들에게 말하면서 불을 이용해 물체를 분석하는 것은 칭찬할 일이라고 상기시켰어. 할아버지는 뭔가를 발견할 때면 놀라운 자연의 저자에게 더할 나위 없는 존경심이 일어나곤 했대. 할아버지는 우리도 같은 기쁨을 경험하기를 바랐지만, 연금술이라는 세이렌 소리에는 저항하기를 바랐어. 그 슬픈 연애는 돈도 거덜 나고 시간도 잃는 것으로 끝날 뿐이었으니까. 나는 네 할아버지의 말씀을 머릿속에 새겼단다. 그 말씀은 나를 참된 길로 이끌었고, 내게 많은 도움을 주었지. 그래서 지금 네게 물려주려고 해. '자연이 오직 불의 힘으로만 열릴 수 있다고 믿는 이들이 있어. 아마 그들이 옳을지도 모르지만, 그들은 불의 본질을 오해하고 있어. 우리가 자연을 분석하는 데 쓰는 불은 그냥 불이 아니라, 마음이라는 신성한 불이야. 그 불은 모든 휘발성 견해들을 연기로 날려버리고 단단하고 참이고 잘 정의된 확실한 형태만 남긴단다.'"

아빠의 눈이 환하게 빛났다. "네가 하려는 것은 일종의 연금술이라고 할 수 있지. 불순물을 걸러내고 수 세기에 걸쳐 이루어진 다양한 관찰들을 빛나는 원리로 바꾸는 연금술 말이야. 그것이야말로 유일하게 진정한 금덩어리이고, 네가

남들을 위해 남길 항구적인 지식이야말로 진정한 불로장생

약이지."

제2장

마치 동화처럼

고전 전자기학

"자기 연구실에 있는 과학자는……

마치 동화처럼 감동을 주는 자연 현상을 마주한 어린아이와 같다."

_ 마리 퀴리

너무나 사랑하는 리지에게

내가 편지 쓸 생각을 여러 날 동안 계속하고 있었다는 말을
제발 믿어줘. 그리고 더 일찍 쓰는 행동에 나서지 않았다는
점에 진심으로 용서를 구할게. 이번 주 내내 누나 생각을 하
고 있었지만, 매일 밤 방에 돌아올 때면 공부하느라 너무 지
쳐서 펜을 들 생각만 해도 피곤이 밀려오는 거야. 그래서 무
슨 이야기를 쓸까 머릿속으로 궁리하다가 그만 잠에 빠져들
곤 했어. 그런데 오늘 밤에는 돌아오니 어머니의 편지가 와
있었어. 그래서 편지를 쓰기로 마음먹었어.

어머니는 누나가 줄리언과 약혼해서 무척 기뻐하셔. 그
리고 둘이 아주 잘 어울린다고 생각해. 줄리언이 장래가 아
주 유망한 사람이라고 말했어. 그리고 아버지는 결혼식 준비
를 이미 세세한 부분까지 다 마쳤어. 세세한 것이라고 해도
다 중요하니까, 부모님이 처리하는 편이 가장 나아. 동생으

로서 내가 할 일은 그 남자가 어떤 사람인지 더 알아보는 것이겠지? 누나가 흡족해할 만큼 내가 그 임무를 최대한 성실하게 수행했다고 말할게. 줄리언이 나보다 나이가 몇 살 더 많아서 내 지인들 중에 그와 아주 친한 사람은 없지만, 오늘 저녁까지 신중하게 탐문한 끝에 내린 결론은 그를 나쁘게 평가하는 말이 한마디도 없었다는 거야. 그는 좋은 마구간을 하나 관리하는 듯하고, 친구들에게 관대하고 2년 전 로즈 경기장에서 자기 팀을 승리로 이끈 뛰어난 크리켓 선수이기도 했어! 한마디로 옥스퍼드 출신이라는 사실만 빼면 훌륭한 사람인 듯해. 그러니 누나가 아주 기뻐했으면 해.

이왕 말이 나왔으니, 하나만 더 말할게. 나는 누나가 리츠의 우아함에서 코번트 가든의 꽃 파는 소녀에 이르기까지 런던의 모든 것을 사랑한다는 사실을 알아. 외롭거나 향수병에 걸린 것 같으면 말만 해. 즉시 모셔다 줄 수 있으니까. 내가 아는 사람들 중에 런던까지 몰래 마차를 몰고 갔다가 귀가 시간인 자정을 넘은 뒤에 몰래 대학으로 들어올 수 있는 기술에 숙달된 몇몇 자제들이 있거든. 들키지 않고 그런 일을 할 수 있다는 것을 아니까, 누나가 원할 때는 언제나 기꺼이 모시고 다닐게. 물론 줄리언에게도 기꺼이 해줄 거야. 그가 클럽에서 점심을 함께 먹거나, 왕립연구소의 금요일 밤 강연회에 함께 다니면서(네드가 말하는데 줄리언이 늘 참석한대) 서로를 더 깊이 알고 싶어 한다면 말이지만. 그리고 그런 일이 실제로 일어난다면, 진심으로 약속할게. 지금까지 종종 했던 식으로 장난치지 않고, 누나가 자랑스러워할 정도로 우아하게 행동하는 젊은 신사가 될게. 그런 쪽으로 계속 생각하고 있으려니까, 줄리언과 내가 아주 죽이 잘 맞을 것이라는 확신이 더 강해져. 나는 늘 형이 있었으면 했거든.

그렇다고 누나가 있어서 즐겁지 않았다는 말은 아니야. 사실 어머니의 편지를 받고 난 뒤, 우리가 함께 보냈던 거의 완벽했던 시절을 떠올리면서 조금 향수에 젖었어. 유년기가 영원히 우리에게 어떤 흔적을 남긴다는 말이 맞다면, 누나와 나는 정말로 운이 좋은 거였지. 내 마음의 바닷가에 부딪히는 기억의 파도 중에서 불행한 것은 전혀 없으니까. 농담과 놀림, 박람회와 춤과 이웃집 방문 같은 것들이 모두 기억나. 우리 네 식구가 함께 저녁을 먹으면서 오늘 무슨 일이 있었는지 대화하던 것도 기억나고. 서재의 난로 옆에서 이루어지던 흥미진진한 대화도 떠올라. 우리 둘이 아빠 발치에 앉아 있고, 엄마는 옆에 앉아 있었지. 누나와 내가 조랑말을 타고 달리고, 정원을 거닐고, 얼음을 지치던 일도 생각해. 초상화들이 가득 걸린 복도에서 조상님들이 엄한 표정으로 내려다보는 가운데 공기놀이를 하고, 은식기 위에 팽이를 돌리던 일도 기억나. 우리가 생각해낸 놀이와 오락, 런던에 갔을 때 엄마가 벌링턴 아케이드에서 쇼핑하는 것을 포기하고 우리와 함께 극장에 가서 희가극을 보고, 열기구가 뜨는 광경을 보고, 불꽃놀이를 구경하고, 아빠와 함께 박물관을 다니던 일도.

지금 이 모든 일을 회상하고 있자니, 우리가 부모님께 정말 큰 빚을 지고 있다는 사실을 깨닫게 돼. 일찌감치 우리 안의 자연을 사랑하는 마음을 일깨워주셨지. 아버지는 깊은 호기심과 상상할 수 있는 모든 현상에 전혀 질리지 않고 계속 관심을 갖는 태도를 보여주었고, 어머니는 언제나 그 모든 것을 온화하게 존중하는 태도를 보여주었어. 아버지가 인용한 마이클 패러데이(Michael Faraday)의 말을 나는 결코 잊지 못할 거야. 우주에 평온함 따위는 전혀 없다는 내용이었지.

바다는 육지와 전쟁하고, 공기는 스스로 갈라져서 다툰다는 거였어. 아버지가 모든 것에 주의를 기울이라고 말하던 순간도 뚜렷이 기억나. 우리가 무심코 지나치는 경향이 있는 작은 과정들이 사실은 본질적이고 강력하며 경이로 가득하다는 식으로 말했으니까. 그리고 어머니는 늘 그렇듯이 잔잔한 웃음을 지으면서 시인이나 다른 누군가의 말을 인용하곤 했어. 특히 제라드 맨리 홉킨스(Gerard Manley Hopkins)의 시가 기억나. 모든 것이 사랑으로 충만해 있다는 시였어. "그리고 우리가 그것들을 건드리고, 불꽃을 일으키고 불을 피우고, 떨구고 흐르게 하고, 울리고 신의 말씀을 전하게 하는 법을 안다면." 나는 어머니보다 아버지의 말에 공감하는 부분이 훨씬 더 많았지만, 지금은 두 분의 서로 다른 표현이 아마도 진리에 똑같이 중요할 것이라고 생각하기 시작했어.

　한 번도 이런 어조로 쓴 적이 없지 않냐고? 나도 알아. 그리고 지나치게 감상적인 기분에 취해서 뇌가 좀 혼란에 빠진 것이 분명하다고 누나가 생각할 것이 뻔하지만, 결코 그렇지 않아. 얼마 동안 쭉 하고 있던 생각이거든. 그리고 엄마의 편지가 와서 더 이상 답장 쓰기를 질질 끄는 게 불가능해지기 한참 전부터 이런 글을 쓰려고 생각한 특별한 이유가 있어.

그게 뭐냐고? 음, 우리가 어린 시절 집 밖으로 나가서 정원을 돌아다니던 때를 생각해봐. 이따금 우리 둘 중 한 명이 보물을 찾아내곤 했어. 나중에 아기 참새가 나올 얼룩덜룩한 파란 알이나, 보석 색깔을 띠고 해적의 보물 상자가 묻혀 있는 곳을 알려주는 지도처럼 보이는 잎맥이 뻗어 있는 잎 같은 것들이지. 누가 먼저 찾아내든 우리는 이런 보물에 무척 흥분했고, 그 기쁨을 다른 사람들에게도 알리고 싶어 안달했어. 내 가장 소중한 기억 중 하나는 누나가 소리치면서 풀밭을 달려가는 장면이야. "봐, 찰스 좀 봐!" 이 편지는 그 외침의 내 어른 판본이라고 할 수 있지.

우리가 발견의 행복한 기쁨을 만끽한 뒤에는 본능적으로 책을 들춰보거나 부모님에게 그런 수수께끼에 관해 이것저것 질문했던 것도 기억나. 내가 이건 왜 이런 거냐고 몹시 알고 싶어 할 때, 누나는 계속 그런 물건들을 손에 쥔 채 이리저리 돌려 보고 있었지. 멋진 그림으로 남길 때까지 말이야. 나는 누나가 그런 그림을 계속 그렸으면 좋겠어. 런던의 대저택에서 멋진 귀부인으로 지낸다 해도. 누나의 파티가 평판이 자자하고 함께 춤을 추고 싶어 하는 신청자가 늘 가득하리라고 확신하지만, 화려한 사교계 생활을 해도, 누나가 그림을 그릴 짬을 낼 수 있기를 나는 바라.

설령 사촌 세실리가 왕립 아카데미에서 그림 전시회를 연다는 말을 톰이 어제 하지 않았다고 해도, 그리고 누나의 그림이 세실리의 그림만큼 모든 면에서 뛰어나다는 — 설령 더 낫지는 않다고 해도 — 것을 내가 제대로 몰랐다고 해도, 나는 그렇게 말할 거야. 그런 우아한 삶에 누나만큼 적합한 사람은 결코 없어. 누나는 색과 형태를 보는 눈이 있고, 자신의 재능을 그저 젊은 여성의 즐거운 여가 활동이라고 치부해서는 안 돼. 진정한 재능이라 여기고 버리지 말아야 해. 바로 그것이 누나를 누나답게 만드는 것의 일부니까. 덜 고상한 용어로 표현하자면, 『이상한 나라의 앨리스』에서 나온 말이 딱 맞겠네. "네 가득함을 잃지 마."

대학교에 오래 다닐수록, 자신의 열정을 추구하는 것이 대단히 중요하다는 확신이 더욱 굳어져. 내 길은 더 학구적이고 진지하다고 환영받곤 하지만, 우주가 예술보다 과학을 통해 더 속삭여야 할 이유는 전혀 없어. 우리가 어떤 길을 택하든, 나는 경이감을 갖고 걷는 이들에게는 기이하면서 놀라운 비밀이 그늘 속에서 기어 나온다는 것을 깨닫기 시작하고 있어. 나는 맥스웰의 이 말에 동의하게 되었지. "과학적 진리는 다양한 형태로 제시되어야 하고, 물질적 실례라는 구체적인 형태와 생생한 컬러로 표현되든, 상징적 표현이라는 희박하고 옅은 무언가로 나타내든 간에 똑같이 과학적인 것으로 여겨야 한다."

미안, 좀 두서없이 떠들어댄 것 같네. 저녁을 먹고 다시 돌아온 참이야. 그 와중에도 계속해서 편지 생각을 하고 있었는데, 돌아오는 길에 내가 매일 보는 것을 좀 보여주고 싶은 마음이 들었어. 이런 환경이 내가 어떤 사람이 되어가고 있는지에 영향을 미친다고 확신하기 때문이야.

케임브리지는 지구에서 가장 신나는 곳이야. 이곳이 내게 얼마나 중요한지는 도저히 말로 표현할 수 없어. 내 영혼의 집이라는 말밖에는 할 수 없을 거야. 상쾌한 초록빛 정원에서 잔잔히 흐르는 케임브리지강에 이르기까지 어디를 둘러보아도 평온해. 나는 너벅선 젓는 것을 무척 좋아하는데,

그 이유 중 하나가 이곳에 있는 것이 어떤 느낌인지를 떠올리게 하기 때문이야. 내 앞으로 밀려왔다가 빠져나간 뒤에 합쳐져서 다시 밀려드는 강의 파도처럼 느껴져. 이곳의 공기는 고상한 생각으로 봉헌되어 있고, 땅은 꾸준히 이어지는 정직한 노고로 신성해져 있고, 어디를 둘러보나 부드러운 우아한 모습이 엿보여. 이곳에서는 몇 세기에 걸친 세월의 흔적이 곳곳에 남아 있어. 모든 시대의 아름다운 건축물들이 빠짐없이 들어서 있어. 각 대학 건물이나 예배당은 안목을 지닌 사람의 감탄을 자아내지. 고딕 뾰족탑, 중세의 아치, 고대의 포장도로, 탁 트인 안뜰 사이에서 복잡다단함도 목가적인 평온함도 찾아볼 수 있어. 그 순간 어떤 생각을 하고 있느냐에 따라서 말이지. 그러나 온갖 화려한 역사를 자랑하고 있지만, 케임브리지의 연륜은 부드러운 미소와 말없는 지혜 속에서만 드러나. 그리고 어느 모로 보나 젊고 활기차고 늘 봄처럼 새로워.

아마 떠올릴지도 모르겠지만, 내가 트리니티 칼리지에 처음 들어갔을 때 가장 존경하는 과학자는 아이작 뉴턴이었어. 그의 높이 솟은 지성은 수 세기 동안 그림자를 드리웠지.

그는 내게 도저히 다가갈 수 없는 완벽함 그 자체로 보였어. 그리고 교정에 있는 그의 대리석 조각상은 우상이라는 말이 딱 맞는 듯했지. 처음 며칠 동안 나는 그의 모교인 이곳에 와 있다는 감명에 사로잡혀 있었고, 보이지 않는 그의 발자국이 남겨진 곳을 내가 밟고 다니는 것 — 말 그대로 — 이 아닐까 하는 생각도 종종 들었어. 하지만 여러 달이 지난 뒤, 여전히 예전과 마찬가지로 뉴턴을 우러러보고 있긴 했지만, 나는 새로운 정신적 스승을 발견했다는 생각이 들었어. 내가 사적으로 더 관계를 맺을 수 있는 사람이지. 제임스 클러크 맥스웰(James Clerk Maxwell)도 이곳 복도를 걸었고, 뉴턴의 차가운 완벽함보다는 그의 따스한 영향력이 내게는 더 와닿는 것 같아.

지금 나는 온종일 맥스웰의 전자기학을 공부하고 있지만, 내 삶에서 그는 그 이상의 존재감을 드러내고 있어. 캐번디시 연구소에 있으면, 맥스웰이 얼마나 애정을 갖고 꼼꼼하게 건물 설계에 관여했는지를 여실히 느낄 수 있어. 그는 이 연구소를 대학교라는 살아 있는 몸의 새 신체 기관이라고 생각했지. 최고의 장비들이 조명으로 환한 방을 채우고 있고, 계단과 복도는 실험 기구를 위해 비워져 있고, 앞으로 이루어질 모든 실험들을 위해 널찍하게 비워놓은 공간도 있어.

맥스웰은 역동적인 원리들의 지식에 높은 가치를 부여했고, 과학 교육이 지성과 감각을 다 참여시켜야 한다고 믿었지. "그렇게 함으로써 우리는 냉철한 추상 개념을 좋아하지 않는 사람들에게까지 영향을 미치게 될 것이고, 지식의 모든 문을 한꺼번에 열어젖힘으로써 과학의 가르침을 우리의 모든 의식적인 생각의 모호한 배경을 이루고 개념에 생기와 위안을 제공하는 원초적인 감각들을 연관 지을 수 있을 것이다."

맥스웰은 이론 훈련도 실험 전문 지식도 그 자체로는 미흡하며, 우리가 책에서 공부하는 수학적 관계의 물질적 표현물을 우리 주변 세계에서 알아보는 법을 배우는 방식으로 둘을 조화시켜야 한다고 보았어. 구체적인 것과 추상적인 것을 잇는 다리는 되풀이하여 건너야 해. 아주 친숙해져서 우리의 생각이 자동적으로 과학적 통로를 달릴 때까지 말이야. 그리폰이 앨리스에게 말한 것처럼. 가짜 거북이 수업을 "첫째 날은 열 시간, 그다음 날은 아홉 시간, 그렇게 받았어"라고 하자, 그리폰이 설명했지. "그래서 수업(lesson)이라고 하는 거야…… 매일 줄어드니(lessen)까."

나는 몇 년 더 일찍 태어나서 맥스웰이 아직 여기에 있었을 때 케임브리지에 왔다면 얼마나 좋았을까 생각하곤 해. 하지만 그가 떠난 뒤에도 그의 정신은 많이 남아 있어. 그가 그토록 애정을 담아 설립한 연구소에 앉아서 과학과 철학 양쪽으로 그의 많은 저술들을 읽고 있노라면, 그를 알고 있다는 느낌을 받게 돼. 맥스웰은 대학교가 교양 교육의 장소이며, "과학 추구를 삶의 본업으로 삼는" 우리 같은 이들조차도 자신의 연구와 "문학이든 문헌이든 역사든 철학이든 간에" 다른 학문들 사이에 연결을 이루도록 끊임없이 노력해야 한다고 강조했어. 그는 "과학자들 사이에 팽배할 수도 있는 협소한 직업 정신"과 "사람들이 작은 세계, 자신들의 아주 작음에 더 알맞은 세계로 응결되는" 경향을 경계했어.

내가 왜 이런 말들을 상기시키는지 알아야 해. 열기구가 뜨는 것을 보러 갔을 때 수정궁에서 우리가 싸웠던 일 기억해? 내가 비행의 모든 측면 — 섬세한 기구의 형태, 연료 저장 방식, 제멋대로 변하는 바람의 위험, 하강의 역학 — 을 발견하기를 열망하고 있을 때, 누나는 열기구의 아름다움과 장

식만 계속 바라보고 있었어. 떠 있는 파베르제 달걀처럼 보인다고 했지. 내가 쉴 새 없이 떠들자 누나는 점점 지겨워했고, 나는 흥분한 기색도 보이지 않는 누나에게 점점 실망했지. 결국 우리는 대판 싸웠고 말이야. 하지만 마침내 열기구가 떠오르자, 누나는 내게 손을 내밀었고 우리는 함께 서서 경이감에 사로잡힌 채 하염없이 열기구를 바라보았지. 나이와 거리의 혜택 덕분에 이제는 누나와 내가 서로 반대였다기보다는 서로를 보완하는 측면이 훨씬 더 강했다는 것을 알아차리기 시작했어. 누나와 정신적 대결을 하면서, 내 생각은 점점 강해졌던 거야. 누나의 의견에 반박하고 있을 때에도 내 관점은 풍성해지고 있었어. 나는 누나도 그렇다는 사실을 알아차렸을 것이라고 봐.

맥스웰은 기호보다는 단어로 개념을 표현하는 것이 과학적 과정의 중요한 일부라고 믿었어. 사실 그는 이것이 첫 단계여야 한다고 보았지. 학생이 "단지 간직하는 것만으로도…… 더 이상의 발전을 실질적으로 방해하는" 복잡한 수학에 휘말리기 전에, 자신이 기술하려는 체계를 먼저 이해해야 한다는 거였어. 그래서 그는 정신적 모형을 구축하고 유추를 찾느라 애썼어. 때로는 하나의 현상에 그것들을 몇 가지 동시에 적용하기도 했어. 사례마다 그는 이런 유추와 모형을 논리적 극단까지 밀어붙였어. 그는 그것들이 설명할 수 있는 것으로부터도 배우고, 실패한 지점으로부터도 배웠지.

맥스웰은 생각이 명확해진 뒤에야 수학을 사용할 것을 주장했어. 그래야 당황하는 대신 전체가 한눈에 들어오게 되니까. 나는 누나가 이 주제를 아주 좋아하지 않는다는 것을 알지만, 잠시만 예전의 편견을 좀 접고 한번 생각해봐. 수학이 그저 관계를 기호로 표현한 것이라면? 한눈에 이해할 수 있는 기호와 패턴을 써서 연결과 원인을 간결하게 표현한 거야. 방정식은 시보다는 그림에 더 가까워. 전체를 쪼개 순서에 따라 배열하는 대신 한꺼번에 망라하거든. 기호를 다루는 법을 배우면, 생각 자체가 경제적이 돼. 단어들을 두르고 있는 모든 함축된 의미들의 층이 벗겨지고, 벌거벗은 개념만 남거든. 그 개념은 논리가 허용하는 모든 방식으로 조작할 수 있어. 우리가 비교할 만한 대상이 전혀 없는 현상들을 탐구할 때에는 수학보다 더 적합한 언어가 없다는 사실을 알아야 해.

이 두서없는 편지를 쓰게 된, 별 특징 없는 생각을 좀 하게 된 것도 맥스웰 때문이야. 이번 주에야 그가 색깔의 성질을 밝혀내기 위해 한 실험을 다룬 논문을 읽었어. 아이작 뉴턴 경이 백색광이 사실은 프리즘을 써서 분리할 수 있는 가닥들로 이루어진 꼬아놓은 무지개라는 것을 보여준 뒤에도, 빛과 색에는 아직 밝혀지지 않은 것이 많았어. 맥스웰은 다른 색깔들을 일종의 '블록'으로 삼아서, 백색광을 건축하려는 시도를 했어. 그는 좀 독창적인 방법을 썼어. 따라 하기가 아주 쉬워. 그는 나무 팽이를 밝은 색깔로 칠한 뒤에 돌렸어. 팽이가 빨리 돌자 뚜렷했던 색깔들의 경계가 흐릿해지고 색깔들이 뒤섞이면서 하나처럼 보였지. 그 이야기를 하니까 문득 10년 전에 우리가 응접실 놀이를 위해 만든 '생명의 바퀴'가 생각나. 내가 고안한 허술한 장치의 회전하는 바퀴에 누나가 멋진 작은 그림들을 그려 넣었잖아. 바퀴를 빨리 돌리면 그림들이 서로 섞이면서 흐릿해지다가 이윽고 완전히 사라지고 움직이는 모습만 보였어. 모든 작동 과정, 모든 부품을 아주 잘 알고 있었어도 돌아가는 바퀴를 보면서 도저히 눈을 뗄 수가 없었지.

맥스웰의 실험도 비슷했어. 그가 한 단계 더 나아가 팽이를 일정한 속도로 돌려서 마치 움직이지 않는 듯 보이게 했다는 점만 다를 뿐이었어. 팽이를 아주 빨리 돌려서 멈춰 있는 것처럼 보이게 했어. 맥스웰은 색깔을 다양하게 조합해서 돌렸는데 불의 빨강, 물의 파랑, 땅의 초록을 똑같은 면적으로 칠한 뒤 돌리면 동방의 신비주의 수도사들처럼 개성을 잃고 몰아 상태에 빠져서 하나가 된다는 것을 발견했어. 순백색이 되었지.

나는 빨강, 파랑, 초록의 세 가지 색깔이 몰아 상태에 빠져 백색이 되는 그 마법이 펼쳐지는 순간, 맥스웰의 눈을 가렸던 장막이 싹 걷히는 광경을 상상하곤 해. 아마 시야가 트인 덕분에 그는 별개인 듯 보이는 대상들 사이의 근본적인 통일성을 엿볼 수 있었을 거야. 몇 년 뒤 그는 전기와 자기를 하나로 묶는 아름다우면서 조화로운 관계라는 유령을 볼 수 있었으니까. 오랫동안 서로 별개라고 여겼던 현상들이지.

이야기는 전기에서 시작돼. 어릴 때부터 내가 이 주제에 홀딱 빠져서 혼잣말을 떠들어대는 바람에 누나가 꽤 지겨워했다는 것을 알기 때문에 좀 자제하려고 애써보겠지만, 누나도 우리가 사보이 극장에서 길버트와 설리번의 새 오페라를 보러 갔을 때, 양초가 전등으로 교체된 것을 보고 그 경이로운 광경에 매료되었다는 사실을 인정할 수밖에 없을걸? 나와 달리 누나는 전자기 장치들이 전시된 곳보다 해처즈 서점에서 책을 보는 쪽을 더 좋아했지만, 우리 둘 다 리젠트 거리의 전등에 푹 빠졌다는 사실은 인정할 수밖에 없을 거야.

아버지와 내가 몇 시간씩 전기 실험에 몰두하고 있을 때 누나가 기분이 안 좋았다는 것도 알아. 나는 전류와 전선 같은 것들 자체에 홀려 있었고, 아버지는 아마 왕립연구소에서 마이클 패러데이의 유려하면서 극적인 크리스마스 강연을 들었던 어린 시절의 기억을 재현하려는 유혹에 푹 빠져 있었던 듯해.

아버지는 패러데이가 약 10만 볼트의 전기가 통하는 금속, 금속 박편, 전선으로 뒤덮인 나무 우리 안에 아주 차분히 앉아 있었다는 이야기를 자주 하곤 하셨어. 패러데이는 전기가 통하는 전도체 안에는 전기장이 전혀 없으므로 자신이 안전하다는 사실을 알고 있었기에, 마음 편하게 있을 수 있었던 거야. 나무 우리 바깥으로 불꽃들이 마구 튀는 광경을 보면서 사람들은 그가 죽을 것이라고 확신했지만, 과학은 그가 안전할 것이라고 말했고 실제로 그랬어. 그런 광경을 목격한 아이는 그 일을 결코 잊을 리가 없지!

아마 이유는 달랐겠지만, 패러데이는 누나도 아주 좋아한 사람이었어. 우리가 제본소 도제의 이야기를 들었을 때, 누나의 눈에 그가 현대 과학 동화의 영웅처럼 비치는 것이 느껴졌거든. 나도 인정해. 아주 낭만적인 이야기지. 한 대장장이의 아들이 밤낮으로 책에 파묻혀 지냈어. 낮에는 긁히고 찢긴 부위를 수선하면서 책을 손보았어. 밤에는 그 책장을 넘기면서 고마운 책들이 전하는 온갖 지식을 점점 커져가는 마음속에 받아들였지. 그렇게 성실히 일하고 배우면서 7년을 보낸 어느 날 한 손님이 어린 마이클에게 왕립연구소에서 험프리 데이비(Humphry Davy) 경이 하는 강연회의 입장권을 주었어. 누나는 신데렐라의 무도회에 맞먹는 것이라고 주장했어. 그 시점에 마치 마법처럼 변화가 일어났으니까. 강연을 듣고 그의 마음에 불길이 일어났을 뿐 아니라, 험프리 경이 소년의 열정에 깊은 인상을 받아 조수로 채용하기까지 했거든.

물론 험프리 경은 아주 저명한 인물이었고, 그의 곁에서 배울 기회를 얻은 것은 어린 패러데이에게 엄청난 혜택이었어. 험프리 경은 매력적이고 열정적이었고, 대도시 엘리트에게 인기가 있었어. 그의 탁월한 말솜씨와 열정에 이끌려 상류층 사람들은 그의 강연을 듣기 위해 몰려들었지. 단정한 머리에 새끼 염소 가죽으로 만든 장갑, 빳빳하게 풀 먹인 옷깃, 하얀 목도리 차림의 인물이 자연의 온갖 아름다움과 숭고한 비밀을 열정적으로 말하는 광경을 상상해봐. 그를 멋쟁이라고 부르는 이들도 있었어. 청중 가운데 여성이 아주 많았거든. 어느 정도였냐 하면, 그가 강연하는 날이면 왕립연구소 주변의 거리가 마차로 미어졌어. 정오의 오페라 극장이나 다름없었지. 그 인기가 모두 외모 때문이라고 할 수는 없어! 사실 험프리 경은 일반 사람들이 쉽게 이해할 수 있도록 엄청난 노력을 기울인 명석한 과학자였거든. 자신의 실험에는 매우 엄격했지만, 그는 놀라운 시연과 진정한 정보로 가득한 강연을 계속해서 열정적으로 했어. 심지어 왕립연구소 지하실에 있는 자기 연구실을 사람들이 구경할 수 있도록 고치기까지 했어!

패러데이는 정식 과학 교육을 거의 받지 않았지만, 오랜 세월 책을 읽으며 독학한 노력의 성과가 나타났어. 그는 과학에 대한 감각이 뛰어났고, 곧 실험가로서 큰 성공을 거두었어. 아마 험프리 경의 도제로 일하면서 배운 것이 과학만은 아니었을 거야. 개념을 명확하게 열정적으로 전달하고, 적절하게 연극적으로 시연을 곁들이면서 말하는 능력도 배웠을 거야. 그도 대단히 인기 있는 강연자가 되었으니까.

하지만 누나가 어릴 때 패러데이를 좋아했다는 것을 너무 우려먹지 않을게. 그리고 전기 이야기로 괴롭히는 것도 좀 삼가려고 해. 그저 두 종류의 전하*가 있다는 것만 떠올려봐. 음전하와 양전하라고 하지. 같은 전하끼리는 서로 밀어내지만, 서로 다른 전하끼리는 끌어당겨. 그리고 전류는 단지 전하의 흐름일 뿐이야.

이 이야기에는 전기와 자기가 둘 다 나오기 때문에, 한

---

* electric charge. 물체를 전자기장에 놓았을 때 힘을 받는지 여부를 알려주는 특성. 물체는 힘을 받지 않으면 전하가 중성이고, 힘을 받으면 양성이나 음성이다. ― 옮긴이

가지 기억을 더 떠올리게 할 필요가 있겠네. 흠, 누나가 화내는 소리가 들리는 것 같아. 그러니 누나가 아빠의 나침반을 갖고 놀던 일을 아예 잊어버렸을 수도 있다는 생각을 정말로 한 것은 아니라는 말을 미리 해둘게. 무력한 바늘을 이리 움직이고 저리 움직이고, 하염없이 빙빙 돌리면서 놀던 일 말이야. 우리는 자석을 움직이면 나침반 바늘이 건드리지도 않았는데 돌아가는 모습에 푹 빠졌지. 당시 우리는 너무 어렸어. 무언가를 움직이려면 물리적으로 잡아당기거나 밀어야 한다는 생각만 머릿속에 박혀 있던 시절이었어. 이 수수께끼 같은 힘은 바늘을 딱히 목적도 없이 이리저리 움직이는 데 낭비되고 있는 듯했어. 의자나 집이나 나무나 사람을 움직이는 데 쓰인다면 훨씬 더 나았을 텐데 말이야. 이제 확실히 떠올랐겠지? 내가 상기시키고 싶은 것은 오로지 나침반 바늘도 전류가 있을 때 움직였다는 거야. 전하의 흐름이 자석의 행동을 흉내 낸 듯했지만, 우리는 왜 그런지 그 이유를 결코 알 수 없었지.

아버지도 몰랐어. 이 하릴없는 행동이 왜 무엇 때문에 일어나는지를 물었을 때 아버지는 패러데이의 또 다른 경구를 말하는 것으로 대신했어. "전기나 다른 어떤 힘의 아름다움은 그 힘이 수수께끼 같거나 예상치 못한 것이라는 데 있는 것이 아니라…… 법칙의 적용을 받는다는 데 있다." 기계적 설명을 원하는 아홉 살짜리에게 멋진 인용문은 만족할 만한 대안이 아니었어. 나는 아버지의 밋밋하면서 부정확한 대답에 실망했고, 나침반 바늘을 움직이는 전류의 능력이 계속 머릿속을 맴돌았지. 여러 해가 지난 지금에야 나는 마침내 이 현상을 이해하기 시작했어. 이 기분은 시로도 제대로 표현하지 못할 것 같아.

하지만 이 아름다움이 어떤 것인지 말하기 전에, 전기장과 자기장을 좀 설명할 필요가 있을 것 같아. 장(場)이라는 개념은 맥스웰이 패러데이에게 물려받은 거야. 두 자석이 서로 건드리지 않으면서 어떻게 힘을 미칠 수 있는지를 설명하기 위해, 패러데이는 '역선(line of force)'이라는 것이 존재한다고 가정했어. 힘의 선이라고 하니까 쉽게 상상이 돼. 이 선은 두 물체 사이의 텅 비어 보이는 공간에 존재해. 이 장의 분포는 이 선들이 퍼져 있는 형태라고 보면 돼. 이 선을 통해 힘이 전달되는 거지. 맥스웰은 이 구조가 본질적으로 우아하다는 것을 깨달았고, 패러데이의 "역선이 어떻게 '하늘에 거미집을 짓고' 끌어당기는 물체와 직접 연결되지 않으면서 그 경로로 물체를 이끄는지" 궁금해했어. 그는 패러데이의 직관적인 개념을 취해서 정량화했어. 그는 역선이 양을 나타내므로, 공간의 어느 한 영역에 있는 선의 밀도가 그곳의 장의 세기를 나타내는 척도가 되어야 한다고 했어. 맥스웰은 자신의 방정식을 써서 패러데이가 그림으로 표현한 차원을 넘어서는 방식으로 장을 조작할 수 있었어. 이전의 뉴턴처럼, 맥스웰도 수학의 힘을 써서 추상적 관계를 정확히 표현하고, 이론을 세우고 그것으로부터 구체적인 예측을 내놓을 수 있었지.

패러데이도 그 결과에 놀랐어. 나중에 그는 맥스웰에게 이렇게 편지를 썼어. "그런 수학적 힘을 그 주제에 적용시킨 것을 보았을 때 처음에는 거의 흠칫했지만, 놀랍도록 잘 들어맞는 것을 보며 감탄했습니다." 이는 그 개념을 수학으로 번역하는 것이 단지 공허한 학술적 뽐내기가 아니라 궁극적으로 탁월한 통찰로 이어지는 중요한 단계 중 하나였어.

기본 개념은 아주 단순해. 각 전하는 공간으로 나아가면서 보이지 않는 그물을 친다는 거야. 이 그물이 바로 전기장을 나타내. 전하 가까이에서 가장 촘촘하고 바깥으로 갈수록 점점 성긴 모습이야. (자기장도 똑같이 묘사할 수 있어. 자석의 두 극 중 어느 한쪽이 그물을 친다고 하면, 내가 전기장에 쓰려는 모든 논증은 자기장에도 적용돼.) 장은 유형의 무엇이 아니라, 전하만 아는 언어로 쓴 복잡한 메시지야. 이 메시지는 다른 전하들에 어떻게 움직이라고 말하는 명확한 명령문이야. 어느 방향으로 정확히 어디까지 가라고 지시하지. 이 명령은 공간의 모든 지점에 존재해. 그 명령을 수행할 전하가 있든 없든 간에 말이야. 어떤 전하든 전기장 안에 있을 때는 그 지점에 적힌 명령문을 읽고 그에 따라 행동해. 그 결과 한 전하는 다른 전하를 '미는' 듯해. 다른 전하가 아주 멀리 떨어져 있다고 해도 그래.

앞서 합의한 협약에 따라, 전기장은 자신의 메시지를 하나의 양전하에 전달해. 나는 전하를 가장 단순한 생물이라고 상상해. 오로지 가장 직접적인 명령만 이해할 수 있는 생물이지. 다른 모든 전하들은 가장 기본적인 산수 계산을 해서 어떤 명령이 자신에게 온 것인지를 알아내야 해. 그리고 이것들은 그런 계산을 분명히 할 수 있어. 양전하를 세 개 지닌 물체는 그 기본 메시지를 세 번 수행해야 할 거야. 하지만 한 방향을 세 배로 늘릴 수는 없으니까, 그 물체는 지정된 방향으로 그냥 세 배 더 멀리 움직여야 해. 반면에 음전하는 그 반대인 생물이야. 음전하 다섯 개를 지닌 물체는 기본 메시지가 말하는 대로 다섯 배 더 멀리까지 이동하겠지만, 방향은 정반대야!

여기서 나는 한 가지 복잡한 문제를 뺐어. 우리가 말하는 모든 전하가 각자 그물을 치기 때문에, 공간 전체에 그물들이 물결처럼 퍼져 있고, 각 그물이 이미 있는 다른 그물들과 솔기 없이 서로 얽힌다는 사실이야. 알고서든 모르고서든 간에 이 부드러운 그물 속을 돌아다니며 천진난만하게 여행하는 전하는 이제 복합 장의 명령들에 따라야 해. 이 복합 장은 각 전하들이 내리는 모든 명령들을 고려해. 물론 이 여행자는 자신의 그물로 덮여 있고……. 그래서 상황은 무한히 복잡해질 수 있어. 모든 손님이 말을 하겠다고 주장하는 파티 같은 거야! 때로 논의의 편의를 위해 '시험' 입자를 상정하는 사람도 있어. 웅웅거림에 자신의 목소리를 추가하라는 압박을 느끼지 않고 주변 장의 소리를 들을 수 있는 전하야. 그러나 이 입자는 논의를 단순화하기 위해 쓰는 마음의 도구에 불과해. 그렇게 행복하게 침묵하는 입자는 실제로는 없어.

지금까지 전기장만 말했는데, 똑같은 이야기가 자기장에도 적용돼. 지구 자체는 일종의 자석처럼 작용하니까, 눈에 띄는 근원이 있든 없든 우리 주변에는 늘 자기장이 있어. 사실 뱃사람들이 오랜 세월 바다를 항해할 수 있었던 것도 나침반의 자성을 띤 바늘이 지구 자기장의 부름에 잘 따라서 그에 맞추어 정렬한다고 믿었기 때문이지. 하지만 다른 자석이 가까이에서 더 큰 소리로 명령을 전달하면, 진짜 자기 북극의 희미한 소리는 묻히고 나침반 바늘은 이 새로운 훈련조교의 행군 명령에 따르게 돼.

이런 개념들을 믿을 수 없다고 생각할까 봐 미리 말해두는데, 무선 전신이라는 마법은 바로 이 장들이 있기 때문에 가능한 거야! 누나는 예전에 단어가 그냥 허공에서 뽑혀 종이에 물질화할 수 있다는 사실에 놀랐었지! 누나가 그것을 마법이라고 불렀을 때 나는 겉으론 코웃음을 쳤지만, 운반할 전선도 전혀 필요 없이 아무것도 없는 공간으로 전갈을 보낸다는 사실에 나도 푹 빠졌어. 나는 이런 메시지가 그저 보이지 않을 뿐이라고 믿은 적도 있었어. 내 주변의 허공을 아주 뚫어지게 들여다보고 있으면 마치 여행비둘기의 유령처럼 가장 가까운 전신국으로 곧장 날아가는 희미한 단어들을 볼 수 있을 것이라고 생각했지. 물론 실제로 그런 단어의 유령을 본 적은 한 번도 없어. 그리고 지금은 그 이유를 알아.

너무 오래 곁길로 빠졌다는 것을 나도 알아. 하지만 뒤에서 말하겠지만, 장이 무엇인지를 이해하는 데 중요한 이야기이거든. 이 개념 덕분에 맥스웰은 전기와 자기 사이에 거의 짐작도 하지 못한 심오한 관계가 있음을 밝혀낼 수 있었어. 이 두 현상에 "반대되는 것끼리는 끌리고, 같은 것끼리는 밀어낸다"는 격언을 따르는 두 종류의 전하가 있다는 것 외에는 전기와 자기 사이에 겉으로 보기에는 비슷한 점이 전혀 없어. 사실 오래전부터 둘은 본질적으로 다른 것이라고 여겨졌지. 빨강과 파랑만큼이나 서로 다르다고 말이야. 그러다가 지난 세기에 서서히 이 불일치가 우리가 생각했던 것만큼 근본적이지 않다는 것을 깨닫게 되었어.

전류가 흐르는 전선이 있을 때 나침반 바늘이 돌아간다는 사실에서 적어도 전기와 자기가 서로 완전히 별개는 아니라는 점이 분명해졌지. 그 결과 많은 조사가 이루어졌어. 전류가 흐르는 두 전선이 자석들이 하는 것처럼 서로를 끌어당기거나 서로 멀어진다는 사실이 드러나면서 더욱 그랬어. 전선의 '극성'은 전류의 방향에 따라 결정되었어. 정전하*는 그런 효과를 전혀 일으키지 않지만, 전하의 흐름은 자기를 흉내 내는 듯했어.

10년쯤 열정적으로 실험이 이루어진 뒤에 이 현상을 '뒤집을' 수도 있다는 결론이 나왔지. 자기로부터 전기를 생산한 영예는 우리의 친구인 패러데이에게 돌아갔어. 그는 자기장 변화가 옆에 있는 회로에 전류를 흐르도록 유도한다는 것을 보여주었거든. 그러니 전기와 자기가 어떤 식으로든 근본적으로 연결되어 있다는 것이 분명해졌지. 하지만 정확히 어떻게 연결되어 있는지 밝혀내는 데에는 시간이 좀 걸리게 돼.

---

* static charge. 움직이지 않는 전하. 흘러갈 곳이 없는 곳에서 생긴 전하는 움직이지 못한다. 풍선을 옷에 문질렀을 때 풍선 표면에 생긴 정전기가 한 예다. ─ 옮긴이

바로 여기서 맥스웰이 무대에 등장해. 그는 어떤 무대에서도 결코 본 적이 없는 놀라운 공연을 펼치지. 복화술사도, 줄타기 곡예사도, 칼을 삼키거나 불을 뿜는 곡예사도 맥스웰이 펼친 마법을 따라올 수 없었어. 옛 시대의 마법사가 지팡이를 휘두르듯이, 그는 장을 불러내어 모든 것을 마법처럼 이해시켰어. 그의 능숙한 손놀림 아래, 이런 현상들을 관찰한 산만하게 흩어져 있던 모든 자료들이 저절로 재배열되어 산뜻한 몇 개의 방정식 집합으로 변신했어. 전기장이 어떻게 자기장의 변화로부터 생길 수 있는지를 말해주는 방정식이었지. 이 방정식들은 수학적 속기법을 써서 전체를 담은 한 장의 그림을 스케치해.

오로지 자석들만 받는 메시지들로 이루어진 장이 있다고 상상해봐. 모든 지점의 메시지가 변하지 않는다면, 그 안으로 들어가는 전하는 자기 주변의 공기에 떠 있는 명령문들을 전혀 알아차리지 못할 거야. 하지만 이 메시지들이 변한다면 전하는 영향을 받게 돼. 아주 신기한 사실이지. 어쨌거나 주변 환경의 특정한 측면들에 반응하지 않는다면, 그 측면들이 어떻게 변하든 영향을 받지 않을 것이라고 가정하는 것이 매우 논리적이지 않겠어? 그런데 전하는 그렇지 않아. 자석 메시지가 아무리 시끄럽고 강하다 해도 그 끊임없는 웅웅거림을 철저히 무시하다가, 주변의 자기장에 변화가 일어나는 순간 귀를 쫑긋 세워서 듣는 거야.

이제 자연에는 엿듣는 도청자를 위한 공간은 없다는 사실이 드러난 거지. 누구든 들으면, 그 메시지에 따라야 하는 거야. 그래서 일정한 자기장의 속삭임을 완전히 무시하던 전하는 변화하는 자기장의 명령에는 자신이 따를 수밖에 없다는 것을 알아차리지. 사실 전하의 행동을 토대로 판단할 때, 전하는 전기장 속에 있는 것이라고도 할 수 있어.

이 상황은 앞서 관찰했던 것과 놀라울 만치 대칭적이었어. 전류가 자기장을 일으킨다는 것 말이야. 그 말을 오로지 장을 통해 표현하자면, 전하의 흐름(전류)으로 생긴 전기장 변화가 자기장 변화를 일으킨다는 말이 되는 거야. 맥스웰은 이 과정 각각을 기술하는 방정식을 적으면서, 둘이 거의 서로의 거울상임을 알아차렸어. 둘을 하나로 결합했을 때 누구도, 심지어 맥스웰조차도 생각하지 못했던 강력한 것임이 드러났어!

이쯤이면 누나는 이 이야기의 다음 장을 제대로 이해할 수 있을 테니까, 잠시 숨을 돌린다는 차원에서 장이 바뀌고 공간에 퍼져 있는 '메시지'가 더 이상 정적이 아닐 때 어떤 일이 일어날지 살펴볼까? 특이한 유형의 변화를 하나 살펴볼까 해. 장을 일으키는 전하가 위아래로 계속 오락가락한다면 어떻게 될까? 한쪽 끝이 진동하는 밧줄처럼, 이 전하에 연결되어 있는 역선들은 모두 물결을 이루면서 흔들릴 거야. 이런 주기적인 교란은 그물 전체에 잔물결을 이루면서 퍼질 거야. '명령문'을 요동치게 하겠지. 어느 지점에서든 가만히 있던 전하는 이런 메시지가 점점 더 강해지면서 점점 더 극적인 반응을 요구하고 있다는 사실을 알아차릴 거야. 점점 강해지다가 정점에 이른 뒤에는 지쳐서 점점 약해지고, 이윽고 초기 상태로 돌아간 뒤에는 다시 점점 강해지는 양상을 보이지.

이 문제를 곰곰이 생각한 끝에 맥스웰은 놀라운 결론에 도달했어. 진동하는 행동이 진동하는 행동을 불러온다는 거야. 자기장이 제멋대로 무제한으로 변하는 것이 아니라, 통제되면서 주기적으로 변한다고 해봐. 자기장의 밀물과 썰물은 이 운동이 일으키는 전기장의 요동에도 반영돼. 그리고

165

굽이치는 전기장은 그에 발맞추어 진동하는 자기장을 공간에 불러일으킬 것이고, 그런 식으로 무한히 반복될 거야.

자신의 방정식을 깊이 살펴본 맥스웰은 이 지치지 않는 진동의 유령들이 사라질 듯하다가 다시 나타나면서 서로를 다시 불러일으킨다는 것을 알았어. 전기장과 자기장은 서로 번갈아 좌우로 흔들리는 진자들이 한없이 죽 늘어서 있는 것처럼, 완벽하게 동조를 이루면서 번갈아 앞으로 나아가는 영구 운동을 해. 이 운동은 질서가 있고 아름답기까지 하지만, 조금 지나자 아주 무의미해 보이기 시작했어. 맥스웰이 이 운동의 매우 심오한 점을 깨닫기 전까지 말이야.

반복에만 초점을 맞추는 것은 순수 예술을 미용 체조로 치부하는 것과 비슷했어. 장들이 동조하면서 펼치는 운동은 무용수들이 끊김 없이 매끄럽게 군무를 펼치는 것과 다를 바 없었지. 즐겁긴 하지만, 공연의 정점은 아니야. 맥스웰은 영감이 가득한 시선으로 이 소용돌이를 꿰뚫어 보다가 이 집단의 구성원들이 번갈아 진동을 일으킬 때 무언가를 주고받는 것을 알아차렸어. 매번 진동이 일어날 때마다 무언가가 앞으로 내밀어지고 있었어. 바로 빛이었어.

빛이야말로 진짜 프리마 돈나였어. 무용단 전체, 춤 전체는 빛을 위해 있었어. 잘 짜인 안무에 따라 끊임없이 일어나는 이 모든 운동이 갑자기 이해되었어. 빛을 앞으로 밀어내기 위한 행동이었던 거야. 전기장과 자기장은 꾸준히 진동함으로써 빛을 앞으로 보내는 거야. 맥스웰의 방정식은 겉으로 보기에는 진동하는 전기장이 진동하는 자기장을 생성하고, 또 그 반대로도 이루어진다는 것을 말하고 있었지. 그런데 끝없이 번갈아 진동하는 이 운동이 빛의 요람을 만든다는 사실이 드러난 거야. 빛은 맥스웰의 이론에서 파동으로 여겨져. 이 방정식에서 도출된 일정한 속도로 전자기장에서 퍼져나가는, 자체적으로 유지되는 물결치는 교란이야.

그것이 바로 내가 쓰고 있는 이 편지를 비추는 촛불의 흔들리는 흐릿한 빛과 누나가 읽을 이 편지를 비출 빛 — 아마도 환하게 빛나는 태양 광선이겠지 — 의 뒤에 숨겨진 이야기야. 경이롭지 않아? 적어도 내가 볼 때 더욱 경이로운 점은 그렇게 다양해 보이는 현상들을 깊이 관통하는 공통의 실이 있다는 사실이야. 아마 맥스웰이야말로 역사상 처음으로 이전까지 서로 별개였던 두 실체를 하나의 일관되고 잘 들어맞는 전체로 통합하는 체계를 내놓은 사람일 거야.

　너무나도 대단한 업적이어서, 나는 그의 발자취를 되짚으며 어떻게 그런 일을 해냈는지 알아보고 싶은 마음을 도저히 억제할 수가 없어. 마술사의 조수가 자주색 연기가 확 피어오르는 것과 동시에 사라질 때, 누나가 끈과 숨겨진 문을 찾느라 여기저기 시선을 돌리는 것과 같은 본능이야. 맥스웰은 사기꾼이 아니었고, 자신의 방법을 숨길 필요를 전혀 못 느꼈어. 그는 진정한 힘이 자기가 아닌 수학에 있다는 것을 알고 있었지. 그는 우리가 직접 이 문제를 살펴볼 때의 상황도 상정했어. "비록 자명한 공리의 필연적인 결과일지라도, 이 다양한 형태들이 같은 것이라는 개념이 언제나 우리 마음에 자명하게 와닿는 것은 아니다."

　계*를 수학적으로 분석할 때 우리는 전혀 비슷해 보이지 않은 상황들에서 특정한 수학적 형태가 반복해서 나타난다

---

* system. 과학에서 일정한 규칙에 따라 요소들이 상호 작용하는 통일된 전체 영역을 가리키는 말. 계 바깥은 환경이 된다. ― 옮긴이

는 점에 주목하는 것부터 시작해. 그런 사례들에서 비록 해당 양들의 물리적 해석은 크게 다를 수 있지만, "관계의 수학적 형태는…… 동일"해. 그에 따라 '추론 사슬'도 서로 아주 비슷비슷하니까, 수학 수수께끼를 푸는 식으로 해결할 수도 있어. 한 계를 연구하여 얻은 지식을 다른 계를 파악하는 데 적용하는 거지. 이런 계의 물질적 측면만 살펴본다면, 우리는 어떤 유사성도 찾아내지 못할 거야. 본질적인 관계를 수학적으로 기술해야만 닮은 점이 드러나. 맥스웰이 전기와 자기 사이의 유추를 통해 계속 숨겨져 있었을 연결 관계를 찾아낼 수 있었던 것은 바로 이 수학적 형태의 유사성 덕분이지.

　　나는 이 개념에 매우 흥미를 느끼고 있고, 이 체계가 다른 자연 현상들에까지 확대 적용될 수 있는지 너무 알고 싶어. 이 다양한 세계를 하나로 엮고 있는, 우리 모두를 복잡한 레이스처럼 엮고 있는 숨겨진 실을 찾아낸다면 얼마나 경이로울까! 그 생각을 하고 있는데 누나가 떠오르는 거 있지? 누나가 겉으로 볼 때 서로 성격이 맞지 않는 사람들이라 해도 공통점이 많다고 믿고 있다는 것도. 그저 숨겨져 있을 뿐이라는 거잖아. 아마 우리는 차이에 초점을 맞추는 대신에, 사람들 사이의 이 보이지 않는 연결 실을 찾아야 할 거야. 이 닮은 점들이야말로 우리를 평화롭게 하나로 묶고 있는 것일지 몰라.

밀려오는 졸음 때문에 눈이 계속 감기네. 문득 글의 앞뒤가 맞는지조차 의심이 들기 시작했어. 지금 크리스마스 방학을 몹시 기다리고 있어. 집에 가서 누나의 소식을 모두 직접 듣고 싶으니까. 그리고 지난번처럼 함께 오래 산책하고 싶어. 누나가 남편의 팔짱을 끼고 '오래된 신세계'로 떠나기 전에 말이야.

낡은 시계가 다시 큰 소리로 울리네. 창밖에 앉아 있던 나이팅게일이 날아갔어. 항의의 표시로 낭랑한 노랫소리를 아주 길게 뽑으면서. 시계 종소리를 더 이상 무시할 수 없다는 데 나도 동의해. 그 메시지에 귀를 기울이고 따라야 할 것 같아.

이제 잠자리에 들어야겠어. 누나의 임박한 결혼을 앞두고 너무 향수에 젖지 않도록, 틀림없이 누나의 식료품 창고를 꽉 채우고 있을, 끊임없이 공급되는 포트넘 앤드 메이슨 저장 식품만 생각할 거야. 줄리언과 함께 다닐 왕립연구소의 금요일 밤 강연회 표와 누나가 씩씩하고 영리한 남동생에게 곧 소개할 매력적인 젊은 숙녀들도.

찰스가

전자우편: 레오와 사라

보낸 사람: Sara Byrne 〈breaking.symmetries@gmail.com〉

날짜: 2012. 10. 30. 화요일 오후 6:44

제목: 와!

받는 사람: Leonardo.Santorini@gmail.com

레오에게

와! 정말로 쓰고 있었군요! 오랫동안 소식이 없어서 혹시 생각을 바꾼 것이 아닐까 하는 마음도 들었어요. 내심 아니기를 바라면서요. 마음을 바꾸지 않았다니 정말 기뻐요.

제대로 음미하고 싶어서 원고를 인쇄한 뒤 내가 아는 가장 평화롭고 조용한 곳으로 갔답니다. 와이드너 도서관의 서고예요. 책이 빽빽하게 꽂혀 있는 높은 책장들에 둘러싸여 있어서 바깥에 신경을 빼앗길 일이 없고, 온 세계가 책장 사이의 좁은 공간으로 축소된 곳이지요. 오로지 희미하게 풍기는 편안한 느낌을 주는 오래된 종이 냄새가 내가 어디에 있는지를 알려주는 역할을 했어요. 당신의 글이 나를 다른 시대와 장소로 데려갔으니까요.

처음에는 살짝 당황했다는 것을 인정해야겠어요. 나를 움찔하게 만든 것은 몇몇 낯선 단어들만이 아니었어요. 생각의 리듬도 낯설게 느껴졌거든요. 하지만 당시 어떤 사고방식이 퍼져 있었는지 서서히 감을 잡기 시작하면서, 인습 타파적인 뉴턴의 방법이 아직 신비주의에 빠져 있던 사람들의 눈에 어떻게 보였을지 알 수 있었어요. 내가 당시의 다른 과학자들을 얼마나 모르고 있었는지 깨달았기에, 더 알아보겠다고 결심했어요. 적어도 왕립협회의 회원들을요.

구글 검색을 했을 때 맨 위에 나온 항목 중에 과학의 논리를 바꿀 필요가 있다는 베이컨의 주장이 있었어요. 혼란스러운 삼단 논법을 버리고 귀납법을 써서 나아가자는 내용이지요. 너무나 열정적이고 힘이 넘치는 주장이에요. 그러니 수 세기 동안 울려 퍼지고 있겠지요. 이 말도 얼마나 웅장하게 들리던지요. "징조를 해석하는 복점관*처럼 마음속의 이런 영역

---

* 점을 쳐서 나라의 길흉을 예측하던 고대 로마의 관리. — 옮긴이

들을 그냥 조사하자고 제안하는 것이 아니라, 차지하려는 의도를 지닌 장군처럼 그 안으로 들어가자는 것이다!" 우리는 왜 더 이상 그런 식으로 말하지 않는 걸까요?

당신이 예술가의 렌즈를 통해 전자기학을 들여다보는 쪽을 택한 것이 무척 마음에 들어요. 이론의 아름다움이 정말 빛나게 해줘요. 맥스웰의 전설적인 방정식을 그렇게 낯선 언어로 읽고 있다 보니, 사실의 객관성과 그것을 우리가 내면화할 때의 주관성 사이의 창의적인 긴장을 새삼 느끼게 돼요. 우리 각자는 자신의 경험이라는 망토로 세계를 덮고 있다는 것을요.

찰스가 자신의 주변 환경을 묘사한 대목을 읽다 보니 이것저것 떠올랐어요. 다음 항공편으로 런던으로 가고 싶어질 만큼요. 당신의 전자우편을 읽고 왕립연구소에 박물관이 있다는 것과 패러데이가 강연을 했던 바로 그 강당에서 지금도 금요일 밤 강연회와 연례 크리스마스 강연을 하고 있다는 것도 알았어요. 전통을 지키는 영국에 축복을! 내 버킷 리스트에 넣을 항목이 두 개 늘어났어요.

장소가 아주 생생하게 묘사되었다는 느낌도 받았어요. 케임브리지가 그 이야기에서 부수적인 요소가 아니라 필수적인 부분처럼 느껴졌어요. 마치 사상을 후대에 전달하는 물질적 도관이나 이성의 시금석처럼 여겨졌어요. 그러고 나니 우리 지성이 우리가 사는 물리적 공간을 통해 빚어지는 것이 아닐까 하는 생각도 들었지요. 도서관을 나와 물리학과를 향해 걸어갈 때, 하버드 야드를 여기저기 유심히 둘러보았지요. 내가 갖고 있는 물리학에 대한 인상이 여기에서 형성되었더라면 달랐을까? 훗날 내가 다른 곳으로 옮겨갈 때 이곳의 풍취가 남아서 내 이해에 영향을 미칠까?

꽤 철학적이 되었네요. 배가 고파 쓰러지기 전에 점심을 먹으러 가야겠어요. 샌드위치를 사서 야외에서 먹을지도 몰라요. 이곳 야드 곳곳에 낙엽이 지고 있어요. 벽돌처럼 새빨간 낙엽들이 바쁘게 움직이는 사람들의 발밑에서 바스락거리고 있지요. 공기에서 감미로우면서 상쾌한 기운이 느껴져요. 가을이 찾아오니 왠지 너무나 행복한 기분이 들어요. 당신도 이 가을을 즐기기 바랍니다.

사라가

추신: 맥스웰을 소개해줘서 고마워요. 그가 그토록 교양 있고 매력적인 사람이라고는 전혀 생각을 못했어요. 그의 글은 정말로 읽는 즐거움이 있어요! 읽으면 읽을수록 더 알고 싶어져요. 그에게 살짝 반한 것 같아요…….

PART

"2

두 번째 원고

보낸 사람: Leonardo Santorini ⟨leonardo.santorini@gmail.com⟩

날짜: 2013. 1. 22. 화요일 오전 3:09

제목: 2회분

받는 사람: breaking.symmetries@gmail.com

안녕, 사라

지금 마감이 걸린 기사를 쓰는 중인데, 마음이 다른 세기에 가 있어 지금 이 세계에서 벌어지는 사건에 집중할 수가 없네요. 이 장들을 붙들고 고민하는 짓을 멈추려면 오로지 내 손에서 떠나보내는 수밖에 없겠어요. 그래서 서둘러 보냅니다. 제3장은 제1차 세계대전이 끝난 뒤의 뉴욕이 무대예요. 화자는 서른 살가량의 학교 교사예요. 난해한 상대성 이론과 그 주창자에게 푹 빠진 사람이지요. 아인슈타인은 과학의 원대한 목적이 최소한의 가정을 토대로 최대한 많은 사실들을 설명하는 것이라고 보았어요. 그리고 그는 그 일을 탁월하게 해냈지요. 통합의 대가인 그는 시간과 공간을 하나로 묶고, 질량과 에너지를 연관 지었지요. 그가 특수 상대성과 일반 상대성의 주역인 빛과 중력의 혼인을 중매하려고 나선 것도 필연적이었어요. 하지만 그는 실패했지요. 그가 양자역학을 완고하게 거부한 탓도 있었어요. 그는 확률 용어를 써서 정립된 이론은 "우리를 신의 비밀에 더 가까이 데려갈" 수 없다고 생각했어요.

아인슈타인이 그 소중한 목표를 달성하지 못한 것이 천재의 오류라고 묘사되곤 해요. 백발의 거장이 생을 마감할 때까지 "외로운 옛 노래"라고 칭한 것을 부르는 서글픈 모습으로 그를 묘사하곤 하지요. 우리는 그의 고집이 좀 덜했다면, 덜 완강하게 거부했다면 이룰 수 있었을 업적을 안타까워하면서 한숨을 내쉬지요. 이 책을 쓰기 시작할 때까지 나도 같은 심정이었어요. 지금은 더 잘 알아요. 아인슈타인이 과학에 필수적이라는 초연한 태도로 자신의 연구를 대했다면, 그는 더 위대한 인물이 아니라 지금보다 못한 과학자가 되었으리라는 것을요. 자신의 마음속에 우주를 구축하려면 불러낼 수 있는 모든 신념, 헌신, 열정을 다 투자해야 해요. 과학자와 그의 개념은 강렬하고, 감정적이고, 강박적이고, 요구하는 관계에 있어요. 개념은 상품이 아니라, 생명체예요. 어느 개념과 사랑에 빠질지는 스스로 선택할 수 있는 것이 아니에요. 게다가 교환이 가능한 것도 아니지요. 인생에서와 마찬가지로 과학에서도 가치 있는 것을 이루려면 자신에게 충실해야 해요.

마이클 폴라니(Michael Polanyi)는 냉철한 과학자라는 신화가 "경험에도 반할 뿐 아니라, 논리적으로 떠올리기도 어렵다"라고 반대하면서 탁월한 지적을 합니다. "법정에서는 변호사들이 양쪽으로 나뉘어 상반된 주장을 펼친다. 특정한 견해를 뒷받침하는 증거를 발견할 수 있는 상상력은 그 견해에 열정적으로 몰두하는 사람만이 지니기 때문이다." 바로 그것이 일이 진행되는 방식이지요. 다른 방법은 아예 없어요. 주관성은 과학을 훼손하는 것이 아니라, 반대로 강화합니다. 생각이 저마다 다른 아주 많은 이들이 한 가지 문제에 집중할 때 좋은 점은 능력에 상관없이 결코 어느 한 사람이 전체를 책임지지 않는다는 것이지요. 각자는 자유롭게 자신의 열정을 추구해요. 진리는 그 집단적인 노력으로부터 자연스럽게 나오지요.

제4장은 1930년대 초 코펜하겐에 있는 닐스보어 연구소의 박사후 연구원이 화자예요. 양자역학이 서서히 받아들여지

던 시기였어요. 새로운 세대는 윗세대에게 신성불가침이고 불변인 것처럼 보였던 개념들을 기꺼이 만지작거리고 있었어요. 그들은 확실성을 주장하는 태도를 버리고, 단어로도 이미지로도 묘사할 수 없는 세계를 항해하는 법을 배웠어요. 물리학의 기본 체계는 빠르게 성장해갔지만, 그 과정에서 가슴 아픈 일도 많았지요. 양자 수수께끼를 해결할 수가 없자, 많은 명석한 과학자들이 우울증에 빠졌어요. 결국 파울 에렌페스트(Paul Ehrenfest)처럼 자살하는 이들도 나타났지요. 이 혁신과 동요의 시기에, 닐스보어 연구소는 이 주제를 논의할 상대를 찾고 싶어 하는 물리학자들의 피신처가 되었어요.

늘 그렇듯이 당신의 피드백을 열심히 기다릴 거예요. 특히 양자역학 장을 어떻게 생각할지 무척 궁금해요. 나는 고전 시대에 썼던 일기나 편지 형식과는 다르게 하고 싶었어요. 그래서 다른 틀 위에 올려놓았어요. 어떻게 받아들여질지 잘 모르겠으니까, 제발 어떻게 생각하는지 알려줘요. 당신에게 이해가 안 되는 것이 있다면, 다른 독자들이 이해할 가능성은 더 낮을 테니까요.

시간이 남으면, 당신 소식도 들려줘요. 연구는 어떻게 되어

가나요? 겨울은 즐겁게 보내고 있나요? 끈 이론 장을 쓸 생각
을 진지하게 해본 적이 있나요?

안녕,

레오가

추신: 독자층을 더 명확히 구체적으로 잡고 글을 쓰는 한 가지
방법은 어느 특정한 사람에게 쓴다고 생각하는 거예요. '이상적
인 독자'에게요. 이 방법은 흔히 쓰이지만, 과학책에 적용된 것
은 본 적이 없었어요. 아인슈타인과 레오폴트 인펠트(Leopold
Infeld)의 『물리학의 진화(The Evolution of Physics)』를 읽기 전
까지는요. 이들은 이상적인 독자를 상정했을 뿐 아니라, 그 독
자를 생생하게 묘사하기까지 했어요. 그 독자는 개념에 아주 관
심이 많은 반면 구체적인 지식은 부족하다고 했고, 약간 무미건
조하고 어려운 대목도 인내심으로 붙들고 있다고 감탄했어요.
내가 볼 때 이 가상의 인물이 그들에게는 현실 속의 인물 같았
을 거예요. 그의 모습을 그릴 수도 있었을 거라고 장담해요.

제3장

신성한 호기심

특수 상대성과 일반 상대성 이론

"신성한 호기심을 결코 잃지 말라."

_ 알베르트 아인슈타인

마침내 이루어졌다. 그가 어제 오후에 도착했다. 오늘 아침 《뉴욕 타임스》 1면에는 이렇게 적혀 있었다.

아인슈타인 교수 도착. 상대성을 설명하다.

'과학의 시인'은 시간과 공간의 이론이라고 말했다.

기자들은 당혹해했다.

나는 어젯밤 좀처럼 잠을 이룰 수 없었다. 아침 신문을 보기 위해서, 이 기념비적인 행사를 사람들이 뭐라고 썼는지 읽고 싶어서, 사진을 보고 싶어서, 결코 꿈이 아님을 확인하고 싶어서 조바심이 났기 때문이다. "배터리 파크에서 시장을 비롯한 고위 인사들이 경찰 예인선을 타고 해안으로 올라오는 아인슈타인을 맞이할 때…… 관중 수천 명" 중에 나도 있었다.

별 특색 없는 단호한 기색으로 나는 증기선 로테르담호

의 도착을 기다리는, 노래하면서 깃발을 흔드는 군중을 헤치고 맨 앞으로 나아갔다. 몇몇 사람이 나를 노려보았지만, 나는 필사적으로 군중을 뚫고 나아가는 두꺼운 안경을 쓴 땅딸막한 남자를 못마땅하게 쳐다보고 있다는 사실에 그다지 개의치 않았다. 그 순간에 내 머릿속에는 오로지 아인슈타인을, 올해 내내 나도 모르게 내 정신적 스승이 된 사람을 봐야겠다는 생각뿐이었다. 그가 내게 얼마나 엄청난 의미를 지니게 되었는지!

나는 지금은 유명해진 에딩턴 탐사대의 관측 결과가 런던에서 발표된 뒤인 1919년 11월, 아인슈타인이 국제 무대에 불쑥 등장했을 때 그의 이름을 처음 들었다. 아인슈타인의 일반 상대성 이론이 내놓은 구체적인 예측 가운데 하나는 중력장이 있을 때 빛이 완벽한 직선 경로로 나아가지 않는다는 것이었다. 이를 토대로 그는 별빛이 태양을 스쳐 지날 때 휘어진다고 예측했다. 아서 에딩턴(Arthur Eddington)의 관측 사진이 보여주었듯이, 아인슈타인의 계산 결과는 관측과 정확히 일치했다. 왕립협회 회장은 이것이 "설령 가장 기념비적인 것은 아니라 할지라도 인간 사유의 가장 기념비적인 선언 중

하나"라고 발표했다. 그리고 런던의 《타임스》에는 이런 기사
가 실렸다.

> 과학의 혁명
>
> 우주의 새 이론
>
> 뉴턴의 개념이 뒤집히다

　그러나 별빛이 휘어진다는 놀라운 증명이 이루어졌어
도, 아인슈타인의 이론을 대할 때 사람들은 많이 혼란스러워
했다. 말로 명쾌하게 설명할 수 있는 사람이 아직 아무도 없
다는 데 의견이 일치했다. 《뉴욕 타임스》는 에딩턴의 관측
을 숨 가쁘게 전한 기사의 표제를 통해 이러한 인상을 더욱
강화했다.

> 천체의 모든 빛은 휘어져 있다.
>
> 과학자들은 일식 관측 결과에 다소 흥분해 있다.
>
> 아인슈타인 이론이 승리하다.
>
> 별은 보이는 곳이나 있을 것이라고 계산한 곳에 있지 않

다. 하지만 누구도 걱정할 필요가 없다.

현명한 12명을 위한 책.

아인슈타인은 출판사가 책을 내겠다고 하자, 세상에서 이 책을 이해할 수 있는 사람이 그만큼일 것이라고 했다.

그 말이 나를 사로잡았다. 호기심이 동한 나는 이 과학자이자 유명 인사를 더 알아보기로 마음먹었다. 그리고 내가 가장 먼저 발견한 것 중 하나는 그가 하루아침에 명성을 얻은 것이 아니라는 사실이었다. 그토록 열광적인 찬사를 받고 있는 연구의 대부분은 사실 10여 년 전에 이루어진 것이었다. 우리는 그의 예측이 지금 증명되었음을 축하하고 있는 것이었다.

좀 더 읽어보니 일반 상대성 이론만 있는 것이 아니라, 그보다 앞서 특수 상대성 이론이 나왔다는 것도 알았다. 우리의 모든 선입견에 의문을 제기하면서 일상적인 논리를 뒤집은 이 두 이론은 스위스의 한 특허 사무실에서 일하는 서기가 오로지 머릿속에서 사고력만으로 고안한 것이었다. 그런 일이 가능하다는 사실에 나는 전율했다.

나는 고등학생들을 가르치는 일을 무척 좋아하지만, 늘 지적인 만족감을 얻을 수 있는 것은 아니다. 여러 해 동안 나는 대학교에 갈 기회를 얻지 못했다는 사실을 안타까워했다. 부모님은 열심히 일하셨지만, 집안 사정은 열악했다. 누나와 나는 늘 더 나은 삶을 꿈꾸었다. 에스터 누나는 부자와 결혼해서 레이스 장갑을 끼고 화려한 새틴 외투에 진주 목걸이를 한 우아한 귀부인이 되는 환상을 품었다. 메이시스 백화점의 향수 판매점에 오는 아름다운 여성들을 예로 들곤 했다. 나는 겉으로는 누나에게 물질 만능주의자라고 하면서 반짝이는 장신구도 금도 오래가지 못할 것이라고 누나의 꿈에 코웃음을 쳤지만, 나도 남몰래 야심을 품고 있었다. 나는 대대로 기억될 업적을 남길 유명한 과학자가 되고 싶었다.

동네 도서관에서 역사책들을 탐독하면서, 나는 혜택을 받지 못한 소년이 자신이 처한 환경을 극복하고 과학계의 전설이 된다는 낭만적인 생각에 심취했다. 아이작 뉴턴은 장학생으로 케임브리지에 들어갔다. 거의 하층 계급이나 다름없는 그보다 더 지위가 낮은 소년들의 눈에도 장학생은 하인이나 다름없었다. 새뮤얼 피프스(Samuel Pepys)는 재단사의 아들이었다. 마이클 패러데이는 제본업자의 도제였다. 이런 이야기들에 나 자신을 끼워 넣으며, 나는 삶이 처음에는 시련을 안겨주더라도 나중에 보상할 것이라고 확신했다. 하지만 그 유치한 믿음은 들어맞지 않았다. 적어도 내게는 그랬다. 내가 열여덟 살 때 아버지가 사고로 돌아가셨고, 그와 함께 내 꿈도 사라졌다. 나는 더 이상 가난한 학생이라는 여유를 누릴 수가 없었다. 일을 해서 가족을 부양하는 데 한몫해야 했다. 그 뒤 여러 해 동안 나는 이런 내 처지를 좀 비관하고 있었던 것 같다. 알베르트 아인슈타인을 발견하기 전까지.

버나드 쇼(Bernard Shaw)는 나폴레옹 같은 위인들이 제국을 건설했지만, 아인슈타인은 우주를 만들었다고 했다. 그 글을 읽는 순간, 어릴 때 가졌던 자신감이 얼마간 다시 돌아온 듯했다. 지식의 세계는 끝이 없고 우리 모두에게 열려 있다는 것을 다시 한번 떠올리게 했다. 10년 전이나 다름없이 소박한 생각이었지만, 이제는 직업이 나를 우리처럼 가두고 있다고 느껴지지 않았다. 아인슈타인은 탁월한 생각이 학술기관 주위에만 머물러 있지 않으며, 지역이나 직업이 개인이 좋아하는 것을 공부하는 일을 반드시 막는 것은 아님을 증명했다. 이 깨달음은 나에게 강렬한 해방감을 안겨주었다. 나는 오래전부터 지적인 도전 과제에 내 정신 근육을 쓸 기회가 오기를 진정으로 열망하고 있었기에, 아인슈타인이 스위스 특허국 서기로 일할 때 구축한, 세계를 바꾼 이론을 배워보기로 결심했다. 적당한 책이 있는지 살펴보니, 그 주제를 다룬 서적이 놀라울 만치 많았다.

　살펴보던 중에 에드윈 에머리 슬로슨(Edwin Emery Slosson)이 쓴 『아인슈타인 쉽게 배우기(*Easy Lessons in Einstein*)』라는 꽤 얇은 책이 눈에 들어왔다. 읽기 쉬워 보였다. 특히 내 흥미를 끈 것은 책이 시작되는 방식이었다. 그 책은 잘못된 허영심에 이 책을 살 수도 있을 독자를 막는 예방 수단이라고 선언하면서, 으레 들어가는 '서문' 대신에 '대화'를 넣었다. 독자와 저자가 나누는 이 '대화'는 독자가 노면 전차에서 신문을 훑으며 물리학의 발견 이야기가 지면 하나를 다 차지한다는 게 이상하지 않냐고 말하는 것으로 시작한다. 그는 어느모로 보나 최근의 신문 표제만큼 선정적인 문장들을 몇 개 골라 읽어본다. 상대성 이론이 과학 역사상 가장 놀라운 발견이자, 인류 지성의 가장 위대한 성취라는 등의 찬사가 가득하다.

"이런 내용을 나도 다 알아야 한다는 것 같잖아?" 독자가 내뱉자, 저자도 아마 조만간 독자가 이해하려고 애써야 할 것이라며 동의한다. 독자는 사설을 정독하면서 그 이론에 환상적이라고 할 주장들이 담겨 있다는 사실에 놀란다. "평행선들은 만난다." "광속으로 움직이는 사람은 결코 늙지 않는다." "중력은 공간을 구부린다." "잣대의 길이는 운동 방향에 따라 달라진다." "질량은 잠재 에너지다." "시간은 네 번째 차원이다." 그러면서 아인슈타인이 미친 게 틀림없다고 결론짓는다. 저자는 이 점에는 동의하지 않는다. 아인슈타인이 그런 제정신이 아닌 주장들을 하는 데에는 어떤 이유가 있는 것이 틀림없다고 말한다. "그렇지 않으면 어떻게 태양의 인력이 빛을 얼마나 구부리는지 정확히 계산할 수 있었겠어?"

독자는 저자가 뛰어난 지식을 지녔다는 것을 인정하면서, 상대성이 무엇인지 쉽게 설명할 것이냐고 묻는다. 저자는 그럴 것이라고 답한다. "그것이 무엇인지는 말할 수 없지만, 무엇에 관한 것인지는 말해줄 수 있어." 저자는 자신이 수학적으로 깊이 파고들지 않으면서 그 이론의 몇 가지 흥미로운 측면들을 이야기할 수 있고, 독자가 원한다면 나중에 스스로 더 깊이 파고들 수 있을 것이라고 설명한다. 독자는 저자의 제안을 받아들이고, 그렇게 책은 시작된다. 나는 그 독자와 거의 똑같은 심경이었기에, 이 책이 내가 공부하기에 딱 맞는 징검다리가 될 것이라고 보았다. 그 생각은 틀리지 않았다. 슬로슨의 설명은 명쾌하면서 눈을 떼지 못하게 했다. 덕분에 나는 자신감을 얻었고 더 알고 싶어졌다. 그래서 그 책을 다 읽은 뒤, 아인슈타인이 직접 쓴 『상대성: 특수론과 일반론(*Relativity: The Special and General Theory*)』에 도전했다.

아인슈타인이 실제로 모습을 드러낸 것은 내가 그 책을 읽고 있을 때였다. 어제 배터리 파크에 서서 그 위대한 인물이 나타나기를 기다릴 때, 나는 머릿속으로 그의 목소리를 얼마나 자주 들었는지를 생각했다. 그 책은 첫 줄부터 나를 사로잡았다. "이 책을 읽는 독자들은 대부분 학생 때 성실한 교사들에게 셀 수도 없이 많이 추격당했던 높은 계단에서 유클리드 기하학의 고상한 체계에 친숙해졌을 것이고, 그 장엄한 구조를 기억할 것이다 — 아마 사랑보다는 우러러보는 마음으로." 그가 아주 친근하게 썼기에, 나는 신문들이 선포한 것처럼 "유럽의 훌륭한 지성인들을 놀라게 한 연역법을 펼친 과학자"가 하는 강연이 아니라, 친구와 대화하는 듯 느껴지는 그 책에 푹 빠져들었다.

나는 매료된 채 아인슈타인이 이끄는 대로 따라가면서 진리 개념(공리 집합에서 논리적으로 일관성 있게 도출되는 것으로서의)을 훑었고, "진지한 고찰과 상세한 설명" 없이 물체의 시간별 공간적인 위치 변화를 이야기하는 것이 죄악이나 다름없다는 말을 납득하게 되었다. "'위치'와 '공간'이 무엇을 가리키는지 불분명하기" 때문이다. 그렇게 그는 가장 단순해 보이는 개념들의 잔잔한 물을 탐사하고 수면 아래 놓인 여러 층의 암묵적인 가정들을 조사하도록 나를 부드럽게 떠밀었다.

금세기 초에 아인슈타인은 베른의 아름다운 거리를 걸어서 퇴근할 때면 머릿속으로 심오한 수수께끼를 고심하곤 했다. 그는 주로 빛을 생각하고 있었다. 빛은 맥스웰의 사랑과 주목을 한껏 받았지만, 여전히 심한 말썽을 일으키고 있었다. 이번에 빛의 말썽에 당한 것은 몹시 소중하게 여겨지던 갈릴레오의 상대성 법칙이었다.

수백 년 전 뉴턴은 해마다 내가 학생들에게 가르치는 법칙을 내놓았다. 그는 외부의 힘이 가해지지 않는 한, 모든 물체는 계속 정지 상태에 있거나, 일정한 속도로 직선으로 움직인다고 선포했다. 뉴턴의 세 가지 법칙 중 첫 번째인 이것은 관성의 법칙이라고 알려져 있다. 관성은 물체가 변화에 저항하고 과거에 하던 대로 미래에도 계속하려는 경향이다. 따라서 등속으로 움직이거나 정지해 있는 발판 위에서 세계를 지켜보는 우리는 관성 관찰자다.

뉴턴은 두 관성 관찰자가 관찰하는 물리 법칙이 동일하게 지각되어야 한다고 주장했다. 다시 말해 자연은 여기 서 있는 나와 왼쪽으로 10미터 떨어져 서 있는 당신에게 근본적으로 서로 다르게 보여서는 안 된다는 것이다. 우리 둘 다 똑같은 공을 똑같은 속도와 똑같은 방향으로 공중에 던지면, 두 공은 똑같은 거리를 날아가서 땅에 떨어질 것이다. 게다가 둘 중 한 명이 직선으로 쭉 뻗은 궤도 위를 결코 빨라지지도 느려지지도 않는 일정한 속도로 매끄럽게 달리는 객차에 올라탄다고 해도 상황이 달라지지 않아야 한다. 사실 객차에 창이 전혀 없어서 지나가는 풍경을 전혀 볼 수 없다면, 열차가 움직이고 있는지조차 알아차리지 못할 것이다. 그리고 관성 관찰자가 자신이 움직이고 있는지 여부를 결코 확실히 알 수 없다면, 물리학의 기본 법칙이 등속 운동을 할 때 변하지 않는다고 추론할 수 있다. 이러한 매우 합리적인 논리는 (갈릴레오) 상대성 원리라고 하며, 너무나 명백하기에 입증할 필요조차 없다고 여겨졌다.

자연 현상을 고전역학의 용어로 설명하던 수 세기 동안 이 원리는 잘 작동했다. 그러나 맥스웰의 방정식이 출현하면서 문제가 생기기 시작했다. 이유는 쉽게 알 수 있었다. 정지해 있는 전하는 전기장만 생성하지만, 움직이는 관찰자에게는 그 정전하가 움직이는 것처럼 보인다. 따라서 자기장도 생성해야 마땅하다. 둘 중 어느 것이 맞을까? 자기장이 실제로 있을까 없을까? 이런 역설은 전자기학의 새 이론이 기존의 원리들과 들어맞지 않는다는 것을 명확히 보여주었다.

아인슈타인의 머릿속에서 펼쳐지고 있던 것은 대성공을 거둔 맥스웰의 전자기학과 오랫동안 존중받아온 고전역학의 기본 체계 사이의 장엄한 대결이었다. 이 이론들이 서로 충돌함에 따라, 오랫동안 깊이 뿌리를 내리고 유지되어온 많은 신념들이 불길에 휩싸였다. 그리고 그 재에서 특수 상대성이라는 불사조가 날아올랐다.

나는 그 이론의 수학적 유도 과정을 완전히 다 이해했다고 주장할 수는 없지만, 직관적인 개념은 이해되었다. 나는 이처럼 쉽게 이해할 수 있었던 것이 아인슈타인이 머릿속으로 생각을 하기 때문이라고 본다. 그는 방정식을 써서 정확한 관계를 규명하고 자신의 개념을 정확하게 체계적으로 표현하지만, 그의 재능이 번뜩이는 것은 심상 쪽이다.

아인슈타인은 이 추상적인 개념 충돌을 구체화하는 것부터 시작한다. 그는 일정한 속도와 방향으로 나아가는 객차를 상상한다. 이 객차는 정지해 있는 역의 승강대에 상대적으로 위치가 바뀌지만 회전하지는 않는다. 나는 이 가상의 객차에 애착을 갖게 되었다. 그의 책에 너무 자주 등장하기 때문이다. 이 마음속 실험의 무대 장치를 완성하기 위해 그는 객차에 한 명이 타고 있고(그를 데이비드라고 하자), 승강대에 그의 친구가 있다고 상정한다(그를 마르셀이라고 하자). 데이비드와 마르셀은 둘 다 관성 관찰자이므로, 동일한 일반 법칙에 따라 자연 현상이 일어나는 것을 봐야 한다. 그들이 속도와 거리 같은 양에 할당하는 수는 서로 다를지 몰라도, 물리 법칙은 같다고 동의해야 한다.

여기서 아인슈타인은 한 단계 더 복잡성을 향해 나아간다. 그는 까마귀를 상상해보라고 말한다. 나는 그 말에 안도한다. 까마귀는 수학과 아무 관계가 없을 테니까. 이 새가 객차와 완벽하게 평행한 방향으로 일정한 속도로 하늘을 날고 있다고 하자. 마르셀은 까마귀가 데이비드보다 더 빨리 나는 것을 본다. 이 점은 분명하다. 데이비드도 까마귀와 같은 방향으로 움직이고 있기 때문이다.

여기서 한 친구가 한 관찰을 토대로 다른 친구가 무엇을 보고 있을지를 예측할 방법이 있어야 한다. 실제로 그런 방법이 있다. 그냥 더하면 된다. 아인슈타인이 말하고 있는 바를 정확히 이해하고자, 나는 속도에 구체적인 값을 집어넣었다. 내 마음속 열차가 초속 50킬로미터로 달리고, 마르셀이 측정한 까마귀의 속도는 초속 70킬로미터라고 정했다. 1초에 까마귀는 70킬로미터를 날아가고, 열차는 50킬로미터만 달려간다는 것은 쉽게 알 수 있다. 둘 사이의 거리는 1초가 지날 때마다 20킬로미터씩 늘어나므로, 움직이는 열차에 타고 있는 데이비드는 까마귀의 속도가 초속 20킬로미터라고 측정한다. 아주 단순해 보인다. 여기까지는 놀랄 일이 전혀 없었으므로, 어려운 내용이 나올까 봐 불안했던 마음이 점점 놓이기 시작했다. 그러나 조금 성급하게 판단을 내린 모양이었다.

아인슈타인은 까마귀 이야기를 거기에서 끝내며 이렇게 묻는다. 빛은 어떨까? 마르셀이 열차가 가는 방향으로 광선을 쏜다고 하자.* 그는 광선이 속도 c로 나아가는 것을 볼 것이다. 한편 위의 추론에 따르면, 데이비드의 눈에는 빛이 c보다 50킬로미터 더 느린 속도로 나아가는 것으로 보여야 한다. 그러나 실제로는 그럴 수가 없다. 빛은 언제나 속도 c로 나아가기 때문이다. 이는 맥스웰의 방정식에서 유도된 자연의 일반 법칙이며, 다른 모든 일반 법칙이 그렇듯이, 모든 관성 기준틀에서 참이어야 한다.

---

* 이제부터 논의를 단순화하기 위해 이 모든 일이 진공 속에서 일어난다고 가정하자. 진공에서 빛의 속도는 c다. 맥스웰의 방정식으로 계산할 수 있고 여전히 속도가 고정되어 있지만 다른 매질(medium, 파동이나 에너지를 전달할 수 있는 모든 물질)에서는 그보다 조금 느리다.

그런데 갑자기 우리 눈앞에 벽이 나타난다. 우리의 친숙한 논리가 빛에는 적용되지 않는다. 무언가 분명히 잘못되었다. 맥스웰의 방정식이 미흡하든, 아니면 매우 합리적인 고전역학 법칙에 뭔가 문제가 있는 것이 분명하다. 이 선택에 직면했을 때, 전통적인 접근법을 따르는 이들은 새로운 이론을 거부하고 오랜 세월 일상의 경험을 통해 증명된 법칙을 고수할 수도 있다. 그러나 아인슈타인은 맥스웰 편을 들었다. 그저 기존 견해에 반대하려는 반항적인 의도로 그런 것이 아니라, 자연 현상이 어떻게 그리고 왜 일어나는지를 설명하는 놀라울 만치 대칭적인 방정식들의 깊이와 아름다움을 받아들여 내린 결정이었다. 맥스웰의 이론은 미학적으로도 논리적으로도 뉴턴의 고전역학 법칙보다 훨씬 더 완전했다. 후자는 비록 기념비적인 성공을 거두었지만 그저 활동 규칙일 뿐이었다.

슬로슨은 이렇게 말한다. "우리가 자연에 던진 질문에 모순되는 답들이 나올 때, 우리는 부조리한 질문을 하고 있다고 가정해야 한다. 자연이 부조리한 것이 아니라면 말이다. 소매치기가 재판을 받는 법정에서 한 증인은 그가 거리

위쪽으로 달아나지 않았다고 말하고, 다른 증인은 그가 거리 아래쪽으로 달아나지 않았다고 증언할 때, 변호사는 둘 중 한 명이 거짓말하는 것이 틀림없다고 주장할 필요가 없을 수도 있다. 잠시 생각해보면 소매치기가 그 자리에서 움직이지 않았거나 비상계단을 기어오르거나 석탄 투입구로 떨어짐으로써 세 번째 차원으로 사라졌을 가능성도 떠오를 것이다."

아인슈타인이 한 일이 바로 그것이었다. 그는 새로운 가능성을 받아들이도록 우리의 개념을 수정했다. 그는 오래된 전통적인 믿음에 의문을 제기하고 있었기에, 처음부터 새로운 세계관을 구축해야 했다. 그의 건축 재료는 논리학이었지만, 그래도 출발점이 있어야 했다. 어떤 공리가 필요했다. 그가 선택한 첫 번째 원칙은 물리학 법칙이 모든 관성 관찰자에게 동일해야 한다는 것이었고, 두 번째는 관찰자의 운동에 상관없이 광속이 언제나 일정하고 불변인 것처럼 보인다는 실험적으로 드러난 사실*이었다. 아인슈타인이 지닌 토대는

---

* 1887년 마이컬슨(Michelson)과 몰리(Morley)의 실험으로 확인되었다.

그것뿐이었다. 추가 가정은 전혀 없이, 그리고 모든 선입견을 제쳐두고, 그는 이 두 가지가 조화를 이루려면 무엇이 참이어야 하는지를 살펴보기 시작했다.

속도가 열쇠였다. 서로 다른 관성계들을 구별하고 연관 짓는 것이 바로 속도다. 그래서 아인슈타인은 속도를 재는 방식을 꼼꼼하게 다시 살펴보았다. 속도는 거리와 시간의 비율을 가리키는 복합 개념이다. 어떤 물체의 속도를 계산하려면, 움직인 거리를 재고 나서 움직이는 데 걸린 시간으로 나눈다.

아인슈타인은 이 개념을 소개한 뒤, 다시 객차 사례로 우리를 데려가 두 친구가 정확히 어떻게 빛의 속도를 측정하는지를 상세히 살펴본다. 데이비드(객차에 탄 사람)가 기차의 운동 방향과 직각으로 유리창을 향해 광선을 쏜다고 하자. 그는 자신과 유리창 사이의 거리를 잴 수 있고, 마찬가지로 유리창에 부딪힌 빛이 자신에게 돌아오는 데 걸린 시간도 잴 수 있다. 이 거리를 시간으로 나누면 빛의 속도가 나오는데, 이 값은 고정되어 있고 알려져 있다.

이제 마르셀 쪽을 보자. 그도 유리창을 향해 발사된 광선을 보지만, 열차의 이동 때문에 친구의 위치가 달라진 것도 본다. 마르셀은 광선의 경로를 그냥 역행하면 데이비드가 광선을 쏜 지점으로 돌아가리라는 것을 안다. 열차가 움직여 데이비드도 움직였으므로, 현재 데이비드가 있는 곳으로 돌아가려면, 광선은 열차가 나아가는 방향으로 더 각도를 틀어서 반사되어야 한다. 따라서 광선은 데이비드가 생각하는 것보다 더 먼 거리를 가게 될 것이다. 마르셀은 그 사실을 알지만, 데이비드는 눈치를 못 채는 듯하다. 마르셀은 그 거리를 잰다. 그 거리는 그저 ⓐ 데이비드와 유리창의 거리, ⓑ 광선이 반사되어 데이비드에게 돌아가기까지 걸린 시간 동안 열차가 이동한 거리를 두 변으로 삼은 직각 삼각형의 빗변임이 드러난다. 마르셀은 이제 그 거리를 시간으로 나누어 빛의 속도를 알아낼 수 있다. 자신의 관점이 지극히 타당하다고 주장할 수 있는 관성 관찰자이므로, 이치상 마르셀의 계산값은 데이비드의 계산값과 동일해야 한다. 그런데 어떻게 그럴 수 있을까?

학생이라면 다 알다시피, 무엇인지를 안다면 답하는 방법을 다르게 하는 것도 어렵지 않다! 아인슈타인이 한 일도 본질적으로 그것이다. 그는 놀라울 만치 대담하게도, 두 친구가 계산하여 나온 광속 계산값이 같아질 수 있는 방법은 오로지 마르셀(빛이 더 긴 거리를 여행했다고 지각한 사람)이 이 과정이 더 긴 시간에 걸쳐 펼쳐지는 것으로 보는 수밖에 없다고 말했다. 따라서 마르셀 쪽에서 말하자면, 열차의 시계가 더 느리게 움직이는 것이다! 이 수수께끼를 이렇게 의외의 방식으로 푼 것이야말로 신의 한 수였다.

아인슈타인은 물체가 움직이고 있을 때에는 시간이 팽창해 보인다고 했다. 사람은 자기 자신에게 상대적으로 움직일 수는 없으므로, 이 말은 내 운동을 보는 다른 사람들의 지각이나, 남들의 운동을 보는 내 지각에만 적용된다. 자신의 기준틀에서는 모든 일이 늘 일어나는 그대로 진행된다. 그러나 내가 서 있는 곳에서 상대적으로 운동하는 이들을 본다면, 나는 그들의 시간이 내 시간보다 느리게 흐르는 것을 보게 될 것이다. 역설적이게도 그들은 자신들이 가만히 있고 내가 움직인다는 주장을 똑같이 할 수 있으므로, 자신들의 시계가 평소처럼 움직이는 반면 내 시계는 느리게 가고 있다고 지각할 것이다! 이 명백하게 모순되는 현실들 중에서 누가 옳고 누가 그른지를 판단할 객관적인 방법은 전혀 없다. 둘 다 똑같이 옳다. 모든 논리적 단계들을 밟았다고 해도, 이 불가피한 결론은 여전히 마음을 혼란스럽게 한다.

일련의 우아한 후속 사고 실험을 통해, 아인슈타인은 보편적 동시성이라는 개념 같은 것은 없음을 보여주었다. 한 관찰자가 동시에 일어났다고 생각하는 사건들은 다른 관찰자가 관여하는 한, 서로 다른 시점에 일어날 것이다. 영원히 같은 속도로 행진했던 시간의 화살은 빨라지고 느려질 자유를 얻었다. 절대적인 시간이라는 개념도 결코 없고, 우리 모두가 시계를 맞추어야 하는 보편적인 시계도 결코 없다. 우리는 자신의 리듬에 맞추어 행진하는 자기 자신의 시간을 간직하고 있다. 개인의 관점을 택하고 그것을 타당하다고 주장할 자유가 왜 그렇게 인류를 심히 불안하게 만든다는 것인지 나는 의아했지만, 실제로 그랬다. 그것은 우리에게 익숙해진 엄격한 절대적인 개념들과 정면으로 충돌했고, 이 예기치 않은 자유에 익숙해지기까지는 시간이 조금 걸렸다.

운동이 우리의 시간 지각에 영향을 미치므로, 광속이 보존된다면 그 말은 우리의 거리 개념에도 마찬가지로 적용되어야 한다. 아인슈타인은 같은 논리에 따라, 물체가 정지해 있을 때보다 움직일 때(우리에게 상대적으로) 더 짧아 보인다고 주장했다. 그렇다면 이것이 현실을 왜곡하는 것은 아닐까? 아인슈타인은 아니라고 말한다. 그 왜곡은 오직 우리의 지각에 있을 뿐이다. 데이비드는 마르셀의 시계가 느리게 가고 마르셀의 잣대가 짧아져 있는 것을 보지만, 마르셀의 입장에서는 자기 주변의 세계가 전혀 변하지 않은 모습으로 보이고 변형된 것은 데이비드의 세계다.

역설적으로 들릴지 모르지만, 당신과 놀이공원 거울의 방에 있는 당신의 반영 사이에 벌어지는 일보다 더 이상한 것이 아니다. 당신의 거울상은 우스꽝스러운 비율로 휘어지고 일그러지지만 ─ 크기가 전혀 보존되지 않기에 ─ 당신의 반영은 당신이 하는 대로 움직이며 동일한 물리학 법칙의 적용을 받는다. 당신이 반영의 모습을 아주 이상하다고 생각하는 것만큼 반영은 당신의 모습을 아주 기이하다고 생각할 수밖에 없다. 그렇다면 어느 쪽이 옳을까? 아마 이렇게 말하는 것이 공정할 것이다. 둘 다 옳다.

서로의 지각에 동의하든 말든 상관없이, 마르셀과 데이

비드는 자신의 관찰을 토대로 상대방이 무엇을 볼지(본다고 주장할지) 예측할 수 있어야 한다. 그러나 이미 알다시피, 이 두 관성 관찰자가 빛의 속도가 같다고 본다면, 각자의 측정값을 단순한 덧셈 같은 뻔한 것을 통해서는 연관 지을 수가 없다. 올바른 변형 규칙을 파악하는 것은 어렵지 않다. 문제는 그 규칙이 시간과 공간을 '섞는다'는 것이다.

이 말은 아주 터무니없게 들린다. 공간은 우리 눈앞에 펼쳐져 있다. 그중 상당 부분은 한눈에 훑을 수 있다. 시간은 오로지 순차적으로만 지날 수 있다. 다음 순간으로 나아가려면 한순간을 거쳐야 한다. 또 시간은 오로지 앞으로만 나아갈 수 있는 반면, 공간은 경로에 따라 빙빙 돌 수도 있다는 점이 명백히 다르다. 공간과 시간을 근본적으로 다르게 취급하는 것은 쉽게 이해가 간다. 그러나 아인슈타인이 발견했듯이, 안타깝게도 그런 생각도 심하게 틀렸다.

우리는 겉모습에 속을 수 있지만, 수학은 거짓말을 하지 않는다. 그리고 방정식이 공간과 시간이 연결되어 있다고 말한다면, 틀림없이 그럴 것이다. 나는 수평인 것처럼 보이는 선이 기준틀이 기울어진 관찰자에게는 수평 성분과 수직 성분을 다 지닌 것처럼 보이리라는 것을 쉽게 이해할 수 있다. 그러나 특수 상대성의 변환 법칙은 비슷한 맥락에서 내가 공간이라고 보는 방향이 나와 다른 관성 틀을 지닌 관찰자에게는 공간 성분과 시간 성분을 다 지닌 것으로 보일 것이라고 말함으로써 이 논리를 한 단계 더 밀고 나간다. 따라서 공간과 시간이 그렇게 섞일 수 있다면, 둘은 우리가 지금까지 생각했던 것과 달리 서로 딱 부러지게 구별되지 않는다. 사실 둘은 결합하여 시공간이라는 더 큰 전체를 이루고 있어야 한다. 시공간은 네 개의 차원을 지니므로(기존 공간의 3차원과 시간을 가리키는 1차원), 하나의 관성 틀을 다른 관성 틀로 변환하는 것은 이 새로운 4차원 영역*에서는 회전과 병진 이동만큼 단순하게 여겨질 수도 있다.

이 개념은 처음 등장했을 때 매우 화제가 되었다. 특히

---

* 아인슈타인의 이론이 4차원 시공간에서, 즉 시간과 공간이 "흐릿해져서 단지 그림자가 되어 사라지고, 둘이 통합된 것만이…… 독자적인 현실로 남는" 곳에서 가장 명확히 정립된다는 것을 처음 깨달은 사람은 헤르만 민코프스키(Hermann Minkowski)였다.

'수수께끼'의 네 번째 차원이 있다는 점 때문이었다. 그러나 슬로슨 박사가 우리에게 상기시키듯이, 자연의 법칙은 불변도 영원한 칙령도 아니며, 그저 만물이 어떻게 행동하는지를 간결하게 묘사한 것일 뿐이다. 그는 이렇게 썼다. "자연에는 법칙 같은 것이 없다. 자연의 법칙만 있을 뿐이다. 즉 사람이 생각할 때의 편의를 위해…… 자연에서 이끌어낸 법칙이다."

우리가 법칙이라고 부르는 것은 관찰을 토대로 추상화한 것이다. 복음서처럼 후대로 전해져온 것이 아니다. 우리의 관찰에는 한계가 있으므로, 우리 법칙의 범위에도 한계가 있을 수밖에 없다. 성장하고 학습함에 따라 우리는 이런 법칙이 수정되어야 한다는 것을 종종 알아차리며, 과학자는 그 변화를 환영해야 한다. 사실 슬로슨 박사는 어떤 과학자가 "자신이 적용하려는 사실들 중 절반은 들어맞지 않을" 이론을 지닌다면, "어떤 비커에서 거품이 끓어 넘칠 때 버리고 더 큰 비커로 바꾸는 것처럼 주저하지 않고 그 이론을 버릴 것"이라고 말한다. "그는 어떤 것도 흘러넘치게 하고 싶지 않지만, 그것이 들어 있는 용기 자체에는 신경 쓰지 않는다."

아인슈타인은 우리와 상대적으로 움직이는 막대가 이동

방향으로 수축되는 듯 보일 것이고, 우리와 상대적으로 움직이는 시계가 느리게 가는 듯 보일 것임을 보여주었지만, 우리가 으레 접하는 속도에서는 이 두 효과를 사실상 무시할 수 있을 것이다. 다시 말해, 자연은 우리가 일상생활에서 보는 거울에서는 왜곡의 충격을 받지 않게 한다. 이런 터무니없어 보이는 착각은 '놀이공원'에서 접할 수 있다. 우리가 광속에 근접한 세계에서다. 빛의 속도에서는 시간이 아예 멈추고 거리는 0으로 수축된다. 더 이상 갈 수가 없다.

광속은 우주 만물에 한계를 설정한다. 이 속도에 다다르려는 것은 무지개 끝에 있다는 금항아리를 찾아다니는 것과 비슷하다. 아무리 가까이 다가가도, 목표는 여전히 저 멀리서 어른거린다. 질량이 없는 입자만이 광속에 다다를 수 있다. 모든 물체는 더 느리게 움직이는 것으로 만족해야 한다. 자연은 이 명령을 조금 영리한 방식으로 강요한다. 질량이 운동에 의존하도록 만듦으로써. 질량을 지닌 물체는 속도가 광속에 더 가까워질수록 더 무거워진다. 이윽고 물체를 더 빠르게 움직이도록 하는 데 쓰이는 에너지의 대부분이 속도를 올리는 대신에 질량을 늘리는 데 쓰인다. 아인슈타인은 에너지가 그럴 수 있다고 본다. 물질은 그저 에너지가 발현된 형태이기 때문이라는 것이다.

어제 배터리 파크에는 시선이 닿는 곳까지 온통 사람이 가득했다. 반들거리는 구릿빛 머리, 멋진 중절모, 부드러운 갈색 머리카락이 물결치는 가운데, 나는 가느다란 검은 머리카락으로 뒤덮인 머리를 숙여 애지중지하는 책을 들여다보고 있었다. 그때 군중 사이로 흥분의 물결이 전해지는 것을 느꼈고, 곧이어 외치는 소리가 들렸다. "그가 왔어, 도착했어!" 사람들이 소리를 질러댔다. 그 위대한 인물을 멀리서라도 보여주기 위해 부모들은 아이들을 목말을 태웠다. 사람들이 계속 밀고 당기고 난리가 아니었지만, 나는 뒤꿈치를 흙에 꽉 박은 채 굳게 버티고 서 있었다.

그렇게 몇 시간을 기다린 뒤, 마침내 나는 색 바랜 회색 비옷을 입고 신원 확인을 거친 사진사들 앞에 선 남자를 볼 수 있었다. 나풀거리는 검은 펠트 모자 밑으로 흐트러진 회색 머리카락이 귀를 덮고 있었다. 군중이 고함치고 비명을 질러대는 와중에 기자들이 끊임없이 질문을 던졌고, 카메라의 셔터 소리가 쉴 새 없이 울려 퍼졌다. 그는 한 손에는 반질거리는 브라이어 파이프, 다른 손에는 바이올린 케이스를 움켜쥔 채 얌전히 서 있었다. 내 옆에 있던 여성이 남편을 쳐다보면서 놀랍다는 투로 말했다. "화가나…… 음악가처럼 보여요." 내 입가에 저절로 웃음이 떠올랐다. 그녀는 그가 실제로 그런 사람이라는 사실을 몰랐던 것이다.

아인슈타인이 내 쪽을 바라보고 있다는 것을 깨닫자, 내 등줄기에 쫙 전율이 흘렀다. 집중할 때 으레 그렇듯이, 이마가 저절로 찌푸려지는 것도 느껴졌다. 제발 나를 봐줘, 나를 봐줘. 나는 그렇게 기도했다. 그의 시선이 군중을 훑었고, 한순간 내 시선과 얽혔다. 그는 미소를 지으면서 아주 살짝 고개를 끄덕였다. 주변 사람들은 끊임없이 움직이고 있었지만, 나는 한순간 그 움직임이 느려지는 것을 느꼈다고 확신할 수 있다.

다시 주변 상황이 눈에 들어왔을 때에는 카메라의 셔터 소리가 멎은 뒤였다. 아인슈타인이 탄 자동차와 함께 차들이 줄줄이 멀어지고 있었고, 역사적인 현장을 목격한 군중은 서둘러 흩어지고 있었다. 내 주변의 사람들은 경계하는 기색으로 나를 흘깃 쳐다보았다. 왜 아직도 가만히 서 있는지 의아해하는 눈치였다. 그러나 나는 군중의 물결이 흩어지고 스쳐 지나가도 마냥 서 있었다. 그 순간에 걸린 마법에서 깨어나고 싶지 않았다.

이윽고 나는 로어이스트사이드의 큰 거리를 피해 우회하는 길을 택해 집으로 걷기 시작했다. 모든 주민들이 알고 있듯이, 나도 아인슈타인이 코모도어 호텔로 향했다는 것을 알고 있었다. 일종의 거리 축제가 열리는 양 수많은 사람들이 길옆에 죽 늘어서서 그가 탄 자동차 행렬을 향해 손을 흔들고 있었다. 그 길을 피해서 가고 있었음에도, 자동차가 빵빵거리는 소리가 오래도록 울려 퍼졌다. 뉴욕 거리가 그 점잖은 천재에게 바치는 현대판 팡파르였다. 나는 그가 주변에서 끊임없이 쇄도하는 이 예찬 소리를 어떻게 참아낼까 궁금해졌다. 아마 자기 마음속의 비밀 '금고' 속으로 숨은 것은 아닐까? 일반 상대성 이론의 마음속 시험장 역할을 한 어둡고 텅 빈 공간, 상상의 공간으로 말이다.

특수 상대성 이론은 엄청난 성공을 거두었지만 한계도 뚜렷했다. 기본적으로 그 이론은 외부 힘을, 심지어 질량을 지닌 다른 물체의 중력조차도 전혀 받지 않는 물체만을 다룬

다. 아인슈타인은 이 제약이 문제라고 보았다. "논리적인 사고방식을 지닌 사람은 이런 상황에 결코 만족하지 못한다." 자기 이론의 타당성을 더 확장하려면, 중력도 포함시킬 필요가 있다는 것이 명백했다. 그러려면 먼저 중력이 무엇인지를 이해해야 했다. 그래서 아인슈타인은 당시에 나와 있는 사실들을 추렸다.

명백한 사실에서 출발하자면, 중력은 질량을 지닌 두 물체 사이에 존재하는 인력이다. 중력을 정의하는 특징은 멀리 갈릴레오의 시대에도 알려져 있던 것인데, 중력이 질량에 상관없이 모든 물체를 동일한 비율로 가속시킨다는 것이다. 뉴턴의 설명에 따르면, 중력은 우리를 계속 땅에 붙잡아두고, 지구를 태양 궤도에 붙잡아두고, 아주 먼 거리에서도 즉시 작용한다.

아인슈타인은 이 이야기가 다소 일차원적이라고 보았다. 기존 이야기는 사건들의 목록, 원인과 결과의 사슬처럼 읽힌다. 예측은 현실과 잘 들어맞았지만, 그 이야기는 밋밋하게 느껴졌다. 끝까지 읽어도 주인공을 이해하지 못할 수도 있었다. 중력은 정말 무엇일까? 그렇게 행동하는 동기가 무엇일까? 중력의 도깨비, 즉 중력이 감히 들어가지 않으려 하는 세계는 무엇일까?

아인슈타인은 이 고전역학적인 이야기를 개작하려면, 먼저 줄거리와 주인공을 더 잘 이해하는 데 도움을 줄 심오한 질문을 몇 가지 던질 필요가 있음을 알았다. 그는 뉴턴의 이야기에 있는 구멍들에 초점을 맞추기 시작했다. 첫 번째로 중력이 수수께끼처럼 아주 먼 거리에 걸쳐서 작용한다는 점이 그랬다. 이 '원격 작용'은 이미 패러데이가 탁월하게 살펴본 바 있었다. 그는 장* 개념을 써서 전자기력의 비슷한 행동을 설명했다. 이 설명 체계의 아름다움과 장점을 알아차리고, 같은 체계를 굳이 재발명할 필요가 없다고 생각했기에, 아인슈타인은 그 설명을 중력의 메커니즘으로까지 확장

---

* field. 물리학에서 장은 흔히 전기장이나 자기장처럼 물체 사이에 원격으로 힘을 전달하는 공간을 가리키는 의미로 이해되지만, 양자역학에서는 물체 사이의 힘이 입자를 매개로 전달된다고 보기 때문에 장마다 해당 힘을 전달하는 입자가 있다고 본다. 전자기장의 입자는 광자, 중력장의 입자는 중력자다. 더 단순하게 말하면 장을 입자라고 볼 수 있다는 뜻이다. — 옮긴이

했다. 그는 "전자기학에서 자석이 쇳조각을 직접 끌어당기는 것이 아니라 주변 공간에 물리적으로 실재하는 무언가를 생성함으로써 끌어당긴다고 생각하는 것처럼", 질량을 지닌 두 물체가 중력장이라는 매질을 통해 공간을 가로질러 서로를 끌어당긴다고 생각할 수 있다고 썼다. 또 다른 문제는 뉴턴이 중력의 효과가 공간 너머에 즉시 나타난다고 설명했다는 것이다. 그러나 우리는 그런 일이 불가능하다는 것을 알았다. 우주의 그 어떤 것도 빛이 부여한 (유한한) 속도 한계를 깰 수 없기 때문이다.

아인슈타인은 생각하고 생각하고 또 생각했다. 오랫동안 그는 이 문제를 붙들고 씨름했다. 그러다가 1907년 어느 날, 훗날 자기 인생에서 가장 행복한 생각이라고 한 것이 머릿속에 떠올랐다. 베른의 특허 사무소에 앉아 있는데, 자유 낙하하는 사람은 자신의 무게*를 전혀 느끼지 못할 것이라는 생각이 불쑥 떠올랐다. "이 단순한 생각은 내게 깊이 와닿았

* 자유 낙하는 중력 이외의 다른 힘들이 없는 상태에서의 운동이라고 정의한다.

고, 그리하여 나는 중력의 이론을 파고들게 되었다."

당연한 일이지만 '이 단순한 생각'은 내게는 그다지 단순하지 않았다. 지금까지 나는 그럭저럭 아인슈타인의 말을 따라올 수 있었지만, 이 문장에서 그를 놓치고 말았다. 나는 다시 돌아가 그 말을 천천히 곱씹어보았다. 그러자 오래된 기억 하나가 불쑥 떠올랐다. 어릴 때 동네 소년들 한 무리가 저녁마다 공터에 모이곤 했는데 이상한 짓거리를 하는 통에 그들은 '불량배'라고 불렸다. 그들은 사실 나쁜 짓을 전혀 하지 않았지만, 그렇다고 아주 모범적으로 지내는 것 같지도 않았다. 나는 결코 그 무리에 낄 수 없었고 — 끼었다면 어머니가 쓰러지셨을 것이다 — 막되 먹은 행동을 하는 성격도 아니었기에 그 무리와 맞지 않았을 것이다. 하지만 그 공터 옆을 지나갈 때면, 나는 늘 걸음을 늦추면서 늘 웃음이 터져 나오는 그 방종한 세계를 옆으로 흘깃 쳐다보곤 했다.

한번은 아주 잠시 그 세계를 안쪽에서 보았다. 고개를 숙인 채 집으로 걸어가고 있었는데, 공터를 거의 다 지나갔을 때 어떤 목소리가 들리는 바람에 생각이 끊겼다. "제이컵, 야, 제이컵! 이리 와봐." 주위를 둘러보다가 아이작이 내 이름을 부르는 것을 보고 나는 어리둥절했다. 아이작은 같은 반이었지만 친구는 아니었고, 그날 그가 무슨 이유로 나를 불렀는지 지금도 알지 못한다. 바로 그날 저녁에 그 불량배들은 하늘을 나는 시도를 하고 있었다. 높이 약 2.4~2.7미터의 부서진 벽을 기어 올라가서 뛰어내리는 것이었다. 아이작은 아주 짜릿하다고 말하면서, 해보고 싶지 않냐고 물었다. 나는 제정신이었기에 겁이 났지만, 그 무리에 낀다는 생각에 매우 흥분했고 좀 우쭐해지기도 했다. 물론 하겠다고 대답했다. 들뜬 기분에 살짝 취한 상태에서 나는 소년들의 박수와 야유와 응원 소리를 들으며 벽을 기어올랐다. 눈감고 뛰어. 소년들이 소리쳤다. 그냥 눈감고 뛰라니까. 나는 그대로 했다. 내 비행은 0.5초도 안 되어 끝났지만(집에 왔을 때 방정식을 풀어서 알아냈다), 그 짧은 순간에 나는 자유를 느꼈다. 그 일을 돌이켜 생각하면서, 나는 착륙하는 순간에만 힘을 느꼈다는 것을 깨달았다. 뛸 때의 위험은 내려가는 과정이 아니라 끝나는 시점에 있었다. 나는 슬로슨 박사의 별난 문장을 떠올렸다. "중력 법칙은 형법과 같다. 충돌하기 전까지는 느끼지 못한다."

서서히 이해되는 느낌이 들었고, 나는 그 느낌이 놀라서 사라지지 않도록 차분히 생각했다. 떨어지는 동안에는 어떤 힘도 받지 않는다. 또 갈릴레오가 증명했듯이, 자유 낙하하는 두 물체는 동일하게 가속된다. 예를 들어 두 소년이 벽에서 동시에 뛰어내린다고 하자. 둘 다 정지 상태에서 출발하여 동일한 가속도로 떨어지므로, 떨어지는 매 순간의 속도는 서로 동일하다. 물론 이 속도는 계속 증가하지만, 둘이 완벽하게 나란히 움직이므로 서로에게는 정지해 있는 듯 보일 것이다!

이렇게 깨닫고 나자, 자유 낙하하는 두 물체가 서로를 정지해 있거나 "직선으로 등속 운동"을 한다고 보게 되리라는 말을 금방 납득하게 되었다(후자는 한쪽 물체가 더 일찍부터 떨어지고 있어서 속도가 더 빨라져 있을 때 나타난다).

비록 지적으로 좀 우회하긴 했지만, 나는 마침내 아인슈타인이 인내심을 갖고 앉아 나를 기다리고 있는 지면까지 따라잡을 수 있었다. 그는 계속 안내했다. 우리가 어떤 중력장에서 떨어질 때 아무런 힘을 느끼지 못하며, 우리와 함께 떨어지고 있는 물체가 정지해 있는 듯 보인다는 것을 이해했다. 우리가 이미 확인했다시피, 중력은 가변적인 힘이다. 힘의 세기를 자동으로 조정함으로써 모든 질량을 지닌 물체가 미리 정해진 비율로 가속되도록 한다. 이러한 사실은 중력의 속성과 가속도가 깊이 연결되어 있음을 시사한다. 아인슈타인은 그 관계를 알아내겠다고 결심했다.

그가 공간에 그 상자를, 방이라고 할 만큼 크지만 바깥을 내다보는 구멍 하나 없는 상자를 창안한 것은 그때였다. 데이비드는 이 상자 안에 살고 있고, 마르셀은 꽤 멀리서 지켜보고 있다. 상자가 모든 중력장에서 멀리 떨어져 있는 한, 데이비드는 외부의 힘에 얽매이지 않고 자신의 일을 하는 관성 관찰자다. 관성 관찰자가 본래 그렇게 하듯이. 어떤 힘도 받지 않으므로, 데이비드는 허공에 자유롭게 떠 있고 완벽하게 정지해 있다. 끌어 내리는 힘이 전혀 없다. 그러나 그가 힘을 가하면 — 이를테면 벽을 미는 식으로 — 상응하는 (크기가 같으면서 방향이 반대인) 반작용이 일어나 그에게 운동을 일으킨다. 그는 아마 떠 있는 다른 물체들과 충돌하면서 방 안을 떠다닐 것이고, 당구대에 있는 당구공들처럼 충돌한 물체들은 그에 따라 운동 양상이 바뀔 것이다.

이 시나리오는 타당해 보인다. 그래서 우리는 한 단계 더 밀고 나간다. 이제 상자 전체가 일정한 비율로 위로 가속된다고 하자. 데이비드가 상자 바닥에 서 있다면, 바닥이 올라가면서 그를 위로 밀어 올리고 그 반작용으로 그의 발은 바닥을 밀어 내린다. 그 결과 데이비드는 익숙한 무게 감각을 느낀다. 하지만 상자와 접촉하지 않는 물체는 어떨까? 힘을 받지 않는 곳에서 사는 데 익숙해진 데이비드가 공중에 사과를 둔다고 하자. 그는 자신이 다시 잡을 때까지 사과가 그 자리에 그대로 정지해 있을 것이라고 예상한다. 그러나 이제 상자가 가속되고 있기에, 상황은 그런 식으로 전개되지 않는다. 사과는 일정한 가속도로 바닥에 떨어진다. 이 행동은 지구에 있을 때의 경험을 떠올리게 하므로, 데이비드는 자신이 중력장에서 정지해 있는 것이 틀림없다고 결론을 내린다. 하지만 마르셀은 중력장이 전혀 없다는 것을 볼 수 있다. 사과는 사실 공간에 그대로 정지해 있다. 상자가 가속되어 위로 '상승'하는 바람에 바닥이 사과에 부딪힌 것이다.

동일한 상황을 바라보는 똑같이 타당한 두 관점에 또다시 직면한 아인슈타인은 두 묘사가 사실상 동일한 것이 아닐까 궁금해졌다. 아마 (일정한) 가속의 효과를 중력의 가속 효과와 구별할 수 없는 것이 아닐까? 이 생각을 검증하기 위해, 그는 다른 가속계에 적용해보았다. 회전하는 물체는 가속되는 계의 좋은 사례이며, 운 좋게도 우리에게는 논의하기에 아주 좋은 확실한 사례가 있다. 바로 지구다.

뉴턴은 지구를 정지한 것으로 보고 — 즉 기준틀이 지구와 함께 회전한다고 보고 — 운동 법칙을 정립했다. 그러나 우주 멀리 떨어져 있는 정적인 기준틀에서 지구를 보는 관찰자에게는 지구가 회전 운동을 한다는 것이 명백해 보일 것이다. 그런 관찰자의 눈에는 지구의 적도가 불룩한 것이 지구 자전의 자연스러운 결과처럼 보일 것이다. 그러나 지구와 함께 움직이는(따라서 지구의 운동을 느끼지 못하는) 우리 같은 이들은 적도 팽창이 원심력 때문이라고 돌린다. 원심력은 중력과 특징과 효과가 너무나 비슷해서 우리는 심지어 둘을 굳이 구분하려고도 하지 않는다. 대신에 원심력의 효과를 지구의 중력장에 포함시키고, 후자가 마치 위도에 따라 달라지는 것처럼 취급한다. 명백하면서 가시적인 효과(적도 팽창 같은)를 일으키는 힘은 기준틀을 바꾸는 것만으로 나타나고 사라지게 할 수 있으므로, 우리는 힘도 상대적이라고 결론을 내려야 한다.

아인슈타인은 몇 가지 추가 사고 실험을 통해 관성 관찰자와 마찬가지로 가속되는 관찰자도 자신이 정지해 있다고 주장할 수 있다는 결론에 이르렀다. 자신이 관찰한 현상이 그에 상응하는 중력장 때문에 일어나는 것이라고 여긴다면 그렇다. 측정하기 전에 우리는 측정 체계, 즉 기준틀을 정해야 한다. 측정은 언제나 기준과 비교하여 이루어지므로, 우리는 어떤 기준을 택해야 한다. 이 선택은 우리가 보는 것에 영향을 미친다. 힘을 지각할지 자기장을 감지할지를 결정하며, 사실상 우리가 측정해서 얻는 값에도 영향을 미친다. 그러나 어떤 관점을 선택할 필요가 있다는 것은 실용적인 측면을 말하는 것이지, 자연에 제약을 가한다는 의미가 아니라는 점을 인식하는 것이 중요하다. 물리학은 나름의 선호하는 기준틀이 있다. 자연의 법칙은 어디에서나 똑같이 적용되어야 한다는 것이다.

아인슈타인의 책을 여기까지 읽었을 때, 나는 현기증에 가까운 두통을 느꼈다. 아찔함이 느껴질 만큼 강렬한 개념이었고, 나는 그 강도가 정점에 다다르고 있음을 느낄 수 있었다. 아인슈타인을 공부할 때의 문제점 중 하나는 그가 그냥 그러려니 하고 대충 넘어갈 수 있는 식의 질문을 던지지 않는다는 것이다. 그는 우리가 과학자들에게서 으레 예상하는 질문을 하지 않을 것이다. "이 방정식에서 항을 하나 추가하면 어떤 일이 일어날까?" 대신에 그는 거부할 수 없는 생생한 이미지를 제시한다. 그는 이렇게 묻는다. "내가 빛을 타고 달리면 무엇을 보게 될까?" "내가 지붕에서 떨어진다면 어떤 느낌일까?" 문제를 이런 식으로 표현하면서 당신을 끌어들이고, 당신은 자신도 모르게 미로의 입구에 서 있게 된다.

아인슈타인이 당신에게 거치라고 요청하는 단계들을, 그가 이끄는 대로 결코 혼자서는 지날 수 없었을 장애물들을 피하면서 끈기 있게 따라간다면 갑자기 밝은 태양 아래로 다시 나오게 되리라는 것은 거의 분명하고, 그 세계는 들어가기 전의 세계와 전혀 다를 것이다. 그 과정은 논리적이지만, 논리만으로는 발견할 수 없는 깨달음도 있다.

아마 사실상 아인슈타인은 "추론 기구가 이해하고 정의하기 훨씬 전에 위대한 자연법칙을 감지할 만큼 드넓은 사변적인 상상"을 하고 있는 것은 아닐까? 사람들은 이렇게 시나

리오를 생생하게 시각화할 수 있는 기괴한 능력이 어느 정도는 그가 특허 신청서를 꼼꼼하게 살펴보면서 얻은 것이라고 말하곤 한다. 기계 설계도를 놓고 그 장치가 작동할지 여부를 고민하면서 오랜 시간을 보내다 보니 머릿속으로 장치를 상상하는 능력이 계발되었을 것이 틀림없다.

어제 저명인사들이 배터리 파크에 도착했을 때, 당연히 기자들은 그들 모두에게 이런저런 질문을 했다. 아인슈타인의 친구이자 여행 동료인 하임 바이츠만(Chaim Weizmann)에게는 당연히 농담 섞인 질문을 했다. 친구의 이론을 이해하는지? 바이츠만은 답했다. "매일 내게 자기 이론을 설명했지요. 그러니 지금 나는 그가 자기 이론을 이해하고 있다고 전적으로 확신합니다." 군중은 웃음을 터뜨렸는데, 나는 사람들의 웃음이 가신 뒤에도 계속 낄낄거리고 있었다. 아인슈타인과 그렇게 가까이 지낼 특권을 지닌 사람조차도 그 이론을 이해하지 못했다는 말을 들으니 안심이 되었다. 그 한마디로 내가 밤잠을 설치고 두통을 느끼는 것도 당연하다는 확신을 얻었다.

이제 다시 중력 이야기로 돌아가자. 아인슈타인은 중력

이 정말 가속도와 교환될 수 있다면, 물체가 가속도에 어떻게 영향을 받는지를 연구함으로써 중력장에서 일어나는 물체의 행동을 이해할 수 있을 것이라고 말했다. 이 목적을 염두에 두고 다시 공간에 있는 창문 없는 방으로 돌아가, 다시한번 깊이 살펴보기로 하자. 데이비드가 그 방의 한쪽 끝에서 반대쪽 끝으로 광선을 쏜다고 하자. 빛이 가는 동안, 방은 위로 가속된다. 광선이 반대편 벽에 다다를 때 바닥은 원래 위치보다 올라와 있으므로, 빛이 벽에 닿는 지점은 원래 출발한 지점보다 더 낮다. 게다가 놀란 데이비드가 깨닫듯이, 빛의 경로를 보면 빛은 그냥 아래로 기울어져서 직선으로 나아간 것이 아니라 휘어지면서 나아갔다. 이 결과는 너무나도 이상했다.

빛은 직선으로 나아간다고 여겨지는데, 오랫동안 받아들여진 이러한 사실에 가속도가 어떤 식으로든 문제를 일으키고 있는 것이다. 직선이 곡선으로 휘어지고, 기하학이 변형된다.

포물선 운동 자체가 놀라운 것이 아니다. 날아가면서 떨어지는 물체가 곡선 경로를 그리면서 땅에 떨어진다는 것은 오래전부터 알려져 있었고, 이 포물선 운동을 기술하는 방정식은 수백 년 전부터 쓰여왔다. 문제는 그런 행동이 오로지 질량만으로 예측할 수 있다는 것이었다. 중력은 질량에 작용하여 끌어당기기 때문이다. 빛은 질량이 없으므로, 이 상호작용이 일어나지 않는다고 여겨졌다.

그러나 아인슈타인은 가속되는 방에서는 빛이 휘어지는 듯 보일 것이라는 확신을 얻었기에, 이 현상을 중력이라는 맥락에서도 설명할 방법을 찾아야 했다. 중력을 계속 뉴턴 방식으로, 두 물체를 서로 붙들어놓는 수수께끼의 영향력이라고 생각한다면, 이 현상을 설명하기가 어렵다. 하지만 관점을 바꾸면 어떨까?

중력은 언제나 미묘하게 다른 특징을 지니고 있었다. 중력은 힘이라고 불리지만, 여느 힘들과는 조금 달랐다. 슬로슨 박사는 중력을 "독특하고 독립적이고 환원 불가능하고 불변이고 설명할 수 없는" 것이라고 했다. 그는 서로 다른 물질들은 각자 다른 힘을 받을 때 서로 다르게 행동한다고 썼다. "어떤 물질은 다른 것들보다 더 쉽게 가열되고, 어떤 물질은 자기나 전기를 쉽게 띠는 반면, 어떤 물질은 별다른 변화가 없다. 어떤 원소는 다른 원소와 쉽게 결합하는 반면, 아무리 애를 써도 결합하지 않는 원소도 있다. 그러나 중력은 이 모든 물질들을 공평하게 대하는 듯했다. 어떤 편견도 선호도 보이지 않았다. 모든 종류의 물질을 똑같은 힘으로 끌어당겼다. 뜨겁든 차갑든, 빛나는 칙칙하든, 움직이든 정지해 있든, 전기나 자기를 띠든 안 띠든…… 똑같았다. 다른 모든 힘은 우리가 원하는 대로 효과를 줄이거나 늘리거나 없애거나 일으킬 수 있었다. 중력은 그럴 수 없었다. 어떤 물체든 간에 질량이 같고 동일한 거리만큼 떨어져 있으면, 늘 동일한 힘으로 끌어당겨졌다. 즉 중력은 기하학적 관계 외에는 아무것에도 영향을 받지 않는다."

아인슈타인은 물었다. 이 행동이 더 깊은 진리가 있음을 시사하는 것이라면? 중력이 사실은 시공간 기하학의 한 표현 형태라면? 이 새로운 관점을 취하면, 모든 것이 딱딱 맞아들어간다. 휘어지도록 허용하는 기하학을 받아들이기만 하면 된다. 이 말을 정확히 공식적으로 표현하려면 내가 말한 것보다 더 엄밀한 수학 용어를 써야 하지만, 이 전반적인 개념은 이치에 맞는다. 기하학의 법칙들은 평면과 구에서 다르다. 우리는 별생각 없이 유클리드 공리에 의지하는 경향이 있는데, 유클리드 기하학은 평평한 표면에만 들어맞는다. 커다란 둥근 그릇, 편평한 종이, 공 표면에 지름이 똑같은 원을 그린다면, 첫 번째 원이 두 번째 원보다 원둘레가 더 클 것이고, 세 번째 원이 가장 작을 것이다. 다른 친숙한 진리들도 마찬가지로 변한다. 예를 들어 삼각형은 평면에 그릴 때에만 세 내각의 합이 180도가 된다. 그러나 아마 가장 놀라운 점은 두 점 사이의 가장 짧은 거리가 반드시 직선은 아니라는 발견일 것이다.

그 이유를 알기 위해 원의 두 지점에 표시를 하자. 두 점을 A와 B라고 하자. A에서 출발하여 B에 이르는 방법은 두 가지다(시계 방향으로 돌거나 반시계 방향으로 돌거나). 그리고 한쪽 방향이 다른 쪽 방향보다 거리가 더 짧을 것이다.* 그러나 이 두 경로 모두 휘어져 있다는 점을 유념하자. 원 위에서만 움직

---

* A와 B가 서로 정반대편에 있지 않다면. 그러나 정반대편에 있다면 양쪽 경로의 길이가 똑같다.

이는 한, A와 B를 연결하는 직선(즉 원을 가로지르는 현)은 더 이상 대안이 아니다. 가능한 가장 짧은 경로는 휘어져 있다. 공간의 특성 때문이다. 뉴턴의 관성 법칙 — 그리고 "직선으로 나아가는 등속 운동"을 강조하는 그 관점 — 은 분명히 편평한 유클리드 공간을 위해 정립된 것이었지만, 관성 물체가 찾을 수 있는 가장 짧은 경로로 이동하도록 지정한다면, 그 법칙을 자연히 휘어진 공간까지 확장시킬 수 있다. 평면 공간에서는 이 경로가 직선이 된다. 휘어진 공간에서는 그 경로가 측지선*이 된다.

아인슈타인이 계산한 결과, 가속되는 계를 살펴볼 때 말했듯이 중력이 시공간의 모양을 바꾼다고 나왔다. 질량을 지닌 모든 물체는 중력을 가하며, 따라서 모든 질량은 시공간의 모양을 변화시킨다. 무거운 물체는 더 많이, 가벼운 물체는 더 적게 변형시키지만, 각각의 질량은 자신의 존재를 느

---

* geodesic. 어떤 표면의 두 지점 사이를 잇는 가장 짧은 선으로, 평면뿐 아니라 모든 곡면에 적용되는 개념이다. — 옮긴이

끼게 한다.

'시공간의 모양'을 이야기할 때 생기는 한 가지 문제는 시공간이 무형의 것이라는 점이다. 그렇다면 시공간이 휘어져 있다는 말은 정확히 무슨 뜻일까? 고등 수학을 더 깊이 파고들지 않는다면, 우리가 말할 수 있는 것은 오로지 우리 자신, 우리의 놀이터가 속한 세계의 모양이 바뀐다는 것뿐이다. 물론 엉성한 유추이긴 하지만, 우리는 여러 쪽에 걸친 수학 공식으로 쭉 적어야만 정확히 나타낼 수 있는 것을 단어 몇 개로 대강 표현하는 것이다.

지금은 느슨한 끝을 묶기만 하고 있을 뿐이다. 우리는 질량을 지닌 모든 물체가 주변 공간을 변화시키고, 이 효과가 물체 가까이에서 가장 강하게 나타난다고 결론을 내렸다. 따라서 관성 관찰자는 물체 가까이에서 자신이 움직이는 경로가 휘어져 있다는 것을 알아차린다. 슬로슨 박사는 이를 좀 더 설득력 있게 묘사한다. 고무판을 테 위로 팽팽하게 잡아당겨 북 가죽처럼 감싼다고 상상하라고 했다. 이제 이 판 위에 바둑판무늬를 그린다. 각 정사각형 칸은 크기가 똑같다. 이 평행선들 위를 기어가는 둘 이상의 지렁이들은 끝

231

에 다다를 때까지 서로 똑같은 간격을 두고 떨어져 있을 것이다. 그러나 질량을 지닌 물체(이를테면 탄알)를 고무판 한가운데 올려놓으면 고무판이 늘어나면서 처질 것이다. 이에 따라 고무판에 그려진 정사각형 칸들은 변형될 것이고, 면적도 더 이상 동일하지 않을 것이다. 직선들도 더 이상 평행하지 않을 것이다. 이 효과는 중앙에서 가장 심하게 나타나고, 가장자리로 갈수록 점점 약해질 것이다. 지렁이들이 다시 고무판 위를 지나간다면 훨씬 다른 경험을 하게 될 것이다. 탄알 가까이에 그려진 선을 따라 가는 지렁이는 더 깊이 들어간 골짜기로 내려갔다가 다시 올라와야 하므로, 가장자리 가까이에 놓인 선(거의 변형되지 않은)을 따라 기어가는 지렁이보다 더 긴 거리를 가게 될 것이고, 따라서 더 오래 걸릴 것이다.

이 행동을 목격했을 때 우리는 두 가지 방법 중 하나로 설명할 수 있을 것이다. 슬로슨은 이렇게 썼다. "옆에 탄알이 있는 것을 본 지렁이는 호기심이 동해 그쪽으로 끌리는데, 가장 가까이 있는 지렁이가 가장 많이 끌릴 것"이라고 가정할 수 있다. 아니면 "어떤 수수께끼 같은 방식으로 지렁이의 머리를 거리의 제곱에 반비례하여 끌어당기는 탄알의 '힘'을 가정할 수도 있다". 그러나 지렁이의 심리학을 파헤치려 하거나, 보이지 않는 끈이나 불가해한 힘을 가정하는 대신 "가로놓인 선들 사이의 공간을 생각하고 물체 주변에서 그 선들의 길이가 늘어난다고 가정하는 편이 더 단순하지 않을까?"

아인슈타인은 우리가 중력이라고 부르는 것이 이 휘어진 기하학의 한 표현이라고 말했다. 이 말이 참이라면, 시공간의 모양 자체가 변했을 때 경로가 영향을 받는 것은 질량을 지닌 물체만이 아니다. 빛도 한 지점에서 다른 지점으로 가다가 깊이 꺼지고 휘어지는 곳을 지날 때 휘어질 것이다. 아인슈타인의 예측을 입증한 유명한 관측 결과, 즉 전 세계 언론의 표제를 장식한 결과가 바로 여기에서 등장한다. 그 이론이 옳다면, 먼 별에서 오는 빛은 태양을 스쳐 지나갈 때 약간 경로를 바꾸게 될 것이다. 아인슈타인의 방정식은 더 나아가 빛이 휘어지는 정확한 각도까지 예측했다. 이 효과는 1919년 일식 때 마침내 관측됨으로써 그의 이론이 옳음을 입증했다.

어젯밤 늦게 생각에 사로잡힌 나머지 잠을 이룰 수 없어, 나는 머리를 식힐 겸 밖으로 나갔다. 그때 나를 부르는 소리가 들렸다. "어이, 제이컵." 헨리 거리에 사는 토니가 현관 계단에 앉아 담배를 피우고 있었다. 그는 자기 사촌이 방금 그랜드센트럴 역을 지나왔는데, 오후 11시 정각에도 아인슈타인의 자동차 행렬이 코모도어 호텔에 도착하지 못했다는 말을 했다고 알려주었다! 그런 환영을 받는 걸 보니, 정말 대단한 인물이라고 토니는 투덜거렸다. 나는 고개를 끄덕여주었다.

몽상에서 깨어난 지금은 팔다리가 쑤시는 것이 느껴졌다. 오늘 매우 피곤하게 돌아다녔다는 것이 새삼 떠올랐다. 토니에게 아침에 보자고 말한 뒤 계단을 올라가 내 집으로 들어갔다. 삐걱거리는 작은 창문을 열자 신선한 공기가 밀려들었다. 나는 난생처음 보는 듯 밤하늘을 응시했다. 별빛이 무심하게 태양 옆을 쌩 지나치는 대신에 사실상 고개 숙여 인사한다는 것을 과연 누가 짐작이나 했을까? 우리가 전혀 모르는 컴컴한 깊은 우주 공간에서 이 미묘한 사회적 인사 교환이 기나긴 세월 동안 이루어져왔다. 나는 천체가 얼마나 더 많은 비밀을 숨기고 있을지 궁금해졌다. 우리가 아직 모르고 있는 자연의 섬세한 예의범절이 또 뭐가 있을까?

제4장

영화의 희극 배우 또는 비슷한 무언가

양자역학

"물리학은 당시 다시 한번 혼란에 빠져 있었다.

어쨌든 내게는 너무나 힘겨웠고, 나는 물리학 따위는

전혀 들어본 적이 없는 영화의 희극 배우 또는

비슷한 무언가였으면 하고 바랐다!"

_ 볼프강 파울리

사랑하는 안나에게

나는 우리 자리라고 생각하게 된 곳, 세 번째 줄 한가운데 앉아 이 글을 쓰고 있어. 당신이 여기 있다면, 저녁에 대화를 하러 오고 싶을 만한 곳이야. 나는 A 강당에 오는 일을 마치 밀회를 갖는 양 열정적으로 옹호하고 있어. 비록 지금은 내 생각과 나 사이의 밀회뿐이긴 하지만. 순수한 활동임에도, 이곳을 걸을 때면 내 심장은 좀 더 빨리 뛰고, 나는 복도에서 누군가를 마주치면 언제든 그 즉시 가던 길을 바꿀 준비를 하고 있지. 마주치는 사람에게 내놓을 변명거리도 늘 준비해 두고 있어. 산책을 하러 간다, 물을 마시러 간다…….

　나는 강당에 들어가자마자 문을 닫아. 도서관이나 사무실에 앉아 있는 대신 여기 앉아 있는 이유를 설명할 필요성을 가능한 한 빨리 없애기 위해서지. 좀 이상하다고 생각할 수 있으니까. 이곳에 오는 사람이라면 누구나 기행에 익숙하지만, 그들은 하나같이 끊임없이 토론하고 논쟁하는 데 몰두하니까. 처음엔 가벼운 대화로 시작해도 결국엔 양자 얽힘에 휘말리게 되지. 그리고 그 단단한 매듭에서 빠져나오기 위해 몸부림치는 일을 좋아하지만, 내 주장은 마치 티볼리 공원에서 열리는 공연 무대의 곡예사처럼 계속 꼬여들어가. 이번에는 당신과 꼬이고 있지만.

나는 특히 이 방을 좋아해. 이런저런 착상들이 거의 만질 수 있는 듯 공기에 짙게 배어 있는 것이 느껴지거든. 이곳에서 무수한 개념들이 충돌해왔어. 서로 부딪치면서 튀어나오는 것도, 서로 융합되는 것도, 깨져 열리는 것도 있었지. 그럴 때마다 울리던 충격음이 지금도 메아리치고 있다니까. 온갖 방정식을 겹겹이 쓰고, 고치고, 지우고, 수정하고, 잊고, 모셔놓곤 하느라 칠판이 두꺼워진 느낌도 들어. 벽에 걸린 흑백 사진들 속에서는 지난 몇 년 동안 원자를 들여다보느라 애쓴 통찰력 넘치는 몇몇 인물들이 강당을 내려다보고 있어. 이런 방에서 어떻게 영감을 느끼지 않을 수 있겠어? 양자론을 붙들고 씨름해야 하는 나 같은 사람에게 그 이론이 살고 있는 — 다른 어느 곳보다도 더 — 이 방보다 더 나은 곳이 어디 있겠어?

　아마 이 마지막 문장이 좀 이상하게 들릴 이들도 있겠지만, 당신은 내 생각을 그대로 보여줄 때가 많으니까, 별로 이상하지 않다는 사실을 알 거야. 우리가 아무리 애써도 양자론은 콕 찍히기를 거부해. 우리 질문에 명확한 답을 내놓지 않을 거야. 더 이상 확실한 것은 전혀 없고, 확률만 있을 뿐이야. 그러니 어느 한 장소를 콕 찍어서 양자론의 탄생지라고 선언할 수가 없어. 그 이론이 전 세계의 다양한 장소에서 다양한 시기에 탄생했다고 말하는 것만이 최선이지. 그래도 양자역학이 고향이라고 부르는 곳의 좌표를 계산해야 한다면, 나는 그 파동 함수의 값이 블레그담스바이 17번지의 이곳 A 강당에서 가장 클 것이라고 생각해.

　지난 여러 해 동안 양자역학을 연구한 사람들은 거의 다 코펜하겐의 이 문을 들락거렸고, 쌓인 분필 먼지에 발자국을 남겼지. 그 이론은 이곳 복도를 쏘다니면서 물결처럼 퍼져나가. 창문을 통해 잔물결을 일으키고, 열쇠 구멍을 지나면서 회절을 일으키고, 터널을 뚫으면서 벽을 지나가지. 또 개념의 양자를 집속 광선으로 쏘아대. 그 광선은 상상할 수 있는 모든 표면에 부딪히면서 튀어나오고 반사되곤 하다가 이윽고 공책이나 칠판으로 전달되는 거야. 그 과정에서 약간 굴절이 일어나곤 하지.

보어가 양자역학의 문을 열었을 때, 그 이론은 아직 풋내기에 불과했어. 서툰 10대 청소년처럼 인습 타파적이고, 반항적이고, 어색했지. 기존 학계는 마치 부젓가락으로 다루어야 하는 것처럼 신중한 태도를 보였지. 그러나 모든 청소년이 그렇듯, 양자론은 그냥 환영받기를 원했어. 고전역학에 아직 완전히 세뇌되지 않았고 대담한 새로운 개념을 아직 열린 마음으로 대할 젊은이들에 둘러싸일 필요가 있었어. 아주 격식 없는 분위기인 보어의 이론물리학 연구소는 이 어린 이론이 자라는 데 필요한 바로 그런 양육 환경을 제공하는 집이었어.

보어 자신의 연구는 거의 전적으로 대화를 통해 나온 것 같다니까. 그는 이 문제에 강박적으로 매달린 끝에, 이윽고 형식적으로 유도하지 않고서도 직관적으로 관계를 알아차리기 시작했어. 차분하게 의문을 탐사하고, 끊임없이 격려하고, 꼼꼼히 살펴보는 과정을 통해 그는 자신의 마음과 남들의 마음을 잘 구슬려서 새로운 생각들을 뽑아내. 계속 파이프로 담배를 피우면서 말이야. 그의 신생 연구소는 이런 분위기에서 성장했지. 끊임없는 토론이 이루어지는 곳이 되었어. 누군가 거만을 떨면 인상을 찌푸렸지만. 개성과 창의성이 중시되었지만, 혼란과 수다 속에 당연히 호의적인 동료의식이 출현하기 마련이었어.

블레그담스바이 17번지는 몇 가지 측면에서 내게 어릴 때 그토록 찾고 싶었던 네버네버랜드(Never-Never Land)를 떠올리게 해. 보어가 피터 팬이 되는 거지. 양자역학을 복잡한 놀이로 여기는 20대의 명석한 젊은이 무리를 이끄는 지도자야. 그들은 도서관 책상에서 탁구를 하고, 카우보이 영화를 보고, 장난감 총을 쏘아대듯이 양자역학을 갖고 놀아. 역할 놀이를 하는 아이들처럼, '현실'의 법칙들을 마음껏 구부리고 깨뜨리면서. 실험을 통해 새로운 관찰이 나올 때마다 마치 그것이 해적의 공격인 양 받아넘기면서, 용감하게 맞서 싸우곤 해. 생각을 계속 쳐 넘기면서 끝이 나지 않는 스포츠 경기를 해. 누구도 오랫동안 앉아서 구경만 할 수가 없어. 모든 관중이 선수이기도 하고, 그 열정은 전염성이 있어. 경기는 결코 끝나지 않아. 그 동화책에서처럼 이 잃어버린 아이들은 거의 오만할 정도로 어른들을 경멸해. 블레그담스바이에는 이런 이야기가 떠돌아. "나이가 서른을 넘으면 죽은 것이나 마찬가지다." 양자역학은 진정으로 젊은이들을 위한 놀이터야. 그리고 때때로 나처럼 첨단에 서 있는 사람들에게 놀라운 생각을 제공하기도 해.

연구소는 밖에서 보면 아주 평범해. 주변 건물들과 딱히 달라 보이지도 않고, 담벼락 안쪽에서 광기가 판친다고 지나가는 사람에게 알리는 경고문 같은 것도 없어. 나는 우리가 코펜하겐 상점 주인들의 관습을 따라 정문 위쪽에 금속 간판을 내걸어야 하지 않을까 하는 생각을 종종 해. 하지만 거기에 어떤 상징을 새겨야 할까? 반려동물 가게는 앵무새 윤곽을 새기고, 주류 가게는 포도를 그려 넣고, 빵집에는 빵 모형이 대롱거리고, 금속 세공점 문 위에는 물통과 주전자가 걸려 있어. 모두 그 안에서 어떤 일을 하는지를 명확하게 알려주는 단순한 형상이야. 양자역학의 문제점 중 하나는 아직 그런 상징을 지니고 있지 않다는 거야. 문턱의 이쪽에 존재하는 세계가 초현실적이긴 하지만, 나름의 기이한 논리를 갖추고 있어. 예상을 벗어나 있지만, 그래도 자체적으로는 일관성을 띠고 있어.

　　보어의 연구뿐 아니라 그의 인간성에 이끌려 많은 이들이 코펜하겐을 방문해. 작년에 보어는 연례 학술 대회도 개최했어. 봄이면 그의 초청을 받은 세계의 가장 명석한 인물들이 이곳에 모여 양자론의 조각들을 끼워 맞춰. 전 세계에서 사람들이 몰려들어. 방마다 꽉꽉 들어차고 복도까지 삐져나와. 어디에서나 열정적인 대화를 들을 수 있어. 대화가 미친 듯한 속도로 진행되지만, 그래도 토론은 그 순간에 뭐가 필요한지에 따라 자발적으로 진화하면서 유기적인 양상을 띠어. 미리 정한 의제 같은 것은 전혀 없어. 연구소의 격식 없는 분위기에 맞추어, 학술 대회가 끝날 때 요약을 하는 전통적인 관행을 풍자 형태로 재현하고 있지. 자기 자신, 서로 그리고 우리의 여러 날과 정신을 소비하는 연구를 놀림거리로 삼을 좋은 기회거든. 내가 지금 앉아 있는 이 방은 활동의 중심지가 돼. 칠판 앞에서 흥분한 젊은이들이 자신의 명예를 지키려는 중세 기사들처럼 자신의 이론을 옹호하며 분필을 칼처럼 휘두르면서 격렬한 결투를 벌이곤 해.

내 오른쪽 벽 위쪽에는 그 학술 대회의 모습을 찍은 사진들이 걸려 있어. 사진에 나온 저마다 독특하면서 진지한 얼굴은 활기 넘치는 열정적인 모습으로 내 마음에 깊이 새겨져 있어. 이 사진들을 자주 쳐다보았기 때문이기도 하고 또 직접 본 적도 많았으니까. 하지만 지금은 불빛도 흐릿하고 거리도 좀 떨어져 있어서, 흐릿한 흑백으로만 보여. 개별 특징들이 사라지고 경계가 흐릿해지는 이 안개 속 어딘가에서 희미하게 웅웅거리는 소리가 들려오고 있어. 듣고 있자니, 아무리 능력이 뛰어나다 해도 머릿속에 들리는 이 모든 목소리들을 다 들으면서 제정신을 유지할 사람은 결코 없다는 생각을 새삼스럽게 하게 돼.

사람들은 동료애가 넘치는 코펜하겐 회의가 공식적인 솔베이 회의(Solvay Conferences)와 전혀 다르다는 말을 종종 하지만, 내게 가장 인상적으로 와닿은 것은 둘이 같은 씨앗에서 발아했다는 거야. 물리학이 위원회를 통해 이루어져야 한다는 것을 처음으로 깨달음으로써 말이지. 어느 면에서는 이런 회의가 존재한다는 것 자체가 지금 세계가 너무 커서 어느 한 사람의 마음속에 담길 수 없는 광기에 직면해 있음을 공개적으로 인정하는 것이기도 해.

　나는 의자에 더 깊숙이 몸을 묻어. 정말 완벽한 장소야. 우리는 장소를 아주 잘 골랐어. 오후의 태양 광선이 내 공책을 비추면서 환히 빛나게 하고 있어. 빛은 그렇게 부드럽고 안심시키는 모습으로 위장하고 있는데, 그 인상이 얼마나 기만적인지! 빛은 수 세기 동안 우리를 이리저리 비비 꼬여 있는 경로로 이끌어왔어. 뉴턴에서 맥스웰을 거쳐 아인슈타인에 이르기까지, 빛은 더 멀리 있는 바닥을 비추면서 듣도 보도 못한 기이한 생각의 세계로 이어지는 작은 길을 언뜻 보여줌으로써 많은 위대한 물리학자들의 마음을 안달하게 만들었지. 아마 아인슈타인의 공리는 자신이 짐작한 것보다도 더 여러모로 참이었을 거야. 우리가 아무리 빨리 달린다 해도 빛을 따라잡을 수 없다는 것 말이야!

　빛은 전자기학을 혁신시키고 상대성 이론을 탄생시킨 것으로는 만족하지 못했는지, 물리학자들을 다시금 미칠 것 같은 곤혹스러운 상황으로 꾀어들였어. 금세기에 들어설 무렵, '평온한 성향'에 모험심이 없는 막스 플랑크(Max Planck)는 마지못해 하면서 뉴턴 이래로 물리학에 가장 큰 혁명을 일으컸어. 플랑크는 물체의 빛 흡수와 복사라는 도무지 해결될 기미가 보이지 않는 문제를 붙들고 씨름하다가, 에너지가 불연속적인 덩어리로만 흡수되고 복사될 수 있다고 가정한다면 오랫동안 우리의 이해를 가로막았던 모든 역설이 사라진다는 것을 깨달았어. 그는 그 에너지 덩어리를 광양자라고 했지. 더 조사를 하니, 이 에너지 덩어리의 크기가 방출되는 복사선의 진동수에 비례한다는 것이 드러났어.

당시 복사는 원자 진동에서 생긴다고 여겼기에, 플랑크는 양자의 존재가 빛의 본질적인 현상이 아니라, 원자의 구조를 반영하지 않을까 하는 희망을 얼마간 지니고 있었지. 플랑크가 자신의 선언이 낳은 결과를 필사적으로 회피하려고 시도한 것도 공감이 가. 양자라는 개념이 모든 것을 바꿀 테니까! 양자라는 개념은 노골적으로 불연속성을 제시하고 있었어. 기존의 이론들이 대부분 무한소라는 가정하에 정립된 세계에서 말이야. 무한소는 어떤 양이 아무리 작다 해도, 언제나 더 작게 나눌 수 있다는 믿음이야. 그런데 양자 세계에서는 점진적인 전이가 더 이상 기본 법칙이 아니야. 그림자에서 빛으로 점진적으로 나아가는 세계가 아니야. 갑자기 인정사정없이 빛 속으로 내동댕이쳐지지. 계절은 매끄럽게 춤을 추면서 교대하는 것이 아니야. 밤은 더 이상 조금씩 사라지면서 낮으로 바뀌는 것이 아니야. 둘 사이의 무한 같은 것은 없어.

하나로 죽 이어지는 친숙한 자연의 연속체는 격자로 대체되었어. 존재와 무 사이에는 선명한 경계선이 그어졌고, 제논의 역설(Zenon's paradox)은 모순 어법이 되었지. 플랑크는 그 공허를 들여다보면서 겁에 질렸지만, 이미 돌아갈 길은 없어졌어. 양자의 시대가 도래했으니까. 일단 처음의 충격에서 벗어나자, 사람들은 이 개념을 다른 설명할 수 없는 과정들을 이해하는 데에도 쓸 수 있지 않을까 탐구하기 시작했어. 광전 효과(photoelectric effect)는 설명을 기다리는 그런 현상 중 하나였어.

플랑크가 양자 때문에 곤혹스러워하던 그 시기에, 원자는 고대 그리스인들이 그 단어에 부여한 바로 그 속성을 지닐 자격이 없다는 것이 드러났어. 이 근본적인 실체라고 여겼던 것이 사실은 복합체의 속성을 지니고 있다는 것이 실험을 통해 드러났지. 원자는 전체로 보면 전기적으로 중성이지만, 양전하와 음전하를 동일한 양으로 지닌다는 것이 드러났어. 양전하는 모두 원자핵이라는 곳에 들어 있고, 음전하는 원자핵 주위를 빙빙 도는 전자라는 입자들에 고루 분포해 있었지. 그러니 원자를 천체와 비교하는 것도 당연했지. 원자가 태양계의 축소판이라는 이미지는 거부할 수 없는 철학적 호소력을 지녔어.

원자핵, 즉 이 체계에서의 태양은 원자의 크기에 걸맞지 않게 아주 작았어. 사실 원자핵을 처음으로 '본' 러더퍼드(Rutherford)는 원자핵이 "앨버트 홀에 있는 각다귀 한 마리"와 같다고 했지.

우리는 물질이라는 것이 속까지 알맹이로 균일하게 꽉 꽉 채워져 있다고 본능적으로 생각하지만, 실제로는 구멍이 송송 나 있는 것과 다를 바 없었던 거야. 불안한 진리를 드러냈다는 측면에서 볼 때, 원자 내의 빈 공간은 성간 우주의 빈 공간보다 더 심했어. 원자 내의 모든 빈 공간을 없애고 원자핵과 전자를 촘촘하게 붙인다면, 사람은 확대경을 써야 겨우 보일까 말까 하는 반점 크기로 줄어들 것으로 추정되었어. 나는 원자와 텅 빈 공간 외에는 아무것도 없다고 확신을 갖고 말한 고대 문명인들의 원대한 주장을 생각해. 빈 공간이 원자 안에도 있다는 것을 알았을 때, 그들이 어떻게 반응했을지도 궁금해. 그 결과 우리 모두, 즉 당신과 나와 고대 그리스 철학자 모두 놀라울 만치 공허해져.

광전 효과는 또 다른 수수께끼를 제기했어. 광전 효과는 빛을 쐬면 금속 표면에서 전자가 튀어나오는 것을 말해. 이 현상 자체는 그리 놀라운 것이 아니었어. 원자 개념이 발전함에 따라 전자가 정전기 인력으로 원자핵에 붙들려 있다는 견해가 사실로 받아들여졌어. 광선을 충돌시켜 전자에 에너지를 제공하면, 전자가 그 족쇄를 끊고 탈출할 수 있다는 것도 완벽하게 이치에 맞았지. 이 이야기에서 설명할 수 없는 부분은 광선의 세기가 튀어나오는 전자의 에너지에 영향을 주지 않는 듯하다는 사실이었어. 전자가 튀어나오는 개수에만 영향을 미쳤어.

더 이상한 점은 광선의 세기에 상관없이 광원의 진동수가 어떤 문턱값을 넘지 않는 한, 전자가 전혀 방출되지 않는다는 사실이었어. 고전 이론이 제시하는 것처럼 빛이 파동으로 이루어져 있다면, 이 파동은 전자에 계속 들이치면서 서서히 높아지다가 이윽고 충분히 큰 조류를 이루었을 때 전자를 원자에서 몰아내는 거지. 하지만 실험한 결과, 그렇지 않다는 것이 드러났어. 어떤 이유로 전자가 파란빛을 기다리기로 결심했다면, 빨간빛을 아무리 많이 쬐어도 전자는 튀어나오지 않을 거야. 맞는 색깔의 빛을 달라고 열렬히 요구하고, 그에 반응했지. 왜 그럴까?

여기서 다시 아인슈타인은 초인적인 통찰력으로 빛 문제에 달려들었고, 결국 이 문제의 해답을 찾아냈어. 플랑크는 더욱 곤혹스러웠어. 아인슈타인이 빛 자체는 본질적으로 알갱이라고 추측했거든. 아인슈타인은 광선이 광자라는 보이지 않는 입자 같은 실체의 흐름이라고 보았어. 각 광자는 단위 에너지를 지니는데, 이 에너지의 크기는 빛의 진동수(즉 색깔)에 따라 정해진다고 했지. 강한 광선은 같은 진동수의 약한 광선보다 광자를 더 많이 지니지만, 양쪽 광선에 있는 광자 하나하나는 동일한 양의 에너지를 지니고 있어. 전자가 광자의 도움을 받아 원자로부터 탈출한다는 것은 여전히 맞지만, 그 필요한 에너지는 광자 하나로부터 나와야 해. 즉 여러 광자에게서 조금씩 받아서 축적할 수는 없어. 아인슈타인은 원자가 세운 장벽이 언제나 한 번의 도약으로 뛰어넘을 수 있는 것이어야 한다고 말했지.

각 광자가 지닌 에너지의 양이 광선의 진동수와 관련이 있다면, 진동수가 낮은 강한 광선에 반응하여 튀어나오는 전자가 전혀 없는 이유를 쉽게 이해할 수 있어. 이 광자들을 금속에 아무리 많이 충돌시켜도, 전자가 결합을 끊는 데 필요한 에너지 양자를 지닌 광자는 전혀 없어. 빛의 진동수가 증가할 때, 각 광자가 지닌 에너지의 양도 증가해. 이 에너지 양자가 자신의 일을 충분히 하자마자 전자는 광자를 흡수하여 원자가 세운 장벽을 뛰어넘을 힘을 받아 자유를 얻어. 게다가 아인슈타인은 광자의 에너지가 전자의 결합 에너지보다 크다면, 전자는 '남는' 에너지를 운동 에너지로 쓸 것이라고 했어. 이 마지막 예측은 실험을 통해 참이라는 것이 드러남으로써 아인슈타인의 이론이 옳음을 입증했지.

빛이 입자의 성질을 지닌다는 증거가 더 필요하다면, 아서 콤프턴(Arthur Compton)이 내놓은 증거를 보면 돼. 그는 X선을 전자에 산란시킬 때 그 상호 작용이 두 고무공 사이의 충돌을 흉내 낸다는 것을 탁월한 실험을 통해 보여주었어. 그러니 그 파란만장한 10년 사이에 빛은 작은 입자의 흐름이고 원자는 축소판 태양계임이 밝혀진 거야. 우리의 사유 체계에 일어난 이 모든 변화는 전문가조차 따라가기가 어려웠어. 에딩턴은 제임스 진스(James Jeans)가 이렇게 말했다고 했어. "양자론은 우리가 돌 한 개로 새 두 마리를 잡는 것만 금지하는 것이 아니다. 돌 두 개로 새 한 마리를 잡는 것조차도 허용하지 않을 것이다!"

그 점에는 의문의 여지가 없었지. 양자는 우리가 이전에 지녔던 모든 가정들에 도전했고, 게다가 이 괘씸한 개념은 실험을 통해 입증되었어. 그리고 넘어야 할 주된 장애물이 하나 있었는데, 바로 우리가 일상생활에 유추함으로써 현상을 이해하려는 욕구를 지니고 있다는 거지. 아서 에딩턴 경이 상기시키듯이, 설령 과학이 현실을 나타내는 상징 세계를 구축하는 것을 목표로 삼는다 해도 "사용되는 각 상징이 공통적으로 경험하는 무언가나, 공통의 경험이라는 관점에서 설명 가능한 무언가를 나타내야 할 필요는 결코 없다". 사실 그런 노력은 실패하기 마련이야. 에딩턴은 말로 설명하려는 욕구를 줄이라고 우리를 설득하기 위해서, 한 가지 익숙한 활동을 언급해. 바로 읽기야. 읽기의 의도는 종이에 잉크로 적은 기호를 삶에서 얻은 개념 및 경험과 연관 짓도록 함으로써 독자와 의사소통을 하려는 거지. 그러나 각 문자 자체는 현실과 아무런 자연적인 대응 관계를 이루고 있지 않아. 이 근본적인 기호는 추상 개념이고 그렇게 이해해야 해. 에딩턴은 A가 아처(Archer)나 애플(Apple)파이가 아니라 그 자체를 나타내듯이, "전자가 물리학의 A B C의 일부다"라고 말하는 것이 전자를 이해하는 유일한 방법임을 우리가 받아들여야 한다고 말해. 자연의 이 새로운 자모의 특성을 탐사하려면, 우리는 경솔하게 그 문자에 억지로 갖다 붙인 가정들을 제거해야 해. 적절한 모양과 닮은 점이 없어질 때까지 쥐어짜고 비트는 가정들이야.

이 현실의 토대 변화를 논의하기 위해, 세계에서 가장 뛰어나면서 저명한 물리학자들이 첫 번째 솔베이 회의를 개최했어. 명석함, 근면함, 남다른 열린 마음을 지닌 참석자들은 양자를 물리학자의 개념 목록에 포함시킬지를 판단하는 일에 착수했지. 그들은 자연이 세상을 기존 대가의 술술 흐르는 붓질로 칠하는지, 아니면 쇠라의 작은 점으로 칠하는지 물었어. 이 엘리트 배심원단은 "대단히 생산적인 이론을 진지하게 받아들여 꼼꼼하게 조사한" 뒤 판단을 내리는 일을 떠맡았어.

목적과 열정으로 연기를 풀풀 풍기면서 이들은 그 햇불을 들고 자기 연구 기관으로 돌아가서 동료들까지 불길을 쬐게 했어. 물리학계는 광자를 이해하는 일에 소리 없이 하나가 되었어. 당시 맨체스터의 학생이었던 닐스 보어(Niels Bohr)는 교수인 어니스트 러더퍼드(Ernest Rutherford)로부터 직접 그 열기를 쬐었어. 러더퍼드는 노벨상 수상자이자 그 회의 참석자였어. 부드럽게 말하고 모호하게 쑥스러운 웃음을 짓곤 하던 보어는 반항적이면서 마구 날뛰는 양자론을 옹호할 만한 사람처럼 여겨지지 않을 수도 있어. 하지만 그는 양자론을 가장 앞장서서 옹호한 사람에 속해.

설령 자연을 작은 조각으로 쪼개는 것을 받아들인다 해도, 몇 가지 해결해야 할 골치 아픈 문제들이 있었어. 하나는 원자 스펙트럼의 기원과 관련 있었지. 순수한 원소를 타오를 때까지 가열하면서 그때 나오는 빛을 프리즘에 통과시키면, 군데군데 빠진 곳이 있는 독특한 띠무늬가 나타난다는 것이 오래전부터 알려져 있었어. 이 패턴 — 스펙트럼선 — 은 원소마다 독특하고, 따라서 원소를 식별하는 용도로 쓸 수 있어. 오래전부터 이 스펙트럼선은 "나비 날개의 아름다운 무늬"와 마찬가지로 자연의 예술적 뽐내기 사례로 여겨졌어. 그런데 원자에 관한 이 모든 새로운 발견들을 접하자 사람들은 이런 원자의 서명이 더 깊은 진리를 가리키는 것이 아닐까 의문을 품기 시작했어. 특정한 원소가 내뿜는 복사는 왜 특정한 진동수 집합으로만 이루어질까? 스펙트럼선이 원자의 구조에 관한 정보를 어떻게든 담고 있을까?

러더퍼드가 주창한 원자의 행성 모형도 그 문제에서 자유롭지 못했어. 맥스웰의 전자기학에 따르면, 가속되는 모든 하전 입자와 마찬가지로 궤도에 있는 전자도 계속 에너지를 방출해야 해. 이 말이 맞는다면 원자의 전자는 계속 에너지를 잃을 테고, 그러면 점점 느려지면서 안쪽으로 끌려가겠지. 이윽고 운동을 지속할 에너지가 거의 남지 않아서 원자핵의 인력에 굴복하게 될 거야. 계산해보니 이 원자 붕괴가 일어나는 데 1밀리초도 안 걸린다고 나왔어. 물론 우리는 그런 일이 일어나지 않는다는 것을 경험을 통해 알아. 원자는 아주 안정돼 있어. 따라서 이 결함 있는 결론은 우리가 물리학을 아직 제대로 이해하지 못하고 있다는 것을 명백하게 보여주었지.

1913년에 젊은이 특유의 자신감 넘치는 태도로 보어는 가능한 해결책을 제시했어. 그는 원자를 맥스웰의 법칙에서 해방시키면 이 모순을 제거할 수 있다고 했지. 그는 우리가 이 작은 물체를 처음 겪는 것이라고 했어. 우리의 직관과 예상은 우리가 주변에서 지각하는 것들, 즉 원자보다 약 1조 배 더 큰 규모의 것들을 통해 형성되지. 양자의 존재 자체는 아원자 수준에서의 생활이 우리에게 익숙한 생활과 전혀 다를 수 있음을 시사해. 아마 그 영역에서는 다른 규칙 집합이 적용될 거야.

보어는 원자의 방대한 공간에 전자가 들어갈 수 있는 한정된 수의 궤도가 있다고 보았어. 각 궤도마다 에너지가 정해져 있고, 이 에너지는 양자수라는 정수로 표시된다고 했지. 전자가 이 보이지 않는 홈 중 하나에 미끄러져 들어가면, 즉 보어가 말한 '정상 상태(stationary state)'에 들어가면, 그 전자는 그 궤도에 정해진 일정한 에너지를 유지하게 된다는 거야. 전자는 한 궤도에서 다른 궤도로 뛰어넘을 때에만 복사를 방출한다고 했지. 그 복사의 양은 초기 상태와 최종 상태 사이의 에너지 차이에 해당하고, 전자의 궤도 운동과는 무관하다고 했어. 원자 스펙트럼에 뚜렷하게 구별되는 선들이 보인다는 것은 이 방출된 복사가 양자화해 있다는 뜻이야. 따라서 궤도에 있는 전자의 운동 에너지도 마찬가지로 제한되어 있다고 볼 수 있는 거지. 게다가 보어는 원자에 허용된 에너지가 서로 다르기 때문에 각각의 원소는 구별된다고 했어. 이 모형을 써서 보어는 수소의 유명한 방출 스펙트럼뿐 아니라 더 무거운 원소들의 스펙트럼을 정확히 계산할 수 있었어.

그런데 더 민감한 실험에서는 예측과 관찰 결과가 차이를 보였어. 여기서 역사가 반복된다는 것을 보여주는 괴이한 사례가 다시 한번 나타났어. 아르놀트 조머펠트(Arnold Sommerfeld)가 보어의 구원자로 나선 거야. 케플러가 코페르니쿠스에게 했던 역할을 맡은 거지. 수백 년 전에 케플러는 태양 주위를 도는 우리 태양계 행성들의 궤도가 완벽한 원이 아니라 타원이라는 것을 관측함으로써 코페르니쿠스의 주장이 옳았음을 입증했지. 조머펠트는 원자핵 주위를 도는 전자에 정확히 같은 주장을 했어. 실질적으로는 더 이상 양자수 하나만으로는 궤도를 특정 지을 수 없다는 의미였어. 변수 세 개가 필요하다는 거였지. 이유는 쉽게 알 수 있어. 원(고정된 평면에서 고정된 중심이 있는)을 기술할 때는 반지름만 알면 돼. 하지만 타원을 기술하려면 숫자 두 개가 있어야 해. 장축과 단축의 길이야. 게다가 3차원 공간에서 타원의 위치를 정확히 알려면, 타원이 어느 평면에 있는지도 지정해야 해. 양자역학의 전통에 따라,* 이 세 숫자는 모두 정수였어. 그렇게 수정한** 이론은 아주 잘 들어맞았어. 그래서 조머펠트는 방출 스펙트럼을 "구(sphere)의 진정한 원자 음악"에 비유하기까지 했어.

---

* 양자가 존재한다는 것은 모든 양을 이 가장 작은 기본 단위의 정수배로 나타낼 수 있다는 의미가 된다. 따라서 양을 파악하고자 할 때, 우리는 양자의 개수, 즉 양자수만 알면 된다. 말할 필요도 없지만, 양자수는 언제나 정수다.

** 또 조머펠트는 수소 원자를 상대론적으로 다루었다. 전자의 질량은 속도에 따라 증가하기 때문이다.

양자역학의 개척자 중 한 명으로 확고히 자리를 잡은 보어는 1922년에 괴팅겐에서 원자론 연속 강연을 해달라는 초청을 받았어. 강연은 대성공이었어. 그 뒤에 그의 인기는 더욱 높아졌고, 많은 뛰어난 젊은 과학자들이 코펜하겐으로 몰려들었어. 보어는 칼스버그 양조장의 지원을 받아 그들을 가르쳤지. 그러니 이 새로운 과학이 흥분 가득하고 어질어질하다 해도 그리 놀랄 필요가 없지 않겠어?

볼프강 파울리(Wolfgang Pauli)와 베르너 하이젠베르크(Werner Heisenberg)라는 조숙한 두 사람도 곧바로 이곳으로 향했지. 파울리는 곧 보어가 좋아하는 논쟁 상대가 되었고, 하이젠베르크는 소중한 친구가 되었어. 하지만 이 젊은 두 제자의 연구 방식은 보어의 주된 철학적 접근법과 전혀 딴판이었어. 두 사람은 이제 더 이상 이곳에 있지 않지만, 아주 뛰어난 물리학자이자 보어가 애지중지하는 제자인 터라 자주 방문하곤 해. 열띤 환영을 받으면서 말이야.

파울리는 좀 친해지고 나면 좋은 사람임을 알게 돼. 신랄하고 재치 넘치고 매우 열정적이지. 자신의 생각을 옹호할 때면 뚱뚱한 몸이 흥분해서 덜덜 떨리는 것이 보여. 우리 소

규모 양자역학 사회에서는 파울리의 검사를 통과할 때까지는 어떤 착상도 발전시킬 생각은 하지 말라는 말이 있지. 그는 어떤 이론을 아무리 잘 포장해도, 어디에 구멍이 있는지를 간파하는 기괴한 능력을 갖고 있어. 많은 찬사를 받고 있지만, 조금 두렵게 만드는 사람이기도 해. 학생들 사이에서는 이론물리학을 주제로 좀 오래 떠들고 있으면 어디선가 조소 섞인 웃음을 터뜨리며 파울리가 신비하게 나타난다는 말이 떠돌아. 그를 둘러싼 신화는 경이로울 만치 많이 있지만, 아마 가장 기이한 것은 이른바 파울리 효과일 거야.

이론물리학자들이 손을 대기만 하면 실험 장비가 고장 난다는 말은 이미 거의 사실로 받아들여진 듯하지만, 파울리는 이 괴담을 완전히 새로운 수준으로 격상시켰어. 파울리가 이론 진영을 대변하는 뛰어난 사령관이어서 어느 실험실의 문턱만 넘어도 실험 장비들이 고장 난다는 거지. 특히 재미있는 일화가 하나 있는데, 괴팅겐에서 수수께끼처럼 실험이 실패한 일과 관련이 있어. 그 연구실 사람들은 그 일이 파울리 때문이라고 농담하듯이 적었어. 그가 있을 때 나타날 것이라고 예상되는 바로 그런 일이었다는 거지. 그들은 파울리의 취리히 주소로 편지를 보냈는데, 그가 답장한 편지에는 덴마크 우체국 소인이 찍혀 있었어. 알아보니 파울리는 코펜하겐으로 가는 중이었고, 그가 탄 열차가 괴팅겐 역에 정차한 바로 그때 그 사고가 일어났던 거야!

파울리가 양자론에 처음 관심을 가진 것은 뮌헨에서 조머펠트의 강연을 듣고 나서였어. 그는 보어-조머펠트 원자 모형에 흥미를 느꼈지. 이 모형은 성공을 거두긴 했지만, 본질적으로 그냥 관측 자료에 들어맞는 경험 공식이었어. 예측력을 지니고 있었지만, 어떤 더 깊은 원리에서 유도한 것이 아니었기에 왜 그런 식으로 일이 진행되는지를 설명할 수 없었지. 그렇긴 해도 이 모형을 써서 각 원소에 할당된 불연속적인 원자 에너지 값을 계산할 수 있었어. 이 에너지들은 미학적 매력까지 지닌 산뜻한 패턴을 보였지. 그래서 많은 이들에게 지적인 만족감을 주었어. 하지만 파울리는 학생이었을 때부터 자신이 '숫자 신비주의'라고 부른 이것을 남들이 다 옹호해도 그 유혹에 넘어가지 않았어. 그는 자연이 다른 모든 가능성들을 다 제쳐두고 왜 그 특정한 값들을 선택했는지 알고 싶었어.

더 조사를 하니 보어-조머펠트 모형이 각 궤도에 전자가 쌍으로 들어 있는 한, 주기율표의 모든 원소의 행동을 거의 완벽하게 설명한다는 것이 드러났어. 쌍으로 들어 있다는 말은 네 번째 양자수가 필요하다는 의미였지. 기존의 세 양자수(궤도를 기술하는) 값이 똑같은 두 전자를 구별해야 하니까. 이 새로운 양자수는 두 가지 값만 있으면 되지만,* 물리학자들은 그 값을 어떻게 해석해야 할지 몰라 당혹스러워했어. 그 값에 대응할 만한 물리적 특성이 뭐가 있을까?

본래 신중한 사람이었지만, 파울리는 이 난제와 씨름한 끝에 좀 급진적인 해결책을 내놓았어. 이 네 번째 양자수가 전자가 도는 궤도를 가리키는 대신 전자 자체의 본질적 속성을 가리키는 것이라면? 그렇다면 전자는 두 가지 값을 가질 수 있는 어떤 속성을 지녀야 해. 이 '두 가지 값'이라는 개념은 이상했어. 기존 양자수 개념에도 전혀 들어맞지 않고, 이론이 일관성을 띠려면 이 값이 정수의 절반, 즉 반정수여야

---

* 두 대상에 서로 다른 꼬리표를 붙이고자 한다면, 두 가지 꼬리표만 있으면 된다.

했으니까! 이 양자수에 상응하는 물리적 특성이 무엇이든 간에, 전자가 지니거나 지니지 않는 식의 이진법 속성은 아니었어. 즉 그 양자수에 허용되는 두 가지 값은 0과 1이 아니라는 거였지. 그 양자수는 음의 값와 양의 값을 지니는 전하와 더 비슷한 무언가를 가리켰지만, +1과 -1로 나타낼 수는 없었어. 대신에 +1/2과 -1/2이어야 했지.

더욱 성가신 점은 파울리가 앞서 기존의 세 양자수도 근본 원리에서 유도한 것이 아니라고 반대했는데, 이 네 번째 양자수도 그 점에서는 별다를 바 없다는 것이었지. 사실은 더 안 좋았어. 그는 물리적 해석조차도 내놓을 수 없었으니까! 그가 할 수 있는 주장이라고는 이 제안이 "자연적인 방식으로 자동적으로 도출되는" 듯하다는 것뿐이었어. 그 이론에 가장 보수적이면서 비판적인 태도를 지녔던 사람, '원자 신비주의'를 경멸했던 사람이 이렇게 갑자기 반정수라는 개념을 제시하자, 그의 통렬한 재담에 시달렸던 많은 이들이 즐거워했지.

특히 하이젠베르크가 신이 났어. 몇 년 전에 하이젠베르크가 양자수가 반정수 값을 취할 수도 있다고 주장하면서 원자 모형의 한 수수께끼 같은 특성*을 설명하려고 시도했을 때, 파울리는 특유의 태도로 그 제안을 무자비하게 비판한 적이 있었거든. "네가 절반의 양자수를 도입하면 1/4과 1/8 양자수도 도입할 것이고, 그러면 결국 양자론 전체가 네 유능한 손에 바스러져서 먼지가 될 거야." 이제 운명의 장난으로 파울리가 전혀 새로운 양자수를 가정했는데 그것이 반정수 값만 가질 수 있다니, 하이젠베르크는 웃음을 참을 수가 없었어. 그는 파울리에게 "네가 그 속임수를 상상도 못한 아찔한 높이까지 끌어 올려…… 이전에 내게 했던 모든 비난의 기록을 다 깨"서 너무나 기쁘다는 편지를 썼어.

그 성가신 점을 제쳐두고 보면, 파울리가 어떤 근본적인 무언가에 다다른 것처럼 보였어. 그의 이른바 배타 원리(Exclusion Principle)는 한 원자에 든 모든 전자가 각자 독특한

• 비정상적인 제이만 효과(Zeeman effect) 자기장을 가하면 원자나 분자의 방출 스펙트럼에서 일부 선이 여러 개의 선으로 갈라지는 현상. 나중에 같은 에너지를 지닌 전자들이 자기장을 가하면 양자수에 따라 서로 에너지가 달라진다는 것이 드러났다. ― 옮긴이

상태에 있어야 하고, 따라서 각자 다른 양자수 집합을 지녀야 한다는 것이었어. 그리고 한 원자에 — 아니, 사실상 모든 계에 — 있는 전자들의 분포는 각 원자가 가능한 가장 낮은 에너지 상태를 차지함으로써 에너지를 최소화하는 경향이 있다는 사실에서 비롯되는 것이라고 말할 수 있어. 그러나 배타 원리가 아주 잘 들어맞는다 해도, 이 새 양자수를 어떻게 해석할지는 아직 알지 못했지. 그때 사무엘 호우드스미트(Samuel Goudsmit)와 조지 울렌벡(George Uhlenbeck)이 스핀(spin)이라는 개념을 내놓았어. 파울 에렌페스트의 젊은 학생이었던 이 둘은 다시 태양계 유추를 끌어들여, 지구가 자전하듯이 전자가 자기 축을 중심으로 자전한다고 추정했어. 새 양자수의 두 값(+1/2과 -1/2)이 전자가 시계 방향과 반시계 방향으로 회전하는 것에 해당한다고 했지.

그들의 제안은 아주 많은 것들을 설명하는 데 성공했고, 파울리는 자신이 그 설명을 내놓지 않은 것을 안타까워했다고 해. 사실 그의 조수인 랄프 크로니히(Ralph Kronig)도 그 착상을 내놓았지만, 파울리가 퇴짜를 놓았거든. 파울리는 진정한 양자 사상가라면 이론이 완전히 다 형성되고 완벽하고 더 이상 단순화할 수 없는 개념으로 구성할 수 있을 때에만 제시하기를 원해. 다른 물리학자들이 잡다하게 자신의 생각을 끊임없이 내비치면서 대화를 통해 그 혼란스러운 덩어리를 다듬어가는 쪽을 좋아하는 반면, 파울리는 생각의 완벽한 양자만 방출하기를 원하지. 그러니 그의 천재성은 장단점을 모두 지니고 있어. 그는 남보다 더 멀리까지 내다볼 수 있기에, 그냥 마구잡이로 일을 진행하지 못해. 어떤 경로에 놓여 있는 모든 장애물을 예리하게 파악하기에, 덜 해박한 여행자보다 훨씬 신중하게 걸음을 옮기지. 그 때문에 그의 지식은 거의 단점이기도 해. "고전 물리학의 장엄한 통일"에 덜 친숙한 사람이 할 수 있는 방식으로 상상의 날개를 펼치지 못하도록 억제하고 있으니까.

당신과 함께, 그리고 당신 생각에 빠져 있다 보니 벌써 밤이 찾아왔네. 이제 집에 가야겠어. 할 말이 더 많지만, 머릿속에 맴돌고 있는 생각이 더 많지만, 곧 다시 쓸게. 아마 내일쯤. 으레 그렇듯이 이 편지도 서둘러 부치지 않을 테니까. 부치고 싶어도 그럴 수가 없어. 어디로 부쳐야 할지 모르니까. 그러니 당분간 당신이 보기를 기다리는 다른 편지들을 넣어둔 주석 상자에 함께 넣어둘 거야.

　오늘 아침에 일어나니 부드러운 빛에 감싸여 있었어. 기울어진 유리창들을 통해 햇빛이 쏟아지고 있었는데, 어젯밤에 책상에 엎드린 채 잠이 들었다는 것을 깨달았어. 뻣뻣한 목과 어깨를 풀려고 애쓰면서, 책상에 엎드려 잠든 나 자신을 호되게 야단쳤어. 하지만 어젯밤 하숙집에 돌아왔을 때 머리가 시계태엽처럼 팽팽하게 감겨 있었기에, 마음속에서 톱니바퀴와 부품들이 계속 돌아가서 잠을 이룰 수가 없었어. 그래서 책상 앞에 앉아 계속 째깍거리는 생각들을 읽고 뒤적이다가 그만 곯아떨어진 거지. 무엇 때문에 그렇게 들떠 있었냐고?

　어젯밤에 집으로 오는 길에 한스와 파울을 비롯한 몇몇 사람과 마주쳤어. 영화를 보러 가는데 함께 가자는 말에 넘어갔지. 그 뒤에 선술집으로 요기를 하러 갔는데, 늘 그렇듯 대화가 물리학 쪽으로 흘러갔지. 나는 요즘에는 원자 모형을 별로 생각하지 않고 있었는데, 어젯밤에 당신에게 쓰다 보니까 새삼 다시 흥미가 일었어. 그래서 우리는 양자역학의 기원이 불안정하다는 이야기를 하기 시작했어. 한스는 몇 년 전까지만 해도 사람들이 고전역학 법칙을 죽어라 붙잡고 있었다는 투로 말했어. 자연이 원자 규모에서는 명백히 불연속적이라는 것이 알려져 있음에도, 여전히 우리는 할 수 있을 때마다 연속적으로 대하려고 애쓴다는 거지.

지난 약 15년 동안, 고전역학과 양자역학은 나란히 함께 쓰였어. 모순된다는 사실이 알려져 있는데도 말이야. 보어-조머펠트 원자 모형은 전자 궤도가 양자화해 있다고 말하면서도, 고전역학 법칙을 써서 그 에너지를 계산했어. 그 계산은 잘 들어맞았지만, 물리학자들은 뻔히 드러나는 논리적 모순을 고통스럽게 인식하고 있었지. 윌리엄 브래그(William Bragg) 경은 자신이 월요일·수요일·금요일에는 고전 이론을 쓰고, 화요일·목요일·토요일에는 양자론을 쓴다고 말했대. 아마 쉬는 날인 일요일에는 이 지옥 같은 선택의 중압감에서 피신할 수도 있겠지. 하지만 그렇게 오랫동안 이중생활을 할 수 있다고 해도, 하나의 일관된 이론이 필요하다는 것은 너무나도 명백했어.

그런 극적인 변화가 진행되고 있었으니, 우리에게 친숙

한 고전적인 현실이 혼란스러운 양자 세계의 어느 구석에 놓여 있는지 궁금해지는 것도 당연했어. 보어는 이 문제를 대응 원리(Correspondence Principle)를 통해 해결했어. 큰 양자수에서는 양자론에서 고전역학 법칙을 되찾을 수 있어야 한다는 거야. 뉴턴 역학이 작은 속도에서는 아인슈타인의 상대성 이론에서 튀어나오는 것처럼, 보어는 관련된 양자수가 아주 클 때는 새 역학의 법칙이 기존 역학의 법칙과 공명해야 한다고 했어. 다시 말해 고전역학이 완전히 폐기되지는 않는다는 거였어. 새 양자론의 극한 사례, 특정한 구석에서의 타당한 사례에 포함된다는 거지.

우리는 어젯밤 선술집에서 열띠게 대응 원리를 토론하고 있었는데, 흐지부지되는 상황이 벌어졌어. 젊고 예쁜 여성들이 들어오자, 온종일 서로의 생각을 듣고 있었기에 말을 하지 않아도 서로를 이해하고 있던 친구들은 즉시 산만한 철학적 이야기를 멈추고 여성들의 시선을 끌기 위해 앞다투어 나서기 시작했지. 친구들은 내게 그럴 때에는 가만히 있다고 놀리는데, 나는 그냥 웃음으로 때우곤 해. 당신을 설명하려면 대놓고 거짓말을 하거나, 제정신이 아닌 양 들리는 말을 해야 할 테니까. 당신의 부재가 내 삶에서 너무나 큰 공간을 차지하는 바람에, 다른 누군가를 들일 여지가 없다는 말을 어떻게 하겠어?

나는 식사를 마치고 나왔지만, 집에 왔을 때 머릿속에는 해결되지 않은 생각들이 여전히 마구 날뛰고 있었어. 잠깐 잠들었다가 금방 깨어났지. 깨어나자마자 밤에 하던 생각들이 다시 머릿속으로 밀려들었어. 아침 빵과 커피를 먹으려고 동네 카페가 문을 열기를 기다리는 단골 고객처럼 말이야. 몇 분 지나지 않아 내 마음속의 모든 탁자가 꽉 찼고, 나는 이른 아침의 혼란과 생각들이 흥분해서 떠드는 수다를 따라가느라 애썼지.

서둘러 아침을 먹고, 나는 밖으로 나가 상쾌한 아침 공기를 마시면서 머릿속을 싹 씻어내기로 결심했어. 새들의 노랫소리가 더 즐겁게 들렸어. 알뿌리 식물들이 꽃을 피우기 시작했고, 신문마다 봄을 찬미하는 시가 실리고 있어. 서서히 낮이 길어지고 있어. 웅크리고 오래 잠을 잔 아이가 나른하게 팔다리를 쭉 뻗듯이 양끝이 조금씩 늘어나고 있지. 이곳 사람들은 대부분 눈을 무척 좋아하지만, 나는 1년 중 이맘

때가 가장 좋아. 마지막 남은 눈이 녹고 공기에 새로운 기운
이 감돌 때야.

산책하면서 해결책을 찾는 것은 사실 우리 연구소의 전
통이야. 백조가 우글거리는 호수를 낀 펠레드 공원의 나무
사이로 난 길을 걷든 도심 거리를 걷든, 사람들과 어울리든
자연에서 싹 씻어내든 우리 모두는 걸으면서 생각하는 습관
을 들이는 듯싶어. 우리 문화의 이런 측면도 보어로부터 유
래했지. 공동 연구자, 새로 들어온 사람, 특별 손님 모두 너
도밤나무 사이에서 대화를 나눌 수 있는 도시 외곽의 클람펜
보르 숲까지 가거나, 셸란섬에서 햄릿의 성이라고 부르는 크
론보르까지 산책을 가곤 해.

대개 나는 도시를 걷는 쪽을 좋아하지만, 오늘 아침에는
물을 바라보고 싶은 마음이 들었어. 그래서 니하운으로 길을
잡았어. 물가에 늘어선 색색의 건물들은 1년 내내 봄의 전령
같아. 나는 겨울에 어둠이 일찍 깔리고 꽃이 피리라는 것을
되새길 필요가 있을 때면 이곳을 걸어. 그리고 봄에 그 약속
이 실현될 때면 그들이 약속을 지켰음을 인정하기 위해서 이
기분 좋은 건물들을 찾곤 해.

니하운의 부산함과 흥겨움을 맛본 뒤, 나는 항구를 따라 더 조용한 랑엘리니 부두까지 걸어가 그곳에 자리를 잡고 앉았어. 드넓게 펼쳐진 파란 바다가 내 눈에서 피곤함을 씻어낼 때, 무한의 일부가 바다를 내다보는 사람들의 이해 범위 안에 있는 듯하다는 보어의 말이 떠올랐어. 나는 무심코 조약돌 두 개를 집어 잔잔한 수면을 향해 던졌어. 돌들이 일으킨 잔물결들이 퍼지면서 상호 작용을 하고 스러지는 광경을 지켜보았지. 간섭은 전적으로 파동 현상이야. 사실 입자와 파동을 구별하는 엄밀한 척도 중 하나지. 두 파동은 서로를 보강하거나 소멸시키는 식으로 상호 작용을 할 수 있어. 반면에 두 입자는 결코 서로를 소멸시킬 수 없지. 파동만이 지닌 또 한 가지 특징은 회절 능력이야. 이를테면 파동을 좁은 틈새로 빠져나가도록 할 때, 퍼져나가는 능력이지. 빛은 양쪽 특성을 다 보이기 때문에, 우리는 수백 년 동안 빛을 파동으로 분류했어. 하지만 최근 들어 밝혀냈듯이, 빛이 그저 입자의 흐름으로 해석되어야 할 때도 있어. 우리는 파동과 입자의 구분이 절대적이라고 생각했는데, 그렇지 않을 수도 있다는 것일까? 파동이 때로 입자처럼 행동할 수 있다면, 입자도 때로는 파동처럼 행동할 수 있지 않을까? 그런 의문을 품는 것이 완벽하게 논리적인 단계처럼 보이지만, 너무나 경험에 들어맞지 않기에 아무도 그런 생각을 하지 않았어. 1926년에야 마침내 프랑스 귀족 루이 드브로이(Louis de Broglie)가 그 의문을 파고들었어.

그가 내놓은 답은 여러 가지를 설명해. 꽤 단순한 수학을 썼지만, 파급 효과가 아주 크고 멀리까지 뻗어나가. 드브로이는 원자 모형 자체를 우회하여 아예 논의에서 제외시킨 뒤, 양자론의 출발점과 광양자에게 돌아갔어. 그는 파동이 사실상 모든 물체와 관련이 있을 수 있다는 것을 알았어. 이말이 우리에게는 크게 와닿지 않았지. 일상생활에서 접하는 크기의 물체들은 파장이 아주 작아. 그래서 파동 특성이 좀 억눌려 있지. 더 작은 물체 — 양자론이 관심을 갖는 대상들처럼 — 는 파장이 길고, 따라서 뚜렷하게 파동 특성 행동을 드러내지.

드브로이는 아마 전시에 전파를 연구했고, 실내악을 좋아한다는 점에 영향을 받아 원자를 거의 악기로 보게 된 듯해. 가장 작고 가장 낮은 에너지 궤도는 기본음에 해당하고,

더 높은 에너지 궤도들은 일련의 배음들에 해당한다는 거야. 드브로이는 특정한 길이의 끈이 특정한 음 집합만을 낼 수 있는 것처럼, 원자에 있는 전자들도 마찬가지라고 했어. 보어의 '정상 상태'는 그저 파장의 정수에 들어맞는 궤도야. 따라서 전자 파동이 매끄럽게 자기 자신과 연결될 수 있는 궤도야. 다른 궤도라면 파괴적인 간섭이 일어나 파동이 붕괴될 거야. 그러니 전자 궤도와 임의로 연관 짓는 것처럼 보이던 수수께끼의 양자수는 드브로이 모형에서 정상파의 공명 조건으로서 자연스레 출현하게 되었어.

물질과 파동이 한 동전의 양면이라는 자연의 이 새로 발견된 이중성은 받아들이기가 어려웠어. 코메디 프랑세즈(la Comédie Française)라고 부르면서 아예 외면한 이들도 있었어. 아무튼 물질이 뭉개져서 파동이 될 수 있다면, 이 파동은 무엇으로 이루어져 있으며, 어떻게 해석되는 걸까? 수백 년 동안의 우리 경험은 사물이 입자나 파동 중 어느 한쪽이라고 말하는데, 어떻게 한 대상이 입자이면서 파동인 행동을 보일 수 있는 것일까?

양자역학의 모순 앞에서 우리의 분류 체계 전체가 무너

지고 있어. 위치 개념 ― 우리 생각에 너무나 본능적인 ― 은 원자의 맥락에서는 더 이상 이치에 맞지 않아. 우리는 행성 같은 물체가 움직이면서 자취를 남긴 길을 궤도라고 생각하곤 해. 어느 한 시점에 행성은 명확한 위치에 있어. 그러나 원자핵 속의 전자는 그렇게 위치가 명확하지 않아. 우리가 같은 단어를 써서 기술하긴 하지만, 전자와 원자 궤도의 관계는 시간적으로 직선으로 가로지르는 공간적 경로가 아니야. 입자와 달리 파동은 어느 한 지점에만 국한되어 있지 않거든. 진동하는 모든 곳에 있지. 파동으로서의 전자는 뿌옇게 성운이 분포하는 것처럼 궤도의 모든 점에 존재해. 전자의 정수가 우리가 직관적으로 떠올리는 작은 공 같은 입자에서 스며 나오는 것 같아.

윌트 휘트먼(Walt Whitman)은 이렇게 썼을 때 양자역학의 대변인이라고 볼 수도 있었을 거야.

내가 나 자신과 모순될까?

아주 좋아, 그러면 나 자신과 모순되겠어.

(나는 커, 다수를 지닐 만큼.)

자연은 정말로 자기모순적인 다수를 포함하는 것일까? 그게 아니라 그저 우리가 자연에 갖다 붙인 패러다임의 산물이 아닐까? 이 당혹스러운 측면들은 모순적인 것이 아니라 상보적인 것일 수도 있지 않을까?

양자역학의 전속 철학자인 보어가 이 새로운 갈림길을 둘러보러 나섰어. 그는 입자와 파동이 한 대상을 상보적으로 기술하는 것들이지만, 우리가 한 번에 한 가지만 관찰할 수밖에 없는 것일 수 있다고 말했어. 예를 들어 우리는 물을 조건에 따라 고체, 액체, 심지어 기체로도 지각할 수 있지. 한 물체가 이 모든 겉모습을 번갈아 취할 수 있어. 물은 동시에 얼어 있으면서 흐를 수는 없지만, 조건이 맞으면 어느 한쪽을 할 수 있지. 마찬가지로 우리 실험은 한 물체에서 파동 특성이나 입자 특성 중 한쪽을 골라내. 자연에 우리가 직접 경험할 수 있는 것 이상의 무언가가 있다고 받아들이기만 하면 모순이 해결되는 거지. 세상에는 둘 이상의 진리를 간직할 만큼 큰 것들이 있어.

나는 오늘 랑엘리니 부두에 앉아 바다를 바라보았어. 바로 몇 미터 앞쪽 바위에 한스 크리스티안 안데르센(Hans

Christian Andersen)의 인어 공주에게 불멸의 모습을 부여한 작은 조각상이 있었어. 공주의 마음은 육지에 있었고, 몸은 바다에 속해 있었고, 그녀의 정신은 양쪽을 온전히 담을 만큼 아주 넓었어. 그러나 세상은 그녀의 양쪽 현실을 다 포용할 준비가 되어 있지 않았고, 그래서 그녀는 어느 한쪽을 택할 수밖에 없었어. 그 결과는 재앙이었고.

보어가 입자와 파동이 현실의 상보적인 기술이라는 견해를 내놓은 뒤, 제자인 하이젠베르크와 파울리는 양자역학을 근본적으로 재정립할 필요성이 있다고 더욱 확신하게 되었어. 나는 보어가 동의하지 않았다고는 확신하지 못해. 보어는 우리 어휘가 본질적으로 원자를 포용할 수 없고 우리 언어에 한계가 있다는 점을 인정했어. 고전역학 개념을 기술하기 위해 만든 단어들이 양자의 상황에 언제나 들어맞는 것은 아니야. 이 세계에서 "이미지를 만들고 연결을 이루기 위해" 우리는 시인들이 하는 식으로밖에 언어를 사용할 수 없어.

하이젠베르크와 파울리는 부정확한 단어 묘사에 만족하지 못했고, 그저 이곳저곳을 땜질하듯이 수정하는 것도 성에 차지 않았어. 그들은 그 이론을 완전히 개편해야 한다고 확

신했어. 둘은 그림 같은 묘사를 아예 없앤 형식 체계를 주장
했어. 그들이 거의 유일하게 제외시키지 않은 것은 근본적으
로 불연속적인 양자의 속성이었어.

뛰어난 스키 선수이자 왼손 탁구의 챔피언이자 탁월한
피아노 연주자이기도 한 하이젠베르크는 짠~ 소리와 함께
무대 중앙에 등장했어. 그는 실험적으로 접근할 수 없는 양
을 언급하는 것을 아예 피하고, 관찰 가능한 양만으로 엄밀
하게 이론을 정립하자는 완전히 새로운 물리 철학을 주장했
지. 아마 이 개념은 그가 다비트 힐베르트(David Hilbert)의 수
학 강의를 들었을 때 마음에 심어진 씨앗에서 싹텄을 거야.
그때 "고전 논리와 다르면서도 나름의 일관성을 띠는 논리
를 구축할 공리가 있을 수 있다"는 사실을 처음으로 깨달았
거든. 유클리드 공리가 아닌 다른 공리를 토대로 한 완벽하
게 일관성을 띠면서 이치에 맞는 기하학을 정립할 수 있는
것처럼, 또 상대성 이론이 "통상적인 의미와 다르면서도 여
전히 합리적이면서 일관적인 결과를 얻는" 쪽으로 시간과
공간이라는 단어를 쓸 수 있는 것처럼, 하이젠베르크는 고전
역학 이론과 논리적 및 공리적으로 다르면서도 일관성을 띠

는 새로운 체계를 써서 물리학을 기술할 수도 있지 않을까 생각했지.

하이젠베르크는 본질적으로 우리가 점들을 연결하여 무대 뒤에서 어떤 일이 벌어지는지 그림으로 그리려는 충동을 억제해야 한다고 말했어. 과학에서 우리가 할 일은 오로지 다음에 어떤 일이 일어날지를 예측하는 것뿐이라고 했어. 우리는 눈에 보이지 않는 어둠 속에서 어떤 일이 일어나는지 확실히 알 수 없으니까, 직접 관찰할 수 있는 것들에만 생각을 제한해야 한다는 거야. 우리가 확실히 알 수 있는 것은 그것뿐이니까. 다른 모든 것은 추측일 뿐이고, 하이젠베르크는 추측은 도저히 참지 못했거든. 그는 유추와 기계론적 모형을 완전히 폐기하고 오로지 확실하게 추측할 수 있는 것에만 초점을 맞추자고 강력하게 주장했어. 다시 말해 그 이론을 싹 치워버리고 우리 논리를 거기에 강요하려는 본능에 저항하라는 거였지. 인간의 상상력뿐 아니라 인간의 자아에도 타격을 가하는 말이었지.

그렇긴 해도 하이젠베르크는 눈에 보이지 않는 것을 수학적으로 보려는 노력을 계속했어. 그는 작은 공 같은 전자가 남기는 자취인 경로로 보든 정상파로 보든 간에 원자 궤도를 시각화하려는 시도를 멈추고, 그런 그림들 대신에 뉴턴 법칙을 적절히 추상화한 방정식으로 대체했어. 전자의 위치와 속도 같은 물리적 변수만 생각하기로 했지.

이제 이 새로운 형식 체계가 원자 스펙트럼을 재현할 충분한 정보를 지니고 있는지 알아내야 했어. 스펙트럼의 진동수와 세기의 패턴이야말로 우리가 원자로부터 얻는 유일하게 구체적인 정보이니까. 처음에 원자 스펙트럼의 불연속적인 특성을 관찰했고 그로부터 궤도의 존재를 추론한 것이었는데, 추론을 거쳐 나온 실체들에 논의가 집중되면서 관찰 자체는 서서히 뒷전으로 밀려났지. 하이젠베르크는 원자 스펙트럼에 다시 초점을 맞추고자 했는데, 그러려면 전자가 다른 상태로 옮겨갈 때 방출하는 복사를 기술할 방법을 찾아야 했어.

특정한 전자가 언제 궤도 사이를 도약하겠다고 결심하는지를 계산할 수 있는 사람은 아직까지 아무도 없었지만, 그 일에 쓸 통계 법칙은 놀라울 만치 잘 정립되어 있었어. 각각의 원자에 관해서는 어떤 주장도 할 수 없을 때에도 원자 집단의 행동은 놀라울 만큼 정확히 예측할 수 있었지. 이 모호한 상황에 난감해하는 이들이 많았지만, 하이젠베르크는 그 모호함을 받아들였어. 그는 확실성 대신에 확률을 다루는 쪽을 택함으로써 통계를 토대로 이론 체계를 짰지. 그는 한 전자가 특정한 상태에서 다른 상태로 전이할 확률을 계산하는 함수를 써서 그 문제를 정립했어. 확률이 더 높은 전이는 더 자주 일어날 것이고, 따라서 원자 스펙트럼에서 그 전이에 해당하는 선들이 더 밝게 보일 거야.

하이젠베르크는 수학이 길을 열어줄 것이라 믿고, 방정식이 인도하는 대로 따라갔어. 그리 오래가지 않아서 그는 친숙한 대수 규칙들이 더 이상 들어맞지 않는 듯하다는 것을 깨달았어. 몹시 실망스러운 일이었어. 그가 연구하고 있는 양들이 경험과 전혀 들어맞지 않는 기이한 특성을 보여주었어. 이 양들의 곱이 곱하는 순서에 따라 달라진다는 거였지. 선입견을 버리겠다고 결심했음에도, 그는 이 개념을 받아들이기가 어려웠어. 그것이 자기 이론에 근본적인 문제가 있음을 시사하는 것이 아닐까 하는 걱정이 들었지. 다행히 그 곱셈의 비가환적 특성에 모두가 실망한 것은 아니었어. 괴팅겐의 막스 보른(Max Born)은 이 '새로운' 법칙이 수학자들이 오래 전부터 행렬 같은 가로세로로 배열된 대상들을 곱하는 데 썼던 잘 알려진 법칙이라는 것을 알아차렸어. 그러니 하이젠베르크가 말하고 있던(자신도 모른 채) 것은 위치와 운동량 같은 양들이 양자 규모에서는 어느 하나의 숫자가 아니라 행렬 전체로 나타난다는 거였지. 당연히 이 개념은 낯설었지만, 적어도 수학적 논리에 어긋나지는 않았어. 파울리는 이 연구를 양자론의 서광(Morgenrote)이라 부르고 그것으로 수소 원자의 에너지 스펙트럼을 재현할 수 있음을 보여줌으로써, 예기치 않게 축복을 내리는 은혜를 베풀었지.

이 발전 단계에서 양자역학은 여러 성부가 함께 노래하는 복잡한 음악처럼 들리기 시작했어. 엄밀한 목소리뿐 아니라 직관적인 목소리도 합쳐졌지. 시각화하려는 사상가도 열정적인 수학자도, 형식 체계의 애호가도 철학자도, 이론가도 실험가도 거기에 속해 있었어. 비록 이 다성부 음악이 더 풍부한 소리를 내긴 했지만, 각 선율들이 언제나 조화를 이루는 것은 아니었고, 불협화음이 확연한 음도 있었어. 그래도 돌이켜보면, 이렇게 서로 다른 목소리들이 끝없이 말을 주고

받지 않았더라면, 이렇게 빨리 또 멀리까지 양자론이 발전하지 못했을 것이 확실해.

이 공연이 펼쳐지는 동안 맞지 않는 음뿐 아니라 화음과 음계 같은 훨씬 더 큰 문제들을 놓고도 논쟁이 벌어졌어. 하이젠베르크가 아직 놀라울 만치 새로운 선율을 노래하고 있을 때, 약간 삐걱거리는 성격의 나이 든 오스트리아의 거장이 무대를 돌아다니고 있었어. 에르빈 슈뢰딩거(Erwin Schrödinger)는 친숙한 저음으로 경쾌한 선율을 노래했지. 향수를 불러일으키는 옛 고전적인 방식으로 말이야. 두 거장은 서로 맞서 목소리를 높였어. 둘은 이미지와 방정식의 전설적인 맞대결을 상징했지. 둘은 파동과 입자처럼 서로 밀접한 관련이 있는 것처럼 보이기도 해. 아마 수학자와 예지자는 자연의 서로 다른 측면을 볼지도 몰라. 그리고 양쪽의 상보적인 이미지들을 하나로 끼워 맞추어야만 퍼즐을 완성할 수 있는 것일 수도 있어.

슈뢰딩거는 "설령 혐오감을 불러일으키지 않는다 해도 실망스러운" 것이라고 주장하면서 하이젠베르크가 정립한 양자역학의 행렬 체계에 반대했어. 그에게는 "모든 시각화를 부정하는 난해한 대수" 기법처럼 보인 듯해. 슈뢰딩거는 드 브로이의 파동-입자 이중성에서 실마리를 찾았어. 그는 원자 규모의 물체가 파장이 뚜렷하게 드러날 만큼 작으므로, 양자 역학은 입자가 아니라 파동의 이론으로 정립되어야 한다고 주장했어. 이 견해를 뒷받침하기 위해, 그는 광학을 유추로 사용했어. 우리는 파동의 속성을 완전히 무시하고 빛을 이야 기할 때도 있어. 반사, 굴절, 렌즈의 상 맺힘은 기하광학만을 써서 완벽하게 이해할 수 있어. 하지만 빛은 회절과 간섭 같 은 현상도 보이고, 그런 것들을 이해하려면 파동 개념을 동 원해야 해. 슈뢰딩거는 역학도 비슷한 방식으로 작동한다고 했어. 기하광학과 같은 통상적인 역학은 고전적인 현상들을 이해하는 데 쓸 수 있지만, 모든 문제를 해결하지는 않아. 파 동광학에 유추해야만 설명이 가능한 현상들도 있어. 그는 그 것을 파동역학이라고 불렀어.

그런 파동이 존재한다면, 우리는 그것이 어떻게 움직이 고 진화하는지 알아야 할 거야. 뉴턴의 운동 법칙이 입자의 운동을 규정하는 것처럼, 파동의 경로를 추적하려면 파동 방 정식이 필요해. 슈뢰딩거가 발견한 것이 바로 그 방정식이야. 이 동역학 방정식을 풀면 특정한 에너지를 지니고 파동 같은 특성을 드러내는 해(solution)가 나와. 이 이른바 파동 함수는 3차원적이었고, 따라서 원자의 전 범위에 걸쳐 움직이면서 그 공간을 다 채울 수 있었어. 드브로이가 현악기를 연주했다면, 슈뢰딩거는 존재하는 전 범위에 걸쳐 진동하는 심벌즈와 비슷한 악기를 골랐다고 말할 수도 있어.

슈뢰딩거의 파동역학은 하이젠베르크의 행렬역학 못지 않게 성공을 거두었어. 이제 양자역학을 바라볼 수 있는 똑같이 타당한 두 가지 관점이 있고, 이 추가된 관점 덕분에 양자역학은 전반적으로 더 풍성해진 듯했어. 슈뢰딩거의 접근법은 보어 이론이 다루는 모든 원자 현상들뿐 아니라 이전 모형이 해명할 수 없었던 스펙트럼선의 세기 같은 것들도 설명했어. 게다가 추가로 이전까지 일어난다고 짐작조차 못했던 전자 빔의 회절 같은 새로운 현상들도 예측했지.

하이젠베르크 역학의 날카로운 모서리에 베이곤 하던 물리학자들에게 더할 나위 없이 친숙한 파동의 수학은 상처에 바르는 연고나 다름없었어.

그러나 겉으로 보이는 모습과 달리 양자역학의 속성은

억눌러도 튀어나왔어. 슈뢰딩거의 파동역학은 해석할 때 한 가지 문제가 있었어. 이 파동은 물질 속에서 전파되는 물리적인 파동이 아니라, 우리가 하나의 가능성이 전파되는 양상을 추적할 수 있는 추상적 개념이었지. 슈뢰딩거의 명백히 고전적인 방법조차도 자연으로부터 어떤 명확한 답을 구슬려서 얻을 수가 없었어. 우리가 받는 답은 여전히 확률이었지. 그저 파동 함수의 모양을 보고 그 확률을 읽어낼 수 있다는 점만 다를 뿐이야. 슈뢰딩거의 방정식을 써서 원자에 든 전자 하나의 파동 함수를 구할 수도 있지만, 그 해는 보어의 모형과 달리 명확한 궤적을 보여주지 않을 거야. 특정한 시점에 특정한 장소에 전자가 있을 가능성을 예측하는 것뿐이야. 예전에는 전자의 궤도를 종이에 잉크로 한 번에 선명하게 쭉 그릴 수 있었지만, 그 궤도는 뭉개지고 짓이겨진 모습이 된 거야.

현실의 풍경이 수채 물감으로 칠해진 것처럼 보이기 시작했어. 물감들이 흐르고 번지고 녹아들고, 어디가 시작이고 끝인지를 말할 수 없을 만큼 경계가 흐릿해졌지. 우리는 본능적으로 이를 집중되어 있던 입자들이 퍼지면서 확산된 물질의 뿌연 방울들처럼 되는 것이라고 해석하려 해. 그렇게 단순하다면 얼마나 좋을까! 에딩턴은 이렇게 말했지. "이 퍼짐은 밀도의 퍼짐이 아니다. 위치의 비결정성, 즉 입자가 특정한 위치 범위 내에 있을 확률의 분포 범위가 더 넓음을 의미한다. 따라서 슈뢰딩거의 파동이 통 안을 균일하게 채우고 있다고 할 때, 그것은 통이 균일한 밀도의 물질로 채워져 있다는 뜻이 아니라, 어디에든 있을 가능성이 똑같은 입자가 하나 들어 있다는 뜻이다." 풍경 수채화는 기껏해야 현실의 비유야. 결코 사진이 아니지. 거기에 우리가 곧이곧대로 받아들일 수 있는 것은 거의 없어. 에딩턴이 이렇게 경고한 것도 놀랄 일은 아니야. "아마도 새 양자론의 문에 경고판을 하나 박는 것이 더 현명할 것이다. '구조 변경 중 - 관계자 외 출입 금지.' 그리고 특히 힐끗거리는 철학자들을 내쫓으라고 문지기에게 알려두는 편이 좋다."

솔직히 말해서 결정론을 잃으면서 불안해진 것은 맞아. 우리가 알아차리지 못한 채 그토록 오랫동안 살아온 이 예상 밖의 우주를 이해하기 위해 모두가 애썼어. 지적인 좌절감을 가장 잘 표현한 사례 중 하나는 케임브리지 대학교에서 나왔어. 어떤 학생이 캐번디시 연구소 벽에 붙인 익명의 시였지. 전자가 "너무나 싫은 양자관의 끔찍한 불확실성"으로부터 해방되기를 절실히 바란다는 '청원'이었지. 전자는 오로지 고전역학 방정식을 따르기만 하면 되던 "매끄럽게 흐르는" 시간의 상실을 안타까워했고, 자신이 입자인지 파동인지 "파이(phi)의 젤리"인지, 아니 자신이 실재하는지, "어디에 왜 있는지"조차 더 이상 알지 못하게 되어 갑자기 정체성의 위기에 빠졌다고 한탄했어.

많은 이들이 과거의 결정론적인 고전역학에 향수를 느꼈지만, 좌절감을 더 강하게 불러일으킨 것은 설령 단어들을 근본적으로 새로운 방식으로 조합한다 해도 기존 어휘를 써서 양자 현실을 아예 기술할 수 없다는 깨달음이었어. 슈뢰딩거가 말했듯이, 양자역학이 우리에게 요구하는 도약은 평범한 사자에서 "날개 달린 사자" — 비록 우리의 경험에 속하지는 않지만 최소한 상상할 수는 있는 — 로의 전이가 아니라, 원과 삼각형에서 '삼각 원' 같은 명백히 자기모순적인 실체로의 도약과 비슷한 거야. 더 나아가 그는 그런 모형을 아예 상상조차 못한다고 말했어. 하지만 우리가 생각하는 것 말고 무엇을 할 수 있지?

다시 하루가 지나는 동안, 나는 이 모든 것을 생각하고 당신을 생각해. 당신은 점점 더 내 물리학 생각과 떼어낼 수 없는 존재가 되어가고 있어. 지금 내 핏속을 흐르는 생각은 이런 것들이고, 내가 이런 생각을 적는 이유는 언젠가 당신과 함께 이야기를 나누기 위해서야. 당신이 이 편지들을 일단 읽고 나면, 줄곧 내 옆에 있었던 것처럼 나를 잘 알게 될 테니까.

슈뢰딩거가 자신의 파동 방정식을 연구하고 있을 무렵에, 하이젠베르크는 불확정성 원리(Uncertainty Principle)를 내놓았어. 자신의 대표작이었지. 그는 한 쌍의 비가환 변수(위치와 운동량, 에너지와 시간 같은)의 정확한 값을 동시에 결정하기란 불가능하다는 것을 발견했어. 양쪽 측정값에는 본질적으로 불확정성이 있고, 이 두 불확정적인 값의 곱은 상수가 돼. 이를 플랑크 상수(Planck's constant)라고 하지. 이 단순한 방정식은 우리가 어떤 식으로 측정하든 간에 충족되어야 할 명시적인 수학적 조건을 제시해. 우리는 두 변수를 측정할 때 양쪽 다 조금 불확정성이 있도록 하거나, 양쪽 중 어느 한쪽을 정확히 측정하고 다른 쪽을 미확정 상태로 남겨두는 쪽을 택할 수 있어. 어느 쪽이든 간에 한쪽 양의 값을 더 정확히 알수록, 다른 쪽은 더욱 불확실해져. 사람들이 이 새로운 원리를 받아들이기를 어려워한 것도 충분히 이해가 가. 파울리조차도 "누구는 세상을 p-눈으로 보고 누구는 q-눈으로 볼 수 있지만, 양쪽 눈을 동시에 다 뜨고 보면 미치게 된다"는 사실을 이해하는 데 도움을 달라고 격분한 어조로 하이젠베르크에게 편지를 썼으니까.

사실상 이 터무니없을 만치 직관에 반하는 말은 입자와 파동의 관점에서 묘사하려고 할 때 비로소 이해가 가. 파동을 정확한 위치에 속박하는 방법은 오로지 한 점에 가까운 곳에서는 서로 보강하고 그 밖의 지점에서는 서로를 소멸시키는 식으로, 파장이 다른 파동들을 아주 많이 덧붙이는 것뿐이야. 그러면 입자를 닮은 아주 선명하게 집중된 '태풍의 눈'이 나오지. 국부화가 이루어졌기에, 이 '입자'는 위치를 정확히 파악할 수 있지만, 더 이상 특정한 파장을 지니고 있지 않아.

반대로 파장을 정확히 파악하는 쪽을 선택하고 광선을

하나의 파장으로 제한할 수도 있어. 하지만 그러면 위치가 더 이상 정확하지 않아. 파동은 어느 한 지점에 존재한다고 말할 수 없기 때문이야. 반드시 공간의 한 영역에 걸쳐 뻗어야 하지. 따라서 우리는 어떤 물체의 위치나 파장(운동량) 중 한쪽을 더 정확히 알아낼 수 있지만, 어느 한쪽을 선택하면 반드시 다른 쪽 양의 측정은 모호해지게 돼.

수학적으로 이 줄다리기는 위치와 운동량이 가환되지 않는다는 말로 표현돼. 가환이 이루어진다면, 둘 다 동시에 정확히 확정될 수 있어. 사실은 거의 가환이 돼. 서로를 아주 소량만 빠뜨릴 뿐이야. 그리고 그 차이는 양자의 크기와 정확히 같아. 따라서 어떤 의미에서 보면, 양자는 우리 측정에 내재된 불확실성을 측정하는 거지.

이 불확정성이 꽤 작긴 하지만, 그 철학적 의미는 아주 커. 한 상태를 결코 정확히 알 수 없거나, 더 안 좋거나 하다는 거야. 후자는 명확한 위치와 명확한 운동량이 둘 다 아예 존재하지 않는 상태를 말해. 비록 과학자들은 한 물리계의 모든 매개 변수들을 완벽하게 정확히 열거하는 데 결코 성공한 적이 없었지만, 그렇게 하는 것이 가능하다고 가정해왔지. 그러나 불확정성 원리는 이 오랫동안 소중히 품은 믿음에 치명타를 가해. 폴 디랙(Paul Dirac)의 말처럼, 우리가 현재를 토대로 미래를 예측할 수 있다고 주장할 때 그 결론은 틀렸는데, 그 이유는 논리에 결함이 있어서가 아니라 전제가 거짓이기 때문이야. 원리상 우리는 현재를 완전히 알 수가 없거든.

양자역학은 결정론을 제거할 뿐 아니라, 단호하게 우리에게 책임을 떠넘겨. 우리의 결정과 측정은 양자계에 영향을 미치고 그 현실을 바꾸지. 사과와 코끼리와 나무는 우리가 보아도 영향을 받지 않아. 사과에 광선 하나가 미치는 충격이 미미하기 때문이야. 하지만 아원자 규모에서는 달라. 전자를 보고 싶으면 우리는 전자에 빛을 비추어야 하는데, 그 빛은 이전까지 전자가 하고 있던 일을 교란해. 전자를 엿보려는 우리 행동이 전자의 행동을 바꾸는 거지. 우주는 우리가 상상한 것보다 훨씬 더 당혹스러울 뿐 아니라, 더 이상 완전히 우리 바깥에 있는 것도 아니지. 여하튼 우주를 제어할 능력을 우리가 쥐고 있는 것이니까. 이 혼란은 어딘가 좀 친숙해. 성장하는 것처럼 보이거든.

양자역학에서 논쟁은 열정적이고 필사적이었고, 이전 세대의 물리학자들이 보여준 예의 바른 대화와는 전혀 달랐어. 한번은 보어가 슈뢰딩거에게 끊임없이 질문을 해대는 통에 결국 슈뢰딩거는 지쳐서 열병에 걸리고 말았어. 그런데 보어는 슈뢰딩거가 누운 침대 옆에서 계속 논쟁을 벌였지. 친구와 동료끼리 논쟁에 빠질 때에는 그 무엇도 말릴 수가 없었어. 혓바닥이 춤을 추고 분노가 솟구치지.

한스는 하이젠베르크가 파울리에게 보낸 편지를 본 적이 있대. "자신이 물리학을 망치고 있다면 악의를 갖고 하는 것이 아니고, 자신이 새로운 것을 전혀 내놓지 못한 덩치 큰 당나귀나 다름없다고 비난을 받는다면 파울리도 더 나은 업적을 내지 못했으니 수탕나귀다"라고 쓰여 있었대.

이렇게 탐구하고 결투하는 가운데, 이 열정적인 기사들은 의구심과 의기소침이라는 암흑기에 빠져 있었어. 슈뢰딩거는 자신의 이론에서 "지긋지긋한 양자 도약"을 제거할 수 없다는 사실에 좌절한 나머지 이 일에 뛰어든 것 자체가 후회스럽다고 했고, 파울리는 물리학자 대신에 영화의 희극 배우가 되어 이 모든 일에서 벗어나고 싶다고 했지. 더 진지한 고백들을 보면, 이 이론이 유례없는 수준으로 정신을 혹사하고, 모두가 그 압박을 느꼈음이 드러나. 막스 보른은 "젊은이들을 따라가려고" 노력하다가 신경 쇠약에 걸렸고, 양자역학의 주역들 중 상당수는 자신이 너무나도 철저히 무능하다고, 그 이론을 적당하게조차도 이해하지 못하고 있다고 한탄했어.

이 혼란, 확률, 불확정성이라는 수렁에다가 양자역학을 서로 전혀 다른 관점에서 보는 두 가지 견해 — 하이젠베르크의 행렬과 슈뢰딩거의 파동 — 가 여전히 존재하고, 둘을 연결하는 다리가 전혀 없다는 사실까지 추가되었어. 그 연결은 이윽고 파동-입자 정령이 한 젊은 영국 물리학자를 통해 스스로 소통함으로써 이루어졌지. 양자역학이 "이것 또는 저것" 게임이 아니라 "이것 더하기 저것" 게임이라는 것을 다시 보여주면서였어. 양자역학이 공통점이 없어 보이는 두 현실을 담을 만큼, 아니 그보다 더 크다는 것을 보여줌으로써 말이야.

행렬역학의 세부 사항과 확률 파동의 해석이 유럽 대륙에서 다듬어지고 있는 동안, 폴 디랙은 케임브리지에서 조용히 연구에 몰두했어. 디랙은 열을 내며 시끄럽게 토론하는 동료 과학자들과 달랐어. 그는 아름다움에 매료되어 있었지만, 문학이나 연극에 시간을 낼 겨를이 없었고 철학도 시간 낭비라고 생각했어. 그는 오로지 수학을 통해 장엄한 아름다움을 추구했고 결국 발견했지. 디랙은 수학의 항구적인 특성과 모호함이 없는 당당함에 푹 빠졌어. 수학적 진리에는 이의를 제기할, 아니 다른 의견을 가질 여지가 없지. 절대적이고 영원하니까. 아마 디랙이 홀로 연구를 한 것도 그 때문일 거야. 말은 상대가 필요하고 대화와 해석 속에서 융성하지만, 수학은 자체 점검표를 지니고 있고 외부로부터 타당성을 확인받을 필요가 없거든. 수학처럼 디랙도 홀로 연구하는 데 만족했어. 디랙은 양자역학의 합창에 맞추어 노래를 시작하자마자, 사람들의 이목을 끌었어. 그의 음이 너무나 순수하고 너무나 안정되어 있었기에 웅웅거리는 소리들을 꿰뚫고 퍼져나갔거든. 주변에 있는 모든 이들이 입을 다물고 귀를 기울였지. 그가 부른 노래는 수학에 바치는 찬가였어.

디랙은 양자역학의 현재 상태를 고려할 때 근본적으로 재정립이 필요하다는 것을 명확히 인식했어. 확고한 이론은 탄탄하고 강력한 수학적 토대 위에 세워지므로, 디랙은 양자역학의 수학적 토대를 혁신하는 일에 착수했지. 그는 행렬역학의 핵심 특징이 비가환 변수들이 관여하는 것이라고 보았고, 그런 변수들을 어떤 식으로든 친숙한 동역학 구조 속에 집어넣을 수 있지 않을까 생각했어.

그는 한 세기 전에 윌리엄 해밀턴*이 발견한 공식을 이용했어. 그 공식을 비가환 변수들에까지 일반화하기는 어렵지 않았기에, 디랙은 그 공식을 써서 행렬역학을 고전 동역학을 떠올리게 하는 형태로 나타낼 수 있었어.** 이 난해한 이론이 친숙한 형태로 표현되자, 하이젠베르크의 이론에 나오는 방정식과 슈뢰딩거가 내놓은 전혀 다른 파동 방정식이 사실은 서로 변환될 수 있다는 것, 따라서 똑같이 타당하면서 사실상 바꾸어 쓸 수 있다는 것을 쉽게 알 수 있었어.

---

* William Hamilton. 아일랜드 수학자로서 고전역학을 뉴턴과 다른 방식으로 표현하는 수학적 기법을 발견했다. 해밀턴 역학이라고 불리는 그의 방법은 통계역학과 양자역학에 기여했다. — 옮긴이
** 물론 물리 변수들이 더 이상 가환되지 않는다는 것을 이해하고 나서.

어쩌면 양자역학이 우리에게 가르치는 가장 강력한 교훈은 이것인지도 몰라. 전체가 부분의 합보다 크다는 것 말이야. 겉으로는 별개인 양 보이는 것들이 더 깊이 파고들면 우리가 짐작할 수 있는 것보다 더 복잡하고 경이로운 근본적인 현실의 서로 다른 측면에 불과하다는 것이 드러나. 아마 자연의 진정한 모습이 감당할 수 없을 만치 엄청난 까닭에 우리는 걸러진 이미지만 볼 수 있는 것인지도 몰라. 필터마다 다른 특징을 부각시키고, 대강이라도 전체의 모습을 구성하려면 그 모든 특징들을 종합해야 하지. 이 말이 정말 맞는다면, 아마 우리가 과학에 하는 가장 가치 있는 기여는 세상에 어떤 필터를 갖다 대느냐에 달려 있겠지.

역사상 처음으로 물리학은 해석이 명확하지 않은 세계로 진입했다고 할 수 있어. 우리의 주관성이 객관성 못지않게 가치 있는 세계이지. 우리가 무엇을 보고 어떻게 지각하느냐가 똑같이 중요해. 어찌 보면 양자를 연구하는 물리학자는 장미를 그리는 화가와 비슷해. 화가마다 다른 식으로 그리고 모두 장미를 그렸다는 것은 맞지만, 화가는 장미를 그릴 때 자신이 장미로부터 받은 인상을 드러낼 수밖에 없어.

그리고 장미가 눈에 보이지 않는 곳에 숨어 있다면, 나름의 관점과 통찰력을 지닐수록 더 낫게 그릴 거야.

빅토리아 시대의 물리학자들은 무언가의 역학 모형을 구축할 수 있어야만 그것을 진정으로 이해한 것이라고 말했어. 하지만 오늘 우리가 서 있는 지식의 최전방에서는 역학 모형을 찾기 어려워. 언어조차도 제 역할을 못하지. 우리에게 남은 것은 오로지 기호뿐이야. 에딩턴은 물리학의 세계가 점점 더 기호적이 되어가고 있고, 따라서 이제 기술자보다 수학자가 구축해야 하는 것이 되어 있다고 썼어. 수학자야말로 "기호를 전문적으로 휘두르는 사람들"이니까. 하지만 이렇게 인정하기도 해. "물리 세계를 순수한 기호로서 다루도록 우리 자신을 훈련시키는 일은 어렵다. 우리는 의식의 세계로부터 취한 일관성 없는 개념들을 기호와 뒤섞는 일을 저지르곤 한다. 오래 경험했음에도 여전히 우리는 그림자의 본성을 받아들이는 대신에, 그 그림자를 붙잡겠다며 손을 뻗는 짓을 하고 있다."

양자역학이 우리에게 요구하는 온갖 것들 중에서 이것이야말로 가장 수행하기가 어려운 과제일 거야. 우리는 시각화하고, 대상에 익숙한 이야기를 갖다 붙이는 데 너무 익숙한 나머지, 명확한 의미를 지니지 않은 기호들을 자기모순은 없지만 전혀 낯선 규칙들을 써서 조작할 때는 기이한 느낌을 받아.

그리고 다시 말하지만, 이 말이 기호를 쓴다고 비난하는 것은 결코 아니야. 당신도 기호이니까 말이야. 내 희망과 꿈을 담은 기호, 내 인생에 의미를 부여할 어딘가 있는 추상 개념이지. 이 방대한 세계의 어딘가에 당신이 존재한다고 가정하면 모든 것이 들어맞아. 단지 그렇게 가정하는 것만으로도, 즉 어딘가에 내 마음과 동조하면서 진동하는 마음이 있다고 가정하는 것만으로도 내 생각은 정당성을 얻어. 당신은 내 욕구가 빚어낸 창작물도, 내 상상이 만들어낸 허구도 아니야. 당신이 실제로 살아 숨 쉬든 아니든 간에, 당신은 내 생각에 활기를 불어넣어. 그러니 나는 당신이 없다고 증명되기 전까지, 당신이 존재한다고 믿는 쪽을 택하겠어. 언젠가는 당신인 추상 개념이 구현된 화신인 여성을 만나는 꿈까지 감히 꾸곤 해.

나는 이 편지를 마무리하기 위해 A 강당으로 돌아왔어.

여기 앉아서 벽에 걸린 사진들을 다시 올려다보았어. 이들은 대체 어떤 판도라의 상자를 연 것일까! 이들은 결정론을 쫓아내고, 경험의 영역 너머에 다다르고, 입자와 파동을 뒤섞고, 명확했던 경계를 흐릿하게 만들고, 자연을 아주 작은 조각들로 잘라냈어. 그런 일들을 겪었음에도, 지금도 세상이 까끌까끌한 알갱이 성질을 띠고 있다는 생각을 하면 낯설고 놀랍게 느껴져. 조약돌을 예상했는데 발밑에서 모래알이 느껴지는 것처럼.

눈을 들었다가 문득 방이 어둑해지고 있다는 것을 알아차렸어. 어스름이 서서히 짙어지면서 밤이 되고 있어. 칠판에 적힌 방정식들은 더 이상 읽을 수 없지만, 그래도 그것들이 나를 당기는 것이 느껴져. 이 끼적거린 기호들, 다면적인 현실의 흐릿한 일차원 투영물들은 정말로 강력하다니까! 어찌나 강하게 끌어당기는지, 어찌나 훈련과 충성을 요구하는지. 방정식들은 자신들이 자취를 남긴 우회로를 충직하게 따라오면 길이 조금씩 뚜렷하게 드러난다는 것을 반복해서 증명했지.

분필 가루에 그토록 굳게 충성을 맹세할 필요가 있다는

말이 우습게 들릴 거야. 하지만 그들이 충성하는 자에게 내리는 보상은 너무나 유혹적이고, 너무나 경이로 가득해서 그 유혹에 넘어가지 않고는 못 배겨. 그래서 나는 어둠 속에 잠시만 더 그들과 함께 앉아 있을래. 그들의 파동 함수가 내 파동 함수와 섞여 건설적인 간섭이 일어나기를 바라면서.

전자우편: 사라가 레오에게

보낸 사람: Sara Byrne 〈breaking.symmetries@gmail.com〉

날짜: 2013. 1. 23. 수요일 오후 4:56

제목: 상상도 못한 방식으로

받는 사람: Leonardo.Santorini@gmail.com

안녕 레오

오늘 거리에 살을 에는 바람이 쌩쌩 불었어요. 나는 아늑한
실내에 틀어박혀 당신이 보내준 다음 원고를 읽었어요. 이야
기가 전개되는 방식이 너무 마음에 들어요. 몇 년 동안 엄밀
하게 이 이론들을 연구했기에, 친숙한 것을 낯설게 만든다는
것이 어떤 의미인지 정말로 와닿네요. 이방인의 눈을 통해
세상을 보면서 이방인의 마음이라는 체를 통해 개념을 걸러
내는 것이 정말 재미있어요. 동일한 내용이 다른 단어로 표
현된 것을 보는 것만으로도 전에는 결코 알아차리지 못한 미
묘한 점들을 깨닫고 있어요.

사고 실험은 내게 실제로 실행하기 어려운 것들을 다루는 좋은 우회 수단이었어요. 마음속으로 연구실 안에 들어감으로써, 다룰 수 있는 것의 범위를 확장하는 거죠. 물리적 제약에 얽매이지 않은 상태에서, 상상할 수 있는 무엇이든 간에 '실험할' 수 있어요. 적어도 나는 지금까지 사고 실험을 늘 그렇게 대했지요. 그런데 제이컵의 글을 읽고 있자니, 아인슈타인이 직접 그 사고 실험 속으로 들어간다고 생각함으로써 어떤 일이 벌어지는지 감을 잡았다는 것을 깨달았어요. 그의 사고 실험은 안전한 곳에 떨어져서 한 것이 아니었어요. 자신이 직접 들어가서 한 거죠. 아인슈타인은 "만일 …… 하면 빛에 어떤 일이 일어날까?" 하는 식으로 질문한 것이 아니었어요. "내가 광선을 타고 달린다면 무엇을 보게 될까?" "내가 중력장에서 멀리 떨어진 우주 공간에 있는 상자 안에서 자유 낙하를 한다면 어떤 느낌을 받을까?" 하는 식으로 물었지요. 그는 자신을 이야기의 주인공으로 등장시켰어요. 우리가 소설을 읽을 때 하는 일이 바로 그거죠! 나는 지금까지 그 유사성을 알아차리지 못했어요.

또 양자역학이 여러 명석한 사람들의 정신에 피해를 입혔다는 말에도 전적으로 동의해요. 공감할 수밖에 없는 이야기예요. 고전 물리학은 우리 뇌의 회로가 배선된 방식에 거의 맞추어져 있어요. 기존 관념을 뒤엎은 상대성 이론조차도 이해할 수 있는 것이에요. 마음을 탄성 한계까지 늘릴지는 몰라도, 우리 뇌는 이해할 수 있어요. 하지만 양자역학을 받아들이려면, 뇌의 지형 자체를 꽤 많이 바꾸어야 해요.

그런 온갖 피해를 입혔음에도, 양자역학은 우리의 태도를 누그러뜨렸어요. 세월이 흐르면서 사람들은 양자역학을 대할 때 의례적으로 존중을 표했지요. 물리학은 고상한 천직이었어요. 종교적인 감정이나 미학적 즐거움까지도 일으켰지요. 양자역학이 등장하면서 그 격식을 차리는 태도가 사라지기 시작했어요. 더 즐기는 문화가 자리를 잡게 되었지요. 변덕, 심지어 불경스러운 태도까지 받아주었어요. 아마 이러한 전환이 시대의 변화를 나타내는 것이고 물리학과는 아무 관련이 없을 수도 있어요. 하지만 나는 양자론이 원인이라는 생각을 뿌리칠 수가 없어요. 그런 미치게 만드는 것 앞에서 어떻게 격식을 차릴 수 있겠어요?

당신이 든 설명과 유추를 어떻게 생각하는지 내 의견을 들고 싶다고 했지요? 대체로 꽤 좋다고 생각해요. 하지만 완벽할 수는 없을 거예요. 그 문제가 바로 그런 성질을 지니니까요. 이 개념들을 정당화하는 방법은 오로지 수학적으로 표현하는 것밖에 없지만, 그건 꽤 힘든 일이고, 이 책의 취지에도 맞지 않아요. 내 말이 유추를 계속 사용하라는 것처럼 들린다고 생각하지만, 모든 유추는 어딘가 들어맞지 않는 부분이 나온다는 걸 알아요. 빠르든 늦든 간에 누군가가 문제를 제기할 거예요. 그래도 쓰지 않는 것보다는 더 나아요. 우리가 줄곧 써온 것이 유추이니까요. 개인적으로 나는 많을수록 더 낫다고 봐요. 그리고 그런 맥락에서 쓸 만한 것 하나 적어볼게요.

비유는 종이와 같아요. 모든 편평한 표면은 주름도 접힘도 없는 종이 한 장으로 덮을 수 있어요. 휘어진 표면을 완전히 덮으려면, 종이를 몇 장 풀로 붙여야 해요. 때로는 겹치기도 하면서요. 단순한 개념은 편평한 표면처럼 하나의 비유를 통해 다 덮을 수 있어요. 반면에 당신이 다루는 고도의 개념은 심하게 휘어져 있어요. 어느 하나의 비유로 표면 전체를 다 덮지 못해요. 여러 조각으로 덮어야 하고, 다면적인 개념의 각 측면마다 다른 비유를 써야 해요.

끈 이론 장을 쓸 생각이 있냐고 물었지요? 사실은 좀 걱정이 돼요. 그 주제를 제대로 다룰 수 있을지 확신이 없거든요. 그건 미대생에게 거장의 그림을 재현하라고 요구하는 것과 같아요. 내가 일을 망치면, 그리고 나 때문에 사람들이 진짜 걸작을 외면하게 되면 어쩌죠? 겁나는 제안이지만, 핫초코 한 잔 마시면서 생각해보겠다고 약속할게요.

아마 조금 이상하게 들리겠지만, 나는 창가에 앉아 있는데 고개를 들 때마다 버딕 초콜릿 상점의 갈색과 분홍색 섞인 차양이 오라고 손짓하고 있어요. 몇 시간 동안 버텼지만, 결국 유혹에 맞서는 것을 포기할래요. 자극이 더 필요해서가 아니라, 지금 실내가 거의 비어 있는 것 같아서요. 사실 어디나 다 텅 비어 있어요. 이곳 거트먼 도서관도요. 내 주위의 크고 편안한 의자들도 대부분 비어 있어요. 커다란 유리창으로 햇빛이 가득 드는 곳만 빼고요. 하지만 그것도 오래가지 않을 거예요. 며칠 뒤에 겨울 방학이 끝날 테니까요. 사람들이 도서관 의자를 차지하려고 몰려들 것이고, 바깥에서는 주차 공간을 놓고 싸울 것이고, 버딕의 달콤한 음료를 마시기 위해 길게 줄을 서겠지요.

하지만 오늘은 케임브리지를 거의 독차지하고 있어요. 그러니까 핫초코를 들고 하버드 광장의 믿을 수 없을 만큼 조용한 길을 따라 오래 한가로이 걸을 거예요. 이 평화로운 고요함이 눈처럼 녹아 사라지기 전에 한껏 음미해야지요.

사라가

추신: 내가 볼 때 안나 이야기는 완벽해요. 내 생각에 동의할 사람이 얼마나 될지는 모르겠지만, 반전이 너무 마음에 들어요!

PART

^
3

세 번째 원고

보낸 사람: Leonardo Santorini 〈leonardo.santorini@gmail.com〉

날짜: 2013. 3. 26. 화요일 오전 12:03

제목: 3회분

받는 사람: breaking.symmetries@gmail.com

안녕 사라

마침내 우리 책의 마지막 부분을 보냅니다. 우리 책이라고
한 것은 나 혼자였다면 텅 빈 공간 속에서 이 생각을 끄집어
냈으리라고 보지 않으니까요.

때때로 나는 공간에 생각 장이 펴져 있고, 어떤 상호 작용으
로 에너지와 우연한 발견이 딱 맞게 조합되어서 한 착상을
흔들어 대고 헐겁게 만들어서 튀어나오게 하는 것이라는 생
각을 해요. 정말로 그렇다면, 지난 7월에 있었던 우리 대화
에서 튀어오른 불꽃이 바로 그 역할을 한 거예요. 내게 시작
하도록 만들었죠. 하지만 그 출발점 말고도 많은 빚을 당신
에게 지고 있어요.

이 책을 쓰는 일은 기쁨인 동시에 그만큼 고통이기도 했어
요. 이야기를 나눌 상대가 없었다면 이미 오래전에 포기했을

거예요.

나는 지금도 끈 이론 장이 완벽한 마감이 될 것이라고 생각하지만, 판단은 당신에게 맡길게요. 당신이 쓴다면 아주 멋질 거예요. 당신이 실제로 매일 붙들고 살아가는 개념이니까요. 내가 하지 못할 방식으로 연관 지을 수 있을 거예요. 밀어붙이려는 것은 아니지만, 그 장을 쓰고 싶지 않다고 결정했다 해도 어떻게 쓰면 좋을지 대강 구상이라도 짜보지 않겠어요? 내가 시작할 수 있도록요.

생각해보고 알려줘요. 절대로 압박하는 게 아니에요. 당신은 이미 내가 가능하다고 생각한 것보다 더 많은 도움을 주었어요.

보어와 압두스 살람(Abdus Salam)은 이 말을 할 때 자신들이 무슨 말을 하는지 잘 알았어요. 생각은 대화 속에서 응결하고, 연구는 진공 속에서 이루어질 수 없다. 사람은 논의 상대가 필요해요. 당신은 내게 그보다 훨씬 더 많은 일을 해주었어요. 매번 당신에게 어떤 착상을 넘길 때마다, 더 크고 더 생기 넘치고 더 짙은 색깔로 되돌려주었으니까요. 이 책은 내 작품인 동시에 당신 작품이기도 해요. 내가 할 말은 다 했으니까, 당신에게 넘길게요. 원고를 보고 원하는 대로 고쳐요. 옳다고 느끼면 어디든 골라내거나 채워요.

안녕,

레오가

추신: 생일 축하해요. 우편함 확인해요.

제5장

아름다움의 최고 형태

입자물리학과 전약 통일

"수학은 특히 질서, 대칭, 극한을 보여준다.

그리고 이것들은 아름다움의 최고 형태들이다."

_ 아리스토텔레스

1981년 6월

이탈리아 트리에스테

사랑하는 파티마와 하산에게,

이 편지는 오로지 너희 둘을 위한 거야. 그리고 약속했듯이 내 무릎에 앉아 있는 아이들이 아니라 너희가 이제 되어가고 있는 젊은 어른들에게 보내는 '적절한' 편지야. 너희가 내 논문을 뒤적거리면서, 내가 방정식의 웃기게 구불구불 적힌 알파벳을 '읽을' 수 있다는 사실을 신기해하던 시절(너희에게는 분명히 오래전 일 같겠지만, 내게는 바로 어제 같은)이 떠올라. 너희가 이런 기호를 그리는 법을 배우느라 열심이었던 것도 기억나. 마치 입문 의식을 치르듯이 한 장 한 장 넘기면서 낯선 글자 모양을 베껴 그렸었지. "이게 무슨 뜻이야, 아빠?" 너희는 그렇게 묻곤 했고, 나는 불완전한 답을 내놓으면서 받아넘겨야 했지. 내가 온종일 붙들고 씨름하던 생각들을 너희와 공유하기 위해 참 오랜 시간을 기다렸구나. 그러니 이 편지는 너희뿐 아니라 내 인생에서도 중요한 순간을 의미해.

지금은 점심시간이지만, 나는 구내식당의 긴 줄을 그냥 지나쳐 ICTP(국제이론물리센터)의 담을 가로질러 미라마레 공원으로 가고 있어. 나무들이 우거진 길은 아주 조용해. 탁 트인 곳에서 가물거리는 아드리아해 너머 절벽 꼭대기에 동화에 나오는 듯한 그림처럼 완벽한 성이 보여. 이곳을 걷다 보면 멋진 경관 속에 작은 샘들이 불쑥 모습을 보이곤 해. 그리고 나뭇잎들이 장막처럼 덮인 조용한 곳에서 이 공원을 집이라고 부르는 눈에 잘 안 띄는 사슴을 얼핏 보기도 해. 너희 둘이 이 반쯤 숨겨진 보물들을 찾아 이곳을 뛰어다니는 모습을 상상해. 그 생각만 해도 절로 웃음이 지어져. 트리에스테로 와서 처음 며칠 동안은 우아한 조각상, 아름다운 건물, 멋진 경치를 볼 때마다 본능적으로 주위를 둘러보며 너희를 찾곤 했어. 이 도시에는 너희 그리고 너희 엄마와 함께 보고 싶은 명소가 가득해. 모두 정말 보고 싶어. 그 생각을 하니 가슴이 쩡하네. 인샬라, 언젠가 우리 네 식구가 함께 트리에스테에 방문하는 날이 오기를.

내가 내 것이라고 생각하게 된 특별한 벤치가 있어. 여기 앉아서 수평선까지 드넓게 펼쳐진 바다를 보고 있으면 마음이 차분해져. 또 부드러운 손바닥처럼 트리에스테를 에워싼 언덕들도 한눈에 들어와. 지루한 잡일들과 기관에서 맡은 일들로부터 멀리 벗어나서 여기 앉아 있으면, 물리학을 보는 시야가 넓어지는 것이 느껴져. 아마 시야는 탄력성이 있고, 제공된 공간을 다 채우도록 늘어나는 모양이야. 이렇게 넓게 확장되면 내 생각도 넓게 펼쳐져. 나는 세미나 때 머릿속에 쏟아져 들어왔던 흥분되는 새로운 착상들을 펼치고, 마구 구겨서 마음 뒤편으로 밀어두었던 생각들을 꺼내지. 그런 다음 이 모든 생각들이 마음의 하늘을 구름처럼 떠다니도록 놔두고, 등을 기댄 채 그것들이 이루는 형상들에 경탄하면서 지켜봐. 이 형상들 중 몇 가지를 오늘 너희들에게 알려주려고 해. 하지만 너희가 아이였을 때 말했듯이, 보풀거리는 솜털 구름은 가까이 다가가면 흐릿해지면서 수증기로 사라지기 마련이야. 그러니 내가 너희에게 보여주는 그림을 보려고 애쓸 때면, 그것이 시간과 거리에 따라 달라질 수 있다는 점을 염두에 두어야 해.

그럼 시작해볼까? 10년 전에 내가 입자물리학자라고 말했을 거야. 내가 연구하는 입자는 자연의 기본 구성단위야.

너희의 레고 블록과 비슷해. 레고 블록과 마찬가지로, 이 기본 입자들을 갖고 무언가를 조립할 수 있으려면 먼저 어떤 조합이 가능한지 그리고 각각은 어떤 속성을 지녔는지를 알아야 해.

금세기 초에 물리학자들은 핵심 조각들과 속성들의 목록을 다 작성했다고 생각했어. 아직 관찰되지 않은 현상은 모두 중력과 전자기력이라는 두 상호 작용 중 하나에서 비롯된다고 볼 수 있었지. 음전하를 띤 전자, 중성인 중성자, 양전하를 띤 양성자라는 세 아원자 입자가 물질의 보이지 않는 구성 성분이라고 여겼어. 원자는 중성자와 양성자를 묶어서 원자핵을 만들고 그 주위의 궤도에 원자를 갖다 놓으면 된다고 생각했지.

교과서에는 원자가 바로 그런 식으로 묘사되어 있지. 하지만 의문을 품고 접근한다면 — 그렇게 하는 습관을 들여야 해 — 이 단순한 모형이 전자기 법칙에 아주 심하게 위배된다는 사실을 곧바로 알아차릴 거야. 이 모순을 깨닫고 해결하는 과정에서 우리 목록에 입자 몇 개와 상호 작용 두 가지가 더 추가되기에 이르렀어. 이 새 힘들은 우리가 원자 규모에서 살펴보기 시작할 때에야 비로소 느껴졌기 때문에 핵력이라고 했어.

그 단순한 원자 모형에 뚜렷이 드러난 문제점 중 하나는 양자역학이 이미 해결한 바 있었어. 전자는 원자핵에 끌리고 있는 데에도 궤도에 묶여 있기 때문에 더 가까이 다가가지 못했어. 그리고 원자핵에 더 이상 다가갈 수 없는 가장 작은 궤도가 있었지. 이 때문에 원자는 안쪽으로 폭파되지 않고 있었지만, 바깥으로 폭발하지 못하게 막는 것은 무엇일까? 사실 원자핵의 형성 자체도 전자기 법칙에 들어맞지 않았어. 그 법칙에 따라 양성자 집단은 강한 정전기 반발을 겪어야 하는데, 그럼에도 어쩐 일인지 하나로 꽉 묶여 있으니까. 흩어지려는 양성자들의 충동을 억제하는 아주 강한 결합력이 분명히 있는 거였지. 그 힘에는 강한 핵력, 즉 강력이라는 이름이 붙여졌어.

이 힘을 추가해도 아원자 입자의 곡예를 완전히 설명할 수는 없었어. 특히 문제가 되는 행동 중 하나는 베타 붕괴(beta decay)였어. 베타 붕괴는 중성자 하나가 양성자 하나와 전자 하나로 변하는 거야. 당연히 가장 쉬운 설명을 곧바로 떠올릴 수 있었지. 아마 중성자는 양성자가 전자로 이루어진 복합체가 아닐까? 그러면 베타 붕괴는 그냥 이 두 성분을 묶는 결합이 끊어지는 것이 되겠지. 하지만 꼼꼼히 연구한 결과, 그럴 가능성은 없다고 나왔어. 그러니 중성자가 자발적으로 양성자와 전자로 변신하는 모습을 당혹스럽게 그냥 지켜보고 있어야 했지. 우리가 아는 세 가지 힘은 모두 끌어당기거나 밀어냄으로써 물체의 운동에 영향을 미칠 뿐이지, 물체의 정체성을 바꾸지는 않았어. 그러니 전혀 새로운 종류의 상호 작용이 베타 붕괴를 일으킨다는 것이 분명해졌지. 이 힘에는 약력이라는 이름이 붙었어.

이제 기본 힘의 수가 네 개로 늘어난 거야. 하지만 여전히 해결되지 않은 문제가 많았어. 베타 붕괴는 규범과 전통을 완전히 무시했어. 에너지 보존 법칙에 어긋나는 듯이 보인 거야. 실험을 하니 붕괴로 생긴 전자와 양성자의 에너지를 더한 값이 원래의 중성자가 지닌 에너지보다 적은 것으로 나왔어. 재앙이나 다름없었지. 이 점점 불확실해져가는 세계에서도 물리학자들이 꽉 붙들고 의지하는 법칙이 몇 개 있었는데, 에너지 보존 법칙이 그중 하나였어. 관여하는 상호 작용의 성질이 어떻든 간에, 어떤 계에서 어떤 물리적 과정이 진행되기 전과 후의 총에너지는 언제나 같다는 법칙이야. 에너지는 새로 만들 수도 파괴할 수도 없다는 거였지. 그냥 형태만 바꿀 수 있을 뿐이었어.

마치 온기와 보금자리를 제공했던 공리들이 조각나 부서지고, 우리는 춥고 발 디딜 곳도 없는 무지 속으로 떨어져 내리는 것 같았지. 때때로 이런 식으로 사유 체계에 구멍이 뻥 뚫리는 듯할 때, 할 수 있는 일은 한 가지뿐이야. 해체된 조각들을 다시 모아 재구성해서 기존에 제대로 설명했던 것들을 간직하고, 앞으로 나올 새로운 설명이 들어갈 공간까지 갖춘 새 구조를 만드는 거지.

어느 면에서는 조각 그림 퍼즐을 맞추는 것과 비슷해. 완성된 그림이 어떤 모습인지 전혀 모른다는 것만 빼고. 우리 식탁에 새 퍼즐 조각들을 죽 펼쳐놓으면 너희는 맨 처음 맞출 조각을 찾느라 시간이 걸리곤 했지. 바로 테두리 틀을 짜는 퍼즐 조각들 말이야. 구석에 놓일 조각은 가장 가치가 있지. 양쪽 가장자리가 어디고 어떻게 만나는지 단서를 제공하니까. 일단 틀이 짜이면 그 테두리부터 맞춰가기도 쉽고,

끊겨 있는 조각 그림들을 연결하기도 더 쉬워져. 테두리 안에서는 어떻게든 들어맞으리라는 것을 아니까. 역설적으로 보일지 모르지만, 가둠으로써 해방되는 거지.

법칙과 이론의 관계는 틀과 퍼즐의 관계에 비유할 수 있어. 한 이론이 어떤 법칙을 따르는지를 일단 파악하면, 모든 설명이 들어가야 하는 테두리를 정한 것이나 다름없거든. 이 틀 안에서는 자유롭게 움직이지만, 넘지 말아야 할 선이 있다는 것을 염두에 두고 있지. 에너지 보존은 언제나 모든 틀의 중요한 일부였는데, 베타 붕괴라는 난제에 직면했을 때 일부 물리학자는 절실한 마음에 그 경계를 넘자는 생각을 했어. 볼프강 파울리는 이 신성 모독 같은 걸음을 내딛고 싶지 않았어. 그래서 유일하게 남은 대안을 택했지. 그 법칙을 맹목적으로 믿고서, 에너지가 사실상 보존된다고 주장했어. 누락된 에너지는 우리가 검출할 수 없는 어떤 형태를 취하고 있을 뿐이라는 거였어. 파울리는 중성자가 전자와 양성자로 붕괴할 때, 보이지 않는 또 다른 무언가도 나온다고 주장했어. 이 유령이 에너지를 가져간다는 것이 설명되기만 하면, 붕괴 전후의 총에너지는 동일할 것이라고 주장했지. 에너지 보존 법칙이 말하는 대로 말이야.

하지만 지문을 전혀 남기지 않는 미꾸라지 같은 범인이 있다는 이 말을 믿지 않는 사람도 많았어. 대신에 그들은 에너지가 사실상 파괴되었다는 사실을 어떻게든 받아들이려고 했어. 그러나 파울리의 입장은 확고했어. 그는 진짜 셜록 홈스처럼, 이 도둑이 완벽한 범죄를 저지르려면 어떤 속성을 지녀야 하는지 하나하나 목록을 작성하기 시작했어. 이윽고 질량도 없고,* 전하도 없고, 1/2의 전하를 지닌 입자라면 그런 짓을 저지를 수 있다는 것을 알아냈어. 그는 이 입자에 중성미자(뉴트리노)라는 이름을 붙였어. 대다수의 입자 검출기는 하전 입자가 눈에 보이는 궤적을 남긴다는 원리를 이용하니까, 전기적으로 중성이고 질량도 없는 입자라면 검출되지 않을 것이라고 주장하기는 어렵지 않았어.

파울리가 이 '수배' 전단지를 붙인 지 20년이 지난 뒤에

---

* 후속 연구를 통해 중성미자가 작은, 그렇긴 해도 아주 작은 질량을 지닐 수도 있다는 것이 드러났다.

마침내 과학자들은 중성미자를 찾아냈어. 파울리가 이론적으로 추론한 결과를 대담하게 믿은 것이 옳았다는 사실이 실험을 통해 입증된 거야. 이 일로 물리학을 연구하는 방식이 영구히 바뀌었어. 중성미자는 이런 식으로 존재를 추론한 최초의 입자였고, 그 선례를 따라 새로운 입자들이 계속 쏟아져 나왔지.

중성미자는 발견된 뒤에도 독단적인 행동으로 우리에게 계속 충격을 안겨주었어. 중성미자가 나선성(chirality)을 지닌다는 사실이 드러난 거야. 이 발견이 물리학계에 어떤 공포를 일으켰는지 이해하려면, 먼저 나선성이 무엇인지를 이해할 필요가 있겠지?

전자를 자신의 자전축을 중심으로 회전하는 작은 공이라고 생각해봐. 이 축은 방향이 위쪽일 수도 있고 아래쪽일 수도 있어. 각각을 '업 스핀(up spin)'과 '다운 스핀(down spin)'이라고 하지. 작은 화살표가 그쪽 방향으로 향해 있다고 상상하면 돼. (이런 것들이 시각적 비유일 뿐이라는 점을 명심해. 전자는 사실 작은 공이 아니고, 스핀이라는 양자역학적 특성도 우리가 회전이라고 말할 때 떠올리는 것과 실제로도 다르고, 화살표도 오로지 상상의 산물이니까!)

전자의 운동을 특정하려면 전자가 회전하는 방향뿐 아니라 화살표(스핀)의 방향도 말해야 해. 이 두 속성의 조합을 나선도(helicity) 또는 손지기(handedness)라고 하지.

나선도가 어떻게 정해지는지를 이해하려면 이렇게 생각해봐. 오른손 엄지를 위로 뻗은 채 주먹을 쥐어봐. 손가락들이 반시계 방향을 향할 거야. 그와 비슷하게 오른손잡이 전자는 화살표가 위로 향할 때 그 수직축을 반시계 방향으로 도는 전자야. 이제 손을 거꾸로 해서 엄지를 아래쪽으로 향해봐. 이렇게 화살표가 아래를 가리킬 때 오른손잡이 전자는 시계 방향으로 회전하게 되지. 같은 맥락에서 왼손잡이 전자는 화살표가 위를 향할 때 시계 방향으로, 화살표가 아래를 향할 때 반시계 방향으로 회전해.

여기서 양쪽이 서로의 거울상이라는 점을 기억해. 오른손잡이 전자(시계 방향, 다운 스핀)를 거울 앞에 놓으면, 거울에 비친 전자는 스핀은 변하지 않은 상태에서 회전만 반시계 방향으로 바뀌어 있을 거야. 즉 거울 속 전자는 왼손잡이인 거지. 이 왼쪽과 오른쪽의 뒤바뀜은 우리가 으레 예상하는 것이고, 일상생활에서 접하는 것이기도 해. 거울 앞에서 오른

손을 들면, 거울상은 왼손을 들지. 하지만 우리는 이렇게 왼쪽과 오른쪽이 바뀌는 것만 빼곤, 거울 속 세계가 우리 세계와 똑같을 것이라고 예상해. 다시 말해 거울상에도 같은 물리 법칙이 적용될 것이라고 생각하지. 한마디로 비나선성 (nonchirality)*을 띨 것이라고 예상해. 그 반대는 나선성 이론이겠지. 즉 우리 세계와 거울상이 서로 자유롭게 독자적으로 움직인다는 이론 말이야. 하지만 그 대안을 진지하게 받아들이는 사람은 아무도 없었어. 거의 암묵적으로 우리는 사려 깊은 이론이라면 모두 비나선성을 전제해야 한다고 가정했던 거지. 그러니 중성미자**가 뻔뻔하게도 나선성을 지닌다는 것이 밝혀졌을 때 물리학자들이 얼마나 경악했을지 상상이 갈 거야! 한마디로 결코 거울상이 아니라는 거야! 모든 중성미자는 왼손잡이였어. 오른손잡이 중성미자는 아예 없어. 따라서 거울상도 없는 거야.

_____

• 나선성(chiral)은 '손'을 뜻하는 그리스어에서 유래했다. 비나선성 이론은 '중성'이다. 즉 어느 한쪽 나선성을 선호하지 않는다. 반면에 나선성 이론은 어느 한쪽을 선호한다고 할 수 있다.

이야기를 체계적으로 펼치려고 노력했지만 새로운 개념을 너무 많이 도입한 것 같네. 너희들이 한 줄 한 줄 이해하기 위해 몰두하다가, 지금쯤 더 큰 그림을 놓쳤다고 해도 당연할 거야. 그러니까 더 나아가기 전에 한번 요약해볼까? 원자 구조를 연구하다 보니 기존 이론들에 맞지 않는 현상들이 나타났어. 그래서 중력과 전자기력에다가 핵력 두 가지를 추가해야 했지. 강력과 약력이야. 강력은 원자를 안정하게 유지하는 힘이지. 약력은 입자를 변형시키는 힘이고, 원자핵의 방사성 붕괴를 일으키는 배후라는 것이 밝혀졌지. 베타 붕괴를 조사하니 아원자 입자 목록에 새 입자가 하나 더 추가되어야 한다고 나왔어. 전자, 양성자, 중성자에다가 이제 정체가 모호하기까지 한 중성미자가 추가된 거야. 게다가 중성미자는 나선성도 지닌다는 것이 드러났지. 예상과 너무나 어긋

** 최근 들어 중성미자가 사실은 질량이 아예 없는 것은 아닐 수도 있고, 따라서 오른손잡이 중성미자가 있을지도 모른다는 증거들이 조금 나오기도 했다. 그런 증거가 옳은 것으로 드러난다 해도, 왼손잡이와 오른손잡이 중성미자가 완벽하게 대칭이 아니라면, 그 이론은 계속 나선성을 띠고 있을 것이다.

났기에, 물리학계는 그 정보를 소화하고 사실로 받아들이는 데 시간이 걸렸어. 많은 증거가 더 나온 뒤에야 받아들일 수밖에 없었지.

하지만 그것이 끝이 아니었어. 중성미자의 발견은 우리의 이론 구조가 틀리지 않았음을 보여준 것이므로 큰 환영을 받았어. 특수한 사례라고 여기긴 했지만 말이야. 그런데 곧 예상도 못하고 원치도 않는 일들이 벌어졌어. 아원자 입자들이 우박처럼 쏟아지기 시작한 거야.

이 모든 '새로운' 입자들이 어디에서 나오는 것인지, 그리고 왜 전에는 보이지 않았던 것인지 의문이 생길 수도 있어. 답은 이 입자들 대부분이 불안정하다는 거야. 이들은 아주 짧은 찰나에만 존재해. 자연은 이 입자들이 지닌 속성을 금방 재분배해서 더 효율적인 꾸러미를 내놓거든. 이 안정한 꾸러미들이 바로 우리가 주변 세계에서 보는 입자들이야. 입자 가속기와 충돌기가 등장한 뒤에야 비로소 우리는 아원자 세계를 처음으로 엿볼 수 있게 되었어. 아인슈타인 덕분에 우리는 질량이 그저 에너지의 저장소라는 것을 알아. 그 개념이 너무 추상적으로 여겨질 때는 입자를 통으로 생각하면 돼. 각 입자는 저마다 크기와 모양이 다른, 나름의 특징을 지닌 통이야. 통이 저장할 수 있는 에너지의 양은 입자의 질량에 따라 정해져.

가속기와 충돌기라는 크고 복잡한 기계 안에서 입자들은 아주 빠르게 가속돼. 그러면 더 많은 에너지를 얻게 되지. 그런 뒤에 이 입자들을 충돌시켜. 그러면 통이 깨지고, 뜨거운 에너지들이 쏟아져 나와. 병 속에 갇혀 있던 지니가 튀어나오듯이. 이 쏟아진 에너지는 자유로운 상태로 오래 머물지 못해. 일부는 열이나 빛이나 운동처럼 제약을 덜 받는 형태를 취하지만, 대부분은 기다리고 있는 텅 빈 통들 안으로 흘러 들어가. 그럼으로써 새로운 입자의 모습을 취하는 거야. 처음에 에너지는 수가 더 적은 큰 통으로 흘러 들어가는 경향이 있어. 하지만 이런 통은 너무 커서 버거워. 그래서 곧바로 다시 흘러나와 더 작고 안정한 통들로 나뉘어 들어가. 바로 우리에게 친숙한 입자들이야. 이 중간 단계가 너무 빨리 진행되는 바람에, 우리는 그런 일이 일어난다는 것을 몰랐어. 기술이 발전한 뒤에야 비로소 짐작도 못했던 이런 전이 입자들이 존재한다는 것을 볼 수 있게 되었지.

그 뒤로 얼마 동안 사람들은 새 입자를 발견할 때마나 흥분에 휩싸이곤 했어. 하지만 그 흥분은 오래가지 않았어. 그 뒤로 20년 동안 새로 발견되는 입자들이 너무 많아지는 바람에 흥미를 잃게 된 거지. 새 입자를 발견하지 못하는 물리학자에게 노벨상을 줘야 한다는 농담까지 나왔어.* 환영하든 말든 입자들은 계속 비처럼 쏟아졌고, 물리학자들은 어떻게든 그것들을 주워서 들어갈 만한 자리에 끼워 맞추느라 바빴어.

하지만 과학자들도 참을 수 있는 한계가 있기 마련이야. 1936년 뮤온(muon)이 발견되자, 과학자들은 거의 모욕감을 느꼈어. 뮤온이 존재할 이유가 전혀 없었거든. 뮤온은 어느 모로 보나 전자와 똑같았어. 2백 배 더 무겁다는 것만 빼고. 이지도어 라비(Isidor Rabi, 나중에 노벨상을 받았어)는 이렇게 절망감을 드러냈지. "대체 저걸 누가 주문했지?"

---

* 이 농담을 오펜하이머가 했다고 전해지지만, 그 말이 실린 문헌을 찾을 수가 없었다. 들었다는 간접적인 증언만 있을 뿐이다.

당시 물리학자들의 심경이 어땠을지 상상하기란 어렵지 않을 거야. 입자가 자신을 복제하여 더 무거운 판본을 만들겠다고 결심한다면, 그 미친 짓을 한없이 되풀이할 수 있을 테니까. 이제 새로운 입자들이 출현할 논리적 이유 따위는 더 이상 없는 듯했어. 사람들은 그중에 어느 입자가 진정으로 근본적인 것인지 묻기 시작했어. 이 모든 입자들이 전혀 새로운 것들일까, 아니면 기존의 친숙한 입자들이 조합된 산물일까?

며칠 전 거리를 지나는데 도로를 따라 곳곳에 밧줄이 쳐 있는 것이 보였어. 미라마레 공원의 산책길에서도 비슷한 밧줄을 보았던 것이 떠올랐어. 같은 것을 계속 보니 호기심이 샘솟았지. 사람들에게 물어보니, 보라(bora)를 대비한 보호 조치라는 거였어. 보라는 트리에스테를 통과하여 만 안쪽으로 늑대처럼 울부짖으면서 사납게 부는 바람이야. 이 매섭게 추운 바람은 주위를 에워싼 산 사이의 좁은 골짜기를 지나면서 날카로운 얼음 바늘 같아져. 도시를 휩쓸고 갈 때면 지붕을 뜯어내고, 서 있는 모터사이클을 하늘로 날려버리고, 사람도 붕붕 띄우지. 그래서 밧줄이 필요한 거야. 수십 년 전 입자물리학에도 바로 비슷한 일이 일어나고 있었어. 칼날 같은 바람이 우리 이론의 장엄한 건축물을 찢어발기면서 전부 다 무너뜨리고 있었거든. 새로운 입자들이 바람을 타고 밀려들었고, 닥치는 대로 사람들을 쓰러뜨리면서 날아다녔어.

보라는 좀 변덕스러워. 불었다가 갑자기 멈추었다가 하지. 이 변덕스러운 행동에 익숙한 트리에스테 주민들조차도 바람이 지나갔다고 생각해 밧줄을 놓고 움직였다가 그 순간을 기다리고 있던 보라의 속임수에 넘어가곤 해. 입자물리학에서도 그런 일이 일어났어. 폭풍이 잠잠해져서 사람들이 피해를 조사하러 나설 때마다, 변덕스러운 바람은 다시금 사납게 불어댔지. 마침내 바람이 멎고 나니, 다 부서져서 알아볼 수 없는 쓰레기 더미만 남아 있었어. 물리학자들은 이 평지풍파에 휩쓸려 생긴 혼돈 속을 뒤적거리면서 입자를 정리하고 분류하려고 시도했어. 그러자 어떤 패턴이 출현하는 듯했어. 이런 상관관계가 어디에서 나오는 것인지는 아무도 이해하지 못했지만, 그 점은 중요하지 않았지. 패턴 그 자체가 강력하면서 설득력 있어 보였거든. 무언가가 반복되어 나타날 때마다, 현실을 한 꺼풀 더 벗겨낼 수 있다는 희망이 보이는 거야. 그 눈에 보이는 형태를 만드는 기본 구조가 존재할 것 이라는 희망이지.

이윽고 미국 물리학자 머리 겔만(Murray Gell-Mann)이 이 구조를 일목요연하게 보여주는 표를 작성했어. 겔만은 자신 이 '쿼크(quark)'라고 유별난 이름을 붙인 기본 입자 여섯 가지 가 다양한 방식으로 결합되어 양성자, 중성자, 새로 발견된 아원자 입자들 대부분을 만들 수 있다는 것을 알아차렸어. 또 이 발견으로 핵력의 진정한 특성도 드러났지. 약력은 한 종류의 쿼크를 다른 종류로 바꾸는 반면, 강력은 쿼크들을 함께 묶는다는 거였어. 강력은 쿼크를 세 개씩 꽉 묶어서 중 성자와 양성자를 만들었어. 그리고 이웃한 중성자와 양성자 에 있는 쿼크들까지도 강한 힘으로 서로 끌어당기기 때문에 원자핵이 안정한 상태로 있을 수 있었지.

모든 입자를 쿼크로 만들 수 있는 것은 아니었어. 전자 는 그 자체가 기본 입자임이 드러났어. 전자의 더 무거운 사 촌인 뮤온도, 그보다 더 무거운 사촌인 타우(tau)라는 입자도, 이 세 입자와 관련이 있는 중성미자 세 종류도 마찬가지였 어. 전자, 뮤온, 타우 및 이 각각과 관련된 중성미자는 따로 렙톤(lepton)이라고 했어. 렙톤은 쿼크와 별개일 뿐 아니라, 강력에도 영향을 받지 않았어. 약력의 영향은 받았지만. 이렇게 재편하는 과정이 끝났을 때, '물질 입자'의 수는 세 개(전자, 양성자, 중성자)에서 열두 개(렙톤 여섯 개와 쿼크 여섯 개)로 늘어났고, 기본 힘도 두 개(중력과 전자기력)에서 네 개(강한 핵력과 약한 핵력이 추가되어)로 늘어났어. 수가 많이 늘어났다는 점을 생각하면 아주 좋다고는 할 수 없었지만, 그렇다고 아주 나빠진 것도 아니었어. 최근에 입자가 폭발적으로 늘어났다는 점을 생각하면 더욱 그랬지. 이렇게 우주를 이루는 성분들의 목록을 수정하면서, 지금까지 접했던 모든 것을 만들 요리법을 찾는 일에 다시 나설 수 있게 되었지. 우리 감각을 통해 직접 접했던 것들뿐 아니라, 망원경과 입자 검출기를 통해 간접적으로 접했던 것들까지 다 포함해서 말이야.

시계를 보니 점심시간이 끝나고 학술 대회가 다시 시작될 시간이네. 이제 ICTP로 돌아가야겠어. 오늘 밤 다시 대화를 이어가기로 하자.

펜을 내려놓은 뒤로 쭉, 마음속으로 이 편지를 계속 쓰고 있었어. 너희에게 내 생각을 전달하기에 알맞은 단어, 머릿속에 쏙 들어오는 어구나 이미지나 비유 같은 것들을 계속 찾고 있었지. 저녁에 마침내 강당을 나올 때쯤에는 온종일 머리를 쓰느라 무척 지친 상태였어. 전서구처럼, 나는 오베르단 광장에 있는 버스 정류장으로 향했어.

여기 체류한 지 얼마 되지 않았지만, 벌써 42번 버스는 내가 휴식을 취할 때 애용하는 공간이 되었어. 이 버스는 느긋하게 한 시간 반 동안 트리에스테의 중심가에서 국경 근처에 있는 오피치나라는 그림 같은 소도시의 조용한 거리까지 운행해. 완만하게 굽은 길을 따라 가면서 굽이를 돌 때마다 감탄을 자아내는 경치가 계속 펼쳐지지. 몬루피노의 거대한 석조 건축물, 깊은 곳에서 수정 같은 불빛이 반짝거리는 그로타지간테 동굴, 꼭대기에 승리의 여신 석상이 있는 파로델라 비토리아 등대를 지나 트리에스테가 한눈에 내려다보이는 곳으로 계속 올라가.

승객은 대부분 동네 주민들이야. 즐겁게 이야기를 나누면서 집으로 돌아가는 길이지. 말에 밴 경쾌한 운율이 아름다운 풍경과 완벽하게 조화를 이루어. 언덕에 줄지어 있는 나무들을 따라 늘어선 그림 같은 집들이 저녁놀의 무지갯빛 색조에 잠겨 빛나고 있어. 또 해가 지면서 바다와 하늘의 경계가 녹아들어 마치 딴 세상처럼 빛나고 있어. 이런 환경에서 오페라의 열정적인 노래와 퇴폐적인 멜로디가 나오는 것 같아. 이탈리아의 흘러넘치는 아름다움이 그런 소리들을 불러낸다고나 할까?

승객들이 정류장마다 내리면서 조금씩 줄어들고 나는 여전히 앉아 있어. 버스는 이윽고 언덕 꼭대기에 도착해. 경관 전체가 한눈에 들어오는 곳이야. 호화로운 비단 태피스트리가 펼쳐지는 듯하지. 여기가 버스 종점이야. 운전기사가 버스를 세워. 그는 묻는 듯한 시선으로 나를 쳐다보지만, 내가 고개를 젓자 웃음을 지으면서 잠시 휴식을 취하기 위해 하차해. 10분쯤 뒤 버스는 다시 도시를 향해 내려가기 시작해.

이제 어둠이 깔리면서, 언덕에 점점이 불빛이 보이고 있어. 점점이 별자리처럼 배열된 불빛들이 집, 상점, 마을이 어디 있는지 알려줘. 본능적으로 나는 거기에 어떤 구조가 있는지 찾기 시작해. 함께 묶여서 어떤 의미를 이루는지 말이야. 마을을 이루려면 불빛이 얼마나 조밀하게 모여 있어야 할까? 외딴곳에 떨어져 있는 패턴들은 무엇일까? 특정한 배치를 다시 보았을 때 알아보는 데 도움을 줄 어떤 특정한 모양이 있을까? 내 마음이 한가롭게 이런 놀이를 하고 있는데, 세부적인 사항들은 사라지고 온종일 무의식적으로 붙들고 있던 더 큰 주제가 전면으로 떠올랐어.

대칭의 수학적 의미는 이 단어의 일반적인 의미와 크게 다르지 않아. 내가 어떤 대상이 대칭인지 아닌지 물으면, 너희는 대개 곧바로 대답할 가능성이 높지. 의식적으로 생각하지 않고서도, 대상의 두 측면 사이의 기하학적 유사성에 본능적으로 반응하는 거지. 그런 유사성이 존재한다면 말이야. 대칭성을 파악하고 묘사하기 위해 좀 더 집중할 필요가 있을 수는 있지만, 어딘가 반복되는 부분이 있다는 점은 한눈에 보아도 알 수 있어.

대체로 대칭은 눈을 즐겁게 해. 그래서 전통적인 물품의 장식과 디자인에 많이 쓰이지. 수 세기에 걸쳐 취향과 유행이 변하는 와중에도 대칭이 지닌 미적 가치는 그대로 유지되곤 해. 너희가 위대한 무굴 제국 황제들과 전혀 다른 삶을 산다 해도, 대칭에서 즐거움을 느낀다는 점은 같아. 바드샤히

모스크의 아치와 천장에 있는 모자이크 무늬의 복잡한 모티 브를 보면 절로 감탄이 나올 거야. 라호르 요새의 대리석 격 자에 도림질 세공을 한 기하학적 문양에도 매료되겠지. 그리 고 친숙한 패턴이 낯선 맥락이나 무관한 구조에 크기를 달리 하면서 나타나는 것을 볼 때도 기쁘지.

나는 무굴 건축의 열렬한 찬미자인 터라, 이런 문양들이 왜 그렇게 호소력이 있는지를 종종 생각하곤 해. 바로 이 때 문이 아닐까? 패턴은 안도감을 줘. 친숙한 것으로 돌아가게 해준다고 약속하고, 따라서 우리에게 안도감을 주지. 그러나 패턴은 본래 끝이 없어. 무한히 반복될 수 있고, 따라가다 보 면 아는 것으로부터 미지의 것으로 나아가게 되지. 신의 존 재를 시사하면서 말이야. 아마 압두스 살람* 같은 헌신적인 신자가 나방이 불을 향해 달려드는 것처럼 대칭에 끌린 이유 가 그 때문일 거야.

'대칭'이라는 단어에는 본질적으로 결과에 영향을 미치

---

* 압두스 살람은 노벨상 수상자이자 ICTP의 초대 소장이다.

지 않으면서 어떤 계에 어떤 작업을 수행할 수 있다는 의미가 함축되어 있어. 예를 들어 거울 대칭적인 모양은 뒤집을 수 있고, 그러면 물체와 그 거울상은 전혀 달라지지 않은 듯 보일 거야. 정삼각형은 중심을 잡아서 회전시킬 수 있고, 꼭짓점들이 원래 있던 세 지점에 맞추어지기만 하면, 가장 꼼꼼한 관찰자(회전시키는 것을 보지 못했다고 할 때)도 무슨 일이 일어났는지 전혀 알아차리지 못할 거야. 마찬가지로 정사각형은 직각으로 한 번 — 또는 직각으로 두 번, 세 번, 네 번 — 회전시켰을 때 아무도 그 차이를 모를 거야.* 물론 궁극적인 대칭은 원의 대칭이지. 원은 어떤 각도로 회전시키든 간에 전혀 알아차리지 못할 거야.

어떤 물체를 대칭적이라고 말할 때, 우리는 그 물체에 아무런 변화도 일으키지 않는 작용이 있다고 말하는 — 또는 의미하는 — 것이기도 해. 그런 모든 작용들의 집합은 그 물

---

* 일반적으로 정n각형은 원을 n개로 똑같이 나누었을 때 생기는 조각의 중심각만큼 회전시키면 누구도 알아차리지 못할 것이다.

체의 대칭군을 이루지. 따라서 정삼각형의 대칭군은 원소가 세 개, 정사각형은 네 개이고, 더 일반적으로 말하자면 정n 각형의 대칭군은 n개가 되지. 이런 대칭군은 모두 원소의 개수가 유한해. 즉 그에 상응하는 대칭이 불연속성을 띤다는 것을 반영하지. 그런 군은 흥미롭고 유용하고, 아주 멋진 패턴을 형성해. 하지만 지금 우리 목적에는 연속(continuous) 대칭이 훨씬 더 흥미로워. 양자전기역학 같은 게이지 이론과, 강한 핵력과 약한 핵력 이론의 토대를 이루거든.

게이지 이론 형식 체계(gauge theory formalism)는 대단히 강력해. 어떤 힘의 작용을 예측할 뿐 아니라, 더 깊이 들어가서 그 힘의 세기와 작용 범위가 왜 그 정도인지도 설명하고, 왜 그 힘이 특정한 입자들 사이에 전달되는지도 말해주거든. 이 모든 것이 대칭의 논증에서 나와. 연속 대칭은 그 용어가 시사하듯이 불연속적인 값만 취하는 것이 아니라 얼마든지 매끄럽게 조절할 수 있는 변환(위의 사례에서 말한 회전 같은)을 가리켜. 원의 회전군이 단순한 사례지. 각도를 연속적으로 다양하게 바꾸면서 회전시키다가 어느 지점에서든 멈출 수 있어. 이 과정 내내 원에는 아무런 변화도 없어.

공간 대칭은 우리에게 친숙해서 알아보기도 쉽지만, 그 것 말고도 대칭은 더 많아. '내부(internal)'* 대칭도 있어. 가시적인 3차원 공간이 아니라, 한 추상 공간에서만 나타나기 때문에 그렇게 불러. 이 대칭은 한 이론에서 수학적 변환을 했을 때 방정식에 아무런 변화가 없을 때 나타나.

간단한 예를 하나 들어볼까? 어떤 양 x가 방정식들에서 엄밀하게 제곱 x^2을 통해 표현되는 사례를 생각해봐. x만 들어 있는 식은 전혀 없어. $(-x)^2 = x^2$이니까, 우리는 그 이론이 x와 -x의 차이의 차이를 모른다고 결론지을 수 있어. 다시 말해, 그 이론은 x를 -x로 바꾸는 변환에 대칭적이고, 한 가지 (불연속적인) 대칭을 지닌다고 할 수 있어. 이 논증의 어느 부분도 x가 대변하는 물리적 양에 의지하지 않아. x는 무엇이든 될 수 있어. 대신에 x가 연속된 값들의 전 범위에 걸쳐 순환할 때 방정식의 형태가 전혀 변하지 않는다면, 그 이론은 연속 대칭을 지닌다고 해.

* 전자기의 게이지 이론이나 강한 핵력과 약한 핵력의 게이지 이론이 그렇다.

게이지 이론을 도출하려면 기본 대칭이 연속적이어야 하고, 온곳(global)이 아니라 한곳(local)에서 일어나야 해. 온곳 변환과 한곳(국소) 변환이 뭐냐고? 동일한 변환이 계 전체에서 이루어지면 온곳 변환이라고 해. 변환을 지점마다 다르게 할 수 있다면 한곳 변환이라고 하고.

일광 절약 시간제를 예로 들어볼까? 어느 날, 한 나라의 국민 전체가 아침에 일어나서 자기 시계의 바늘을 한 시간 씩 앞으로 돌리기로 결정하는 거야. 어제까지는 오전 7시였던 때가 오늘은 즉시 오전 8시로 바뀌는 거지. 하지만 생활은 달라지지 않고 사람들은 늘 하던 대로 같은 시간에 약속을 잡을 수 있어. 그 결정은 온곳에 적용되는 것이니까. 우리가 그때를 오전 7시로 부르든 8시로 부르든 간에, 나라 전체가 시계를 한 시간 앞당기기로 결정한 이상, 국민 모두가 그때를 8시라고 보는 거지. 그리고 생활 습관을 변함없이 유지하기만 하면 돼.

한곳 변환은 훨씬 더 흥미로워. 더 큰 혼란을 불러올 가능성이 있기 때문이야. 시민들이 자신의 시간은 자신이 결정할 권리가 있다고 주장하면서 항의한다고 해봐. 그들은 정부나 다른 어떤 기관이 시계를 어떻게 맞추어야 한다고 말할 권리가 전혀 없다고 생각해. 결국 집권자들은 논쟁에 지쳐서 포기해. 이제 모든 시민은 자신이 원하는 대로 자유롭게 시계의 시간을 맞추므로,* 혼란이 퍼지는 것을 막기 위해서는 어떤 예방 조치가 필요해.

이런 조치를 어떻게 취해야 할지 결정하기 전에, 변하지 않고 남아 있을 모든 것들을 잠시 생각해봐. 시계를 어떻게 맞추는지에 상관없이, 사건들의 지속 시간은 영향을 받지 않을 거야. 한 아이가 오후 9시부터 오전 3시까지 수업을 받았다고 말하고, 같은 반 친구는 오전 4시 34분에 시작해서 오전 10시 34분에 끝났다고 말할 수도 있겠지만, 그런 사실에 상관없이 학교 수업은 여전히 여섯 시간 동안 진행될 거야.

• 전통적인 시계에서 보듯이, 시간은 연속 대칭이 아니다. 전통적인 시계는 시간의 초 단위를 불연속적인 형태로 보여주기 때문이다. 시간을 무한히 정밀하게 잴 수 있는 고도 문명에서는 어떨까? 사람들은 더 이상 "9시 45분이야"라고 말하는 데 그치지 않을 것이다. "8시 3분 49.234234984938초야"라는 말도 쉽게 할 수 있을 것이다.

사람들은 전에 일했던 시간만큼 직장에서 일할 거고. 한 곳에서 다른 곳으로 이동하는 데 걸리는 시간도, 요리를 하는 데 걸리는 시간도 변하지 않을 것이고, 다시 생일을 맞이하기까지 걸리는 날짜의 수도 달라지지 않을 거야. 한마디로, 시작하거나 끝나는 시간은 달라졌어도 어떤 일을 하는 데 걸리는 시간은 달라지지 않았다고 모두가 동의할 거야.

보편적인 시간이 없기 때문에, 사람들은 약속할 때마다 서로의 개인 시간을 알려줄 필요가 있을 거야. 치과 의사가 내게 오전 5시 32분에 오라고 하면, 나는 의사의 현재 개인 시간이 몇 시인지를 물어보고 그 시간과 내 시간을 맞춰보지 않는 한 의사가 말한 시간이 몇 시를 뜻하는지 전혀 모를 거야. 이 정보 교환을 통해 나는 의사의 시간을 내 시간으로 전환할 수 있을 것이고, 그럼으로써 의사가 예상하는 시간에 진료실에 도착할 수 있을 거야. 그런 시간 결정은 연속적이고(사람들의 시계가 초 단위 밑으로도 무한히 나뉘면서 달라질 수 있다고 가정하므로) 국소적이야(사람마다 장소마다 자유롭게 달라지므로). 그래서 게이지 변환을 성립시켜.

이제 어떤 계(도시 같은)가 게이지 변환에 — 즉 특정한 매

344

개 변수가 장소에 따라 달라지는 연속 변화를 보일 때(개인 시간을 설정하는 것처럼) ― 대칭적이라면(변하지 않은 것처럼 보인다면), 정보의 전달이 일어나야 한다는 것이(서로 다른 두 시계에 표시되는 시간을 비교할 방법이 있어야 한다는 것이) 분명해졌을 거야. 이 정보 교환의 메커니즘이 바로 우리가 힘이라고 부르는 거야. 이 힘이 있기에 바로 대칭이 가능해지는 거지.

물리학자들은 이 말을 거꾸로 표현해. 게이지 변환하의 대칭이 힘을 생성한다, 라고 말이야. 계가 특정한 게이지 변환 집합하에서 불변이라는 사실은 그 대칭을 가능하게 하는 상호 작용이 존재함을 의미한다는 거야. 따라서 게이지 이론에는 상호 작용이 내재해 있어. 그 때문에 자연의 기본 힘들이 게이지 이론을 통해 기술되는 것은 당연하다고 예상할 수밖에 없어. 실제로 그래.* 지금까지 불연속적 및 연속적, 한 곳 및 온곳 대칭과 변환을 이야기했지만, 정작 게이지라는 단어가 무엇인지는 말하지 않았지. 어떤 단어의 계보를 살펴볼 때면 으레 그렇지만, 이 문제도 좀 까다로워. 어떤 이름이 다른 아무 의미도 없는 그냥 이름일 때도 종종 있어. 쿼크처럼 말이야. 이름에서 너무 많은 것을 읽어내려 하는 것 자체가 위험할 때도 있고. 업(Up) 쿼크도 다운(Down) 쿼크도 수직으로 서 있는 것이 결코 아니고, 스트레인지(Strange) 쿼크와 참(Charm) 쿼크가 톱(Top) 쿼크와 바텀(Bottom) 쿼크보다 더 이상하거나 더 매력적인 것도 아니야. 하지만 공교롭게도 게이지라는 단어의 쓰임새도 그렇고, 게이지 이론도 추상적인 개념이어서 우리가 이해하기가 무척 어려운 듯 느껴지니까, 그 이름이 어디에서 왔는지를 알려줄까 해.

영어에서 게이지라는 단어는 측정 기기를 뜻하고, 이 의미는 물리학까지 넘어왔어. 게이지 이론은 측정 수단이 보편적인 동의를 받을 필요가 있다는 것이 아니라, 공간의 각 지점에서 독자적으로 정해질 수 있다는 거야. 다시 말해 어

─────────────

• 일반 상대성 이론이 게이지 이론인지는 조금 논의의 여지가 있다. 거의 의미론적인 문제이기는 하다. 다른 세 힘(전자기력, 강력, 약력)은 모두 양-밀스 이론(1954년 중국의 양전닝과 미국의 로버트 밀스가 제시한 최초의 비가환 게이지 이론으로서 표준 모형의 토대가 되었다. ─ 옮긴이)으로 정립될 수 있다. 그 말은 게이지군(gauge group)이 특정한 기준 집합(compact, semi-simple Lie group, 콤팩트 반단순 리 군)을 충족시킨다는 의미다(특정한 조건에서 연속 대칭 변환을 통해 풀 수 있다는 뜻이다. ─ 옮긴이). 중력만 별개다. 게이지 이론을 더 넓게 보면 중력도 거기에 속하긴 하지만, 양-밀스 유형에 속한 것은 분명히 아니다.

디에서든 "게이지를 고를" 자유가 있다는 거지. 물론 요점은 물질세계가 이 선택을 못 본다는 거야. 지점마다 임의로 측정 시스템을 고른다고 해도, 모든 것은 변하지 않은 채로 남아 있어. 게이지 이론에는 자유가 숨겨져 있어. 현실을 바꾸지 않으면서, 드러나지 않게 온갖 선택을 할 수 있다는 거야. 그러나 이 자유는 그 이론에 힘을 도입하는 대가를 치르면서 얻는 거야.

이렇게 힘과 대칭이 긴밀하게 얽혀 있다는 것은 놀라운 의미를 함축하고 있어. 너무 전문적이어서 너희에게 설명하려는 시도조차 하기 힘든 것도 있지만, 지금 이야기하는 내용을 생각할 때 꼭 말하고 싶은 것이 하나 있긴 해. 바로 전약 통일(electroweak unification) 이야기야. 압두스 살람은 이 선구적인 연구로 바로 2년 전에 미국 물리학자들인 셸던 글래쇼(Sheldon Glashow), 스티븐 와인버그(Steven Weinberg)와 노벨상을 공동 수상했어.

노벨상을 받는다는 것은 탁월하다는 것 이상의 의미가 있어. 물리학계로부터 인정을 받고 그 이론이 지식의 표준 집합에 포함된다는 신호야. 이 상을 받기 전까지 전약 이론은 아주 엄밀한 검증 대상이었어. 적어도 내가 볼 때 그들에게 유리한 논거가 하나 더 있어. 글래쇼, 살람, 와인버그는 성격도 신앙도 동기도 서로 뚜렷하게 달랐고, 대체로 각자 독자적으로 연구한 끝에 그 이론을 내놓았다는 사실이야.

살람의 동기는 거의 종교적이었어. 그는 대칭을 이해하고, 통일성을 믿고, 서로 별개의 현상들을 하나로 묶는 하나의 근본 원인이 있음을 확신하게 된 것이 자신의 문화와 전통 덕분이라고 여겨. 반면에 와인버그는 종교를 "인간 존엄성에 대한 모욕"이라고 생각하지. 내가 볼 때 이 상반된 태도는 그들의 이론을 더욱 빛나게 할 뿐이야. 상반된 믿음을 지닌 두 사람이 동일한 이론 구조에 도달할 수 있다면, 그 이론은 누군가의 마음이 빚어낸 주관적인 구축물에 불과한 것이 아님이 분명하니까. '저 바깥'에 존재하는 어떤 객관적인 현실의 반영임에 틀림없어.

글래쇼, 살람, 와인버그는 전자기력과 약한 핵력의 토대에 놓인 서로 무관해 보이는 대칭들이 사실상 '깨진' 하나의 더 큰 대칭에서 기원했을 수 있다는 것을 보여주었어.

전자기력과 약력을 잠깐 비교해봐도 이 발견이 어느 정

도의 규모인지 드러나. 두 힘은 더할 나위 없이 대조를 이루

어! 전자기력은 멀리까지 미치지만, 약력은 원자핵 규모에서

만 작용해. 전자기력은 나선성이 아니지만, 약력은 나선성이

야. 전자기 상호 작용을 받을 때 입자는 정체성을 유지하지

만, 약력의 효과는 연금술적이고 한 입자가 다른 입자로 변

할 수 있어. 하지만 글래쇼, 살람, 와인버그는 이 너무나도

다른 두 힘을 하나로 묶는 데 성공했어. 맥스웰이 전기와 자

기를 융합한 이래로 물리학이 이렇듯 의기양양한 합류를 경

험한 것은 처음이었어.

　　물론 여기에는 미묘한 사항들이 많이 있었어. 게이지 이

론의 아름다움과 힘은 대칭이라는 유산에서 나오니까, 이 기

본 구조는 보존되어야 했어. 이 문제는 대칭이 방정식에서만

요구되는 것이지, 방정식의 해에서 요구되는 것이 아니라는

점을 깨달으면서 해결되었지.

　　전자기력과 약력이 관련이 있을 수도 있다는 개념은 줄

리언 슈윙거(Julian Schwinger)까지 거슬러 올라가. 그의 학생

인 셸던 글래쇼는 그 연결을 이루고자 애썼고, 다른 대륙에

서 압두스 살람과 존 워드(John Ward)도 같은 노력을 했어. 양

쪽의 이론은 기이할 만치 비슷했고, 둘 다 같은 문제에 직면했어. 약력은 무거운 보손이 매개해야 했는데, 그 이론을 무너뜨리지 않고는 힘 매개 입자에 질량을 부여할 방법이 없는 듯했어. 그래서 그 연구를 제쳐놓을 수밖에 없었지. 그런데 몇 년 뒤 압두스 살람과 스티븐 와인버그는 상상에 불을 지피는 소식을 들었어. 초전도체 이론 분야에서 최근에 이루어진 발전을 토대로 과학자들은 가장 기본적인 가정 중 하나에 의문을 제기하기 시작했어. 진공이 비어 있다는 개념이었지.

그들은 진공이 반드시 무(無, void)가 아니라, 바닥상태, 즉 가장 낮은 에너지 상태라고 했어. 다른 모든 것이 만들어지는 토대이자, 그 자체로부터는 더 이상 아무것도 추출할 수 없는 기준선이라는 것이었지. 따라서 진공에 장이 침투하는 것이 가능해. 이런 깨달음을 토대로 살람과 와인버그는 각자 동일한 해답에 도달했어. 보손이 방정식의 대칭을 파괴하지 않으면서 입자물리학 목록에 포함시킬 수 있는 새로운 장과 상호 작용을 함으로써 질량을 얻는다는 것이었어. 이 힉스 장(Higgs field)은 물질도 힘 매개 입자도 대변하는 것이 아니라, 스칼라*라는 전혀 다른 — 그리고 지금까지 관찰된 적이 없는 — 종류의 입자였어. 이 수정된 방정식을 풀자, 진공에서 모든 장이 사라지고 힉스 장만 남는다는 것이 드러났어. 이를 조약돌과 멕시코 모자 솜브레로에 비유해. 조약돌이 우주의 상태, 모자가 에너지의 상태를 나타내고, 모자 중심에서 조약돌 사이의 거리가 힉스 장의 값이라고 가정하는 거야.

조약돌이 모자 꼭대기 한가운데에서 완벽하게 균형을 이룰 때 힉스 장은 사라지지만, 계는 모자 꼭대기의 높이에 해당하는 유한한 에너지를 지녀. 조약돌이 떨어지면 에너지는 낮아지고, 진공은 챙의 가장 낮은 부위(가장자리가 다시 올라가기 전)에 해당하지. 조약돌이 이 위치로 떨어지면 힉스 장의 값(꼭대기 한가운데로부터의 거리)은 모자 꼭대기의 반지름과 같아져. 따라서 한 번에 힉스 장이나 에너지 중 어느 한쪽은 최소가 될 수 있지만, 양쪽이 동시에 그럴 수는 없어. 솜브레로의 꼭대기에 균형을 잡고 있을 때, 조약돌은 무한한 가능성에 둘러싸여 있고, 각 가능성은 동등해. 하지만 그 균형을 잡

• scalar. 스핀이 0이라는 뜻이다. 다른 보손은 모두 스핀을 지닌다. — 옮긴이

고 있는 위치는 불안정하고 사실상 유지하기가 불가능해. 계의 에너지는 조약돌이 꼭대기에서 굴러 떨어져서, 이 난국을 깰 때까지는 최소화되지 않아. 조약돌이 떨어지는 방향은 완전히 무작위야. 조약돌이 내려온 챙의 지점은 다른 모든 지점들과 전혀 구별이 안 되지만, 조약돌이 떨어짐으로써 그곳은 선택된 진공이 되지. 그 뒤로 일어나는 모든 일의 기준점이 되는 거야.

전약 이론의 세부 사항은 미묘하고 복잡하고 거의 움찔하게 만들고, 사실 수학을 써야 제대로 나타낼 수 있어. 하지만 압두스 살람이 나중에 쓴 유추를 통해 그 논증이 어떤 것인지 감을 잡을 수 있어. "얼음과 물을 보라. 서로 특성이 달라 뚜렷하게 구별되지만, 둘은 섭씨 0도에서 공존할 수 있다. 그러나 온도를 더 올리면, 얼음이 녹아서 동일한 기본 현실, 동일한 액체가 된다. 마찬가지로 우주도 그런 식으로 상상할 수 있다. 우주가 아주아주 뜨거웠을 때…… 약한 핵력은 전자기력과 동일한 장거리 특성을 드러냈을 것이다. 그러면 이 두 힘이 완벽하게 통일되었음이 명확히 보일 것이다." 우리는 이 힘들을 오래전에 있었던 상태가 아니라 지금 있는 상태로만 접하니까, 전자기력이 약력과 본질적으로 다르다고 보는 거야. 사실 거슬러 올라가면 둘은 뿌리가 같아.

전자기력과 약력이 하나의 형식 체계로 통합되어 있었다고 한다면, 강한 핵력도 통합될 수 있지 않을까 하는 질문이 당연히 나올 수밖에 없었지. 압두스 살람은 얼음과 물의 유추에 수증기도 포함시킬 수 있는지 묻는 것과 같다고 말하지. 몇몇 과학자는 세 양자 장 이론이 통합될 수 있는지를 궁금해하기 시작했어. 그것은 대통일 이론(grand unified theory)이라 불리게 되었지.* 대통일 이론은 초기 우주가 모든 곳의 온도가 정확히 똑같은 끝없이 펼쳐진 이상적인 욕조 같았다고 봐. 그래서 공간의 어느 한 지점과 다른 지점을 구별할 방법이 전혀 없었고, 여기에서부터 무한히 먼 곳까지 모든 방향이 똑같았어. 아주 강한 에너지와 절대 대칭이 지배했고, 어떤 구조도 존재할 수 없었어. 우주가 팽창하면서 식어가자,

---

* 살람과 조게시 파티(Jogesh Pati)가 그런 모형을 제안했고, 하워드 조지(Howard Georgi)도 글래쇼와, 더 뒤에는 스티븐 와인버그 및 헬렌 퀸(Helen Quinn)과 공동으로 모형을 내놓았다.

자연스럽게 비칭이 생겨났지. 물이 얼음이 된 거야. 얼음은 결정 구조이므로 방향에 따라 달라지는 반면, 물(적어도 우리가 생각하는 이상적인 가상의 환경에서)은 모든 방향에서 완전히 동등하고 상호 교환이 가능해. 물은 더 대칭적인 상태인 반면, 얼음은 더 구조를 지녀. 이것이 일반적인 주제인 듯해.

초기 우주의 완벽한 대칭이 깨지면서 기본 힘들이 모습을 드러냈고, 물질은 뭉쳐서 소립자를 형성했어. 소립자들은 결합하여 원자가 되었고, 원자는 힘들이 가리키는 대로 춤을 추면서 우리의 방대하고 다양한 세계를 만들었지. 완벽한 대칭은 미학적인 매력을 지닐지 모르지만, 실제로는 단조롭기 그지없어. 비유하자면 완벽한 상태로 얼어붙은 채 남아 있는 것과 마구 날뛰는 존재의 소용돌이에 빠져드는 것 중에 선택을 하는 것이라고나 할까? 생명의 복잡성은 사물과 장소가 서로 다르고 변화가 이뤄질 때에만 가능하지.

옛 장인들은 이 진리를 본능적으로 알았어. 패턴, 반복, 대칭이 디자인의 질과 아름다움을 돋보이게 하는 역할을 하는 매우 매혹적인 작품을 만들 때, 장인은 일부러 작은 결함을 집어넣곤 했대. 완벽하게 대칭적인 세계는 신만이 만들 수 있다고 보았으니까.

그러나 깨지지 않은 대칭이 무미건조할지 몰라도, 대칭이 완전히 사라진다면 훨씬 안 좋을 거야. 다행히 자비로운 섭리가 우리에게 가능한 최고의 조합을 내려주었지. 정체의 가능성과 혼돈의 가능성 사이에서 우리는 "가능한 모든 세계 중 최고"의 세계에 살고 있어. 설계는 단순한 반면에 실행은 그렇지 않은 세계야. 우리 세계의 기본 법칙은 여전히 대칭에 호소함으로써 유지되고 있다 해도, 응용은 그렇게 제약되어 있지 않아. 우리 세계의 구조가 이루 헤아릴 수 없이 풍성하다고 할지라도, 본질적으로는 여전히 경제적이야.

이 편지에 새로운 개념이 많이 담겨 있다는 것을 알아. 특정한 입자의 구체적인 특성부터 물리학의 일반 조직 원리까지 들어 있지. 지금 당장 다 이해할 수 없다고 해서 낙심하지 마. 너희가 이해하려고 애쓰는 것만큼, 아니 그보다도 더 내가 이런 개념들을 어떻게 표현해야 할지 고민했다는 점에서 위안받기를.

어젯밤 내 마음속에조차 없었을 단어를 종이에 명료하게 표현하기 위해 이런저런 단어들을 붙들고 씨름하는데, 문득 릴케의 『젊은 시인에게 보내는 편지(*Letters to a Young Poet*)』가 눈에 들어왔어. 지난주 시내에 갔다가 산 책이야. 릴케가 이곳에서 지낸 적이 있다는 것을 알고 나서야. 그는 두이노 성에 살았어. 아드리아해의 파란 물이 내려다보이는 절벽 위에 서 있는데 미라마레와 아주 비슷한 분위기를 풍기는 성이야. 시스티아나라는 어촌에서 두이노까지 이어지는 1.7킬로미터쯤 되는 산책길이 있어. 지금은 버려졌지만, 릴케의 이름이 붙어 있어서 나는 그가 그 길을 걸으며 아마도 삶의 크나큰 수수께끼를 생각했을 것이라고 상상하곤 해.

나는 그 책을 읽기 시작했지만, 얼마 못 읽었어. 모든 문단을 음미하면서 읽어야 하고, 읽는 즐거움을 만끽하고자 천천히 읽는 중이거든. 어젯밤에 책을 펼쳤을 때, 내게 곧바로 말을 거는 듯한 문장이 눈에 들어왔어. 오랜 세월 떠돌아다니던 부드러운 충고의 말인데, 내가 들어야 할 말이 바로 그것이었어. 이 편지를 끝내면서 너희에게 들려줄 가장 좋은 말이라고 생각해.

릴케는 이렇게 썼어. "마음에 품은 해결되지 않은 모든 것에 인내심을 갖고, 질문 자체를 사랑하려고 애써라. 잠긴

방처럼 그리고 지금은 아주 낯선 언어로 쓰여 있는 책처럼. 지금은 해답을 찾으려 하지 말라. 갖고 살아갈 수 없는 해답이 주어질 리 없을 테니까. 한마디로 삶에 충실하기를. 지금은 질문을 품고 살라. 아마 훗날 알아차리지 못하는 가운데 서서히 답에 다다를 테니까."

나는 너희가 질문을 품고 걷는 기쁨을 깨닫기를, 그리고 답에 이를 때의 환희를 느끼기를 진심으로 바라. 현명하기 그지없는 앙리 푸앵카레(Henri Poincaré)는 이렇게 썼어. "과학자는 쓸모가 있기 때문에 자연을 연구하는 것이 아니다. 자연에서 기쁨을 얻기 때문에 연구를 하고, 그 기쁨은 자연이 아름답기 때문에 얻는 것이다. 자연이 아름답지 않다면, 알 가치도 없을 것이고 삶은 살 가치가 없을 것이다."

나는 너희가 "자연의 조화로운 질서에서 나오는 이 내밀한 아름다움"을 진정으로 경험하기를 — 그리고 즐기기를 — 바라. 이보다 더 세속적인 기쁨은 그리 많지 않을 거야. 물론 사랑은 제외하고. 그리고 너희는 언제나 사랑을 지닐 거야. 늘 내 마음속에 있으니까.

사랑하는 아빠가

추신: 하산, 이 편지와 엄마에게 쓴 편지에 일부러 우편 요금을 더 냈어. 알아차렸겠지만, 두 편지의 우표가 달라. 네 우표 수집에 쓰라고. 하지만 우표를 떼어내겠다고 동생 엽서를 물에 담그지 않았으면 좋겠다. 거기에는 똑같은 우표를 붙였으니까.

제6장

수수께끼는 나름의 수수께끼들을 지닌다

양자 장 이론과 재규격화

.

"수수께끼는 나름대로의 수수께끼들을 지니며,
.
신들 위에는 다른 신들이 있다.

우리에게는 우리의 신이 있고, 그들에게는 그들의 신이 있다.

그것은 바로 무한이라고 알려진 것이다."

_ 장 콕토

1999년 12월 8일

스웨덴 스톡홀름

각양각색의 겨울 모자들의 행렬이 끊이지 않고 아울라 마그나*의 정문에서 프레스카티 거리까지 죽 이어지다가 이윽고 우니베르시테트 지하철역의 지하 온기 속으로 사라진다. 모자를 쓴 이들 중에는 오늘의 축제를 뒤로하고 집이나 직장으로 향하는 이들도 있다. 경제학상 수상자가 단상에 오르기 전에 참석하고자 한 시간쯤 전에 빨리 따뜻한 점심을 먹으러 가는 이들도 있다. 나는 돌아갈 생각이 없지만, 떠나려고 굳이 서두르지도 않는다. 오늘 아침 노벨 강연을 듣고 나니 머릿속이 좀 복잡해졌다. 이런저런 생각이 맴돌고 조금 들뜬 기분도 들지만, 팔다리는 이상하게도 나른하다. 내 안에서 일어나는 충돌을 표현할 더 적당한 말을 도저히 찾을 수가 없다.

---

* Aula Magna. 스톡홀름 대학교에서 가장 큰 강당으로, 노벨상 수상 강연이 이루어지는 곳이다. — 옮긴이

이론적 발견에 물리학상이 주어진 것은 꽤 오랜만이다. 나는 전율을 일으키는 생각의 물결에 휩쓸리는 황홀감을 떠올려보고자 오늘 아침 이곳으로 왔다. 내가 버리고 떠난 뗏목을 다시 보고 싶어서가 아니다. 하지만 내 안의 깊숙한 어딘가에서는 이 흥분과 향수의 조합이 나를 어디로 이끌지 알고 있었던 것이 틀림없다.

내 옆으로 휘어지면서 뻗은 거대한 유리창들 사이로 스칸디나비아 목재 장식이 죽 뻗어 있다. 12월의 황금빛 햇살이 쏟아져 안뜰을 부드러운 빛으로 채우고 있다. 하늘은 눈부시고 눈이 올 깃처럼 반짝거리고 있다. 이 기분 좋은 햇빛에 그토록 오랫동안 억눌렸던 감정들이 돌아와서 마음속에 짙은 그림자를 드리우고 있다. 점점 짜증이 나고 조급해지는 것이 느껴진다. 나 자신을 뒤흔들고 싶다. 아마 외면했던 악마들을 탁 트인 곳으로 불러내어 담판을 지어야 할 때가 된 듯싶다. 그리고 이 환하면서 널찍한 건물은 그 일을 시작하기에 좋은 곳일 수도 있다.

체념의 한숨을 내쉬고 나는 문으로 향하는 떠들썩한 인파에서 벗어난다. 지붕에서 미끄러지는 눈처럼 군중이 미끄러져 지나갈 때까지 기다린다. 이윽고 말소리가 사라지고 나는 홀에 혼자 서 있다. 차가운 옅은 안개가 끼면서 아울라 마그나 주위의 수백 년 된 참나무들이 흐릿해지고 주변 건물들의 모난 모서리들이 부드럽게 보인다. 겨울에 말없이 경의를 표하는 가운데, 세상은 어느새 연초점(soft focus)으로 찍은 사진이 된다.

잠시 커다란 유리창 옆에 서서 바깥을 바라보고 있는데, 문을 닫는 시끄러운 소리가 들려 상념에서 깨어난다. 아무래도 빨리 생각을 정리해야 할 듯하다. 반창고를 확 떼어내듯이. 요즘 내 머릿속을 맴도는 의문들은 이런 것들이다. 내가 너무 일찍 학문을 포기한 것이 아닐까? 기업에 취직하기로 했을 때 '안정'을 찾은 것일까? 무언가로부터 등을 돌리고 두 번 다시 쳐다보지 않을 수 있다면, 그것을 진정으로 사랑했다고 주장할 수 있을까? 대학원에 다니던 그 여러 해 내내, 극심한 기복을 겪던 그 세월 동안 물리학에 어느 연애만큼 열정적으로 매달렸던 것이 과연 진짜로 있었던 일일까? 계속했어야 할까? 아마 나는 물리학을 사랑했지만, 물리학은 결코 내게 그 사랑을 되돌려주지 않았다는 것이 쓰라린 진실이 아닐까. 오랜 세월이 지난 지금도 그 생각을 하니 눈이 아리다. 생각을 딴 데로 돌릴 필요가 있다. 반사 작용이 촉발되면서, 본능적으로 내 가장 오래된 대처법이 발동한다. 마음을 걸음마를 막 뗀 아기처럼 대하는 것이다. 개념이라는 장난감에 빠지게 한다.

그리고 지금 갖고 놀 장난감이 무엇인지는 명백하다. 헤라르뒤스 엇호프트(Gerardus 't Hooft)와 마르티뉘스 펠트만(Martinus Veltman)이 "전약 상호 작용의 특성을 규명한" 업적으로 올해 노벨상을 받는다는 사실이다. 약 75년 전에 양자역학과 특수 상대성의 융합을 통해 시작된 길고도 꾸준한 여행을 가리키는 말치고는 놀라울 만치 짧다. 펠트만은 오늘 아침 강연에서 자신과 엇호프트를 위해 길을 닦은 많은 위대한 과학자들을 언급했다. 그가 말한 거의 모든 문장은 한 노벨상 수상자가 엄청나게 많은 병사들의 지원을 받으면서 수십 년에 걸쳐 연구한 끝에 오는 것임을 말해준다. 그리고 그 병사들의 이름은 역사의 연대표에서 대부분 사라지고 없다.

1920년대 말에 양자역학은 많은 업적을 이룬 상태였지만, 이렇듯 성공을 거두었어도 그 이론에는 빠진 부분이 많왔고, 심지어 뚜렷하게 모순되는 점들도 있었다. 한 가지 문제는 입자의 생성과 소멸이라는 현상이었다. 특수 상대성 이론이 나오기 전에는 모든 과정에 관여하는 입자의 수가 고정된 불변인 양이라고 생각했다. 아인슈타인은 물질이 그저 에너지의 다른 형태일 뿐이라고 선언하는 역사상 가장 유명한 방정식을 적음으로써, 에너지가 아무것도 없는 곳에서 갑자기 나타났다가 — 마법사의 모자에서 토끼가 튀어나오는 것처럼 — 마찬가지로 순식간에 진공으로 사라질 수 있는 듯 보이는 입자로서 자신을 드러낼 수 있는 껄끄러운 가능성을 제시했다. 양자역학은 이 기겁하게 만드는 행동을 수용할 여지가 아예 없었고, 따라서 순식간에 출몰하는 입자를 허용할 수 있게 이론을 수정해야 한다는 것이 분명해졌다.

그러나 또 한 가지 까다로운 문제는 어느 정도 해결된 상태였다. 물리학자들은 앞서 자신들을 절망에 빠뜨렸던 파동-입자 이중성을 받아들이는 법을 터득했다. 이 충돌은 결코 실제로 일어나는 것이 아니라 해석의 문제임이 드러났다. 양자역학 이전 시대에 우리는 입자의 행동과 파동의 행동을 꽤 많이 이해한 상태였다. 우리는 중력의 영향을 받을 때 공이 어떻게 떨어질지, 하전 입자가 전기장에서 어떻게 움직일지, 음파가 특정한 매질에서 어떻게 퍼져나갈지를 알려주는 다양한 방정식들을 가지고 있었다. 파동의 행동을 기술하는 방정식의 수학 형식은 입자의 행동을 기술하는 것과 전혀 달랐고, 양쪽이 다른 만큼 입자와 파동이 보이는 행동도 서로 전혀 달랐다.

이윽고, 그리고 필연적으로 우리는 그 행동을 방정식과 동일시하기 시작했다. 그래서 어떤 계가 파동 함수의 수학으로 기술될 수 있는 방식으로 진화한다면, 그것을 파동이라고 불렀다. 물리적인 파동이 전혀 관찰되지 않는다 해도 그랬다. 그 개념은 추상적인 것이 되어 있었고, '파동' 또는 '입자'라는 꼬리표는 계의 가시적인 속성보다 계 자체를 기술하는 수학에 더 적용되었다.

새로운 패러다임이 필요했고, 그 패러다임은 장을 그 자체가 근본적인 물리적 실체로 받아들이면서 출현했다. 아인슈타인이 썼듯이, 설령 장 개념이 "그저 현상의 이해를 촉진하는 수단으로서" 물리학에 도입되었다고 해도, 시간이 흐르면서 현대 물리학자들에게는 "자신이 앉아 있는 의자만큼 현실적인" 것으로 비치게 되었다. 양자론과 조화를 이루려면, 다른 모든 것들과 마찬가지로 장도 한 기본 단위의 불연속적인 배수 형태로 존재해야 했다. 앞서 입자를 사실상 장의 작은 '덩어리'로 생각하고, 파동을 특정한 위치에서 입자를 발견할 확률로 나타낸 것이 그러했다.

나는 이 개념이 정말로 내 마음에 와닿던 순간을 지금도 기억한다. 주말에 예테보리로 여행을 갔다가 비행기로 돌아오는 길이었다. 밤이었고 비행기가 구름을 뚫고 내려올 때, 내 눈에 도시의 불빛들이 지도처럼 펼쳐졌다. 높은 고도에서는 깜박이는 불빛 하나하나를 알아볼 수 없었다. 스톡홀름 상공이 전체적으로 환하게 보이면서 군데군데 더 환한 곳들이 있었고, 그 바깥은 다도해의 검은 물이어서 선명하게 윤곽이 그려졌다. 비행기가 계속 내려감에 따라 불빛들은 점점 커지면서 뚜렷해졌다. 무리를 이룬 불빛이 하나하나 구별되기 시작했다. 그 순간 퍼뜩 깨달음이 찾아왔다. 이것이야말로 장이 무엇인지를 아주 잘 보여주는 사례였다! 멀리서 보면 넓은 분포(입자나 불빛)가 연속적인 것으로 보이고, 세기라는 관점에서 기술하는 것이 지극히 자연스러울 수 있다. 세기가

0인 검고 빈 공간이 있는 반면, 모여서 환한 곳인 세기가 강한 지역도 있다.

하지만 전체 앙상블이 아니라 개별 대상을 이야기하고 싶다면? 전등 1백만 개가 도시에서 빛나고 있을 때 항공 사진을 찍는다고 하자. 나는 어둠 속에서 전등 하나가 켜져 있을 때 1백만 배 더 흐릴 뿐인 똑같은 경관을 볼 것이라고는 예상하지 않는다. 내가 연속체에 썼던 어휘가 하나의 실체에는 적용될 수 없다는 것을 나는 직관적으로 안다. 하지만 수학은 다르다. 불빛 한 개에 적용되는 방정식은 불빛 1백만 개에 직용되는 방정식과 동일한 형식이다. 그래프로 나타내면, 양쪽은 똑같은 모양으로 나온다. 그저 물리적 해석만 다를 뿐이다. 전등 한 개를 이야기할 때 도시의 불빛 지도는 확률의 척도로서 해석되어야 한다. 즉 그 전등은 지도에서 더 어두운 지역보다 더 밝은 지역에서 빛날 가능성이 더 높다. 앞서 공간 전체의 불빛 세기라는 사실적인 이미지였던 것이 이제는 전등이 특정한 지점에서 빛날 확률을 가리킨다.

이렇게 이해의 도약이 이루어지자, 파동-입자 이중성은 더 이상 이분법이 아니었다. 현실의 명백히 모순되는 측면들이었던 양쪽이 모두 장 방정식에 통합되었다. 양자 수준에서는 파동이 확률을 기술하지만, 양자의 수가 클 때(즉 고전적 극한에서) 확률은 확실성처럼 보이기 시작하며 파동은 장의 세기를 나타낸다고 말할 수 있다는 것이 분명해졌다.

이 새로운 패러다임이 전자기장에 적용될 때, (광자라고 부르는) 장 양자는 광속으로 나아가면서 에너지와 운동량의 불연속적인 꾸러미를 운반하는 입자로 해석되었다. 이제 두 전하 사이의 인력(또는 척력)은 둘 사이에 일어나는 광자 교환 때문이라고 해석할 수 있었다.

특수 상대성과 양자역학 사이의 갈등은 1920년대 말 폴 디랙이 탁월한 평화 협정을 중개하면서 마침내 종식되었다. 디랙은 그 문제의 핵심만을 추려낸 끝에, 전자 한 개만 있는 우주라는 단순한 사례를 상정하기에 이르렀다. 이 고립된 현실에서 유일하게 관여하는 힘은 전자기력이다. 전자는 아주 가벼워서 중력의 효과를 사실상 무시할 수 있다. 또 렙톤이기에 강력의 영향을 받지 않으며, 전자가 변환할 다른 물질 형태도 전혀 없으므로 약력의 문제도 없다. 따라서 상호 작용은 오로지 전자의 전하 때문에 생긴다. 양자론에 따르면,

전자기력은 광자가 매개하므로, 디랙의 장난감 우주에는 자동적으로 전자 외에 광자도 있었다. 전자는 광자를 방출함으로써 전자기장을 생성했고, 광자를 흡수함으로써 그 장에 반응했다.

디랙은 또한 광자가 자발적으로 생성되고(에너지로부터) 소멸될(에너지로) 가능성도 통합함으로써 특수 상대성도 받아들였다. 그렇게 양자역학과 상대성의 명령들을 통합함으로써, 디랙은 전자의 행동을 관장하는 수학 방정식을 구했다. 그렇게 나온 방정식은 대성공이었다. 알려진 결과를 재현했을 뿐 아니리, 선견지명도 있었다. 전자의 스핀 — 그저 실험 자료를 설명하기 위해 임기응변으로 추정한 성가신 네 번째 양자수 — 은 이 방정식에서는 자연적이면서 불가피하게 출현한다고 나왔다.

그러나 대신에 디랙을 몹시 걱정시킨 문제가 하나 있었다. 대다수의 방정식과 달리, 그의 방정식은 한 가지 주장만 하는 것이 아니었다. 서로 관련이 있는 네 가지 진술을 내놓았고, 각각은 수학적 해를 가지고 있었다. 이 해 중 두 가지는 전자의 두 가지 스핀 상태 각각을 기술함으로써 큰 찬사를 받았다. 그러나 나머지 두 해는 조금 당혹스러웠다. 여태껏 생각지도 못한 입자의 존재를 시사하는 듯했기 때문이다. 모든 면에서 전자와 똑같지만, 전하가 반대인 입자였다. 디랙은 오랫동안 이 문제로 고심했고, 이 터무니없어 보이는 가능성을 제거하려고 시도했지만 성공하지 못했다. 이론에서 이 성가신 것을 제거할 합리적이면서 일관성 있는 방법은 전혀 없는 듯했다. 곧 이 방정식이 자신이 무슨 말을 하는지를 안다는 것이 명확해졌다. 양전자(positron)라고도 하는 반전자(anti-electron)는 그 직후에 실험을 통해 관찰되었다. 우리가 이 입자가 존재한다고 추측할 물리적 이유가 전혀 없었을 때에도, 수학은 어쨌거나 이 입자의 존재를 '알고' 있었다.

디랙 방정식은 더할 나위 없이 우아했으며, 그 수학에 짜 넣은 비밀 지식은 매우 엄청났다. 하지만 그 방정식에는 한 가지 큰 결함이 있었다. 디랙은 광자가 휙휙 출현하고 사라지는 상대론적 물체가 되도록 허용했지만, 전자에는 그럴 여지를 주지 않았다. 그 가능성도 통합시킬 때까지, 우리는 특수 상대성과 완벽하게 들어맞는 이론을 지닌다고 주장할 수 없었다.

그러나 따지고 보면, 디랙은 입자의 생성과 소멸을 양자론과 체계적으로 연결할 방법을 이미 구축한 것이었다. 이 방법은 그 뒤로 수십 년 동안 수없이 쓰였다. 상대성 이론이 양자 수준에서 전자기력과 강력과 약력을 기술할 수 있도록 정립되면서다. 놀라운 일도 아니지만, 이렇게 정립된 이론은 양자 장론(quantum field theory)이라고 불린다.* 약력과 강력의 양자 장론은 전자기력의 양자 장론보다 더 복잡했다. 주된 이유는 힘 매개 입자가 더 많고, 그래서 상호 작용이 더 복잡하기 때문이었다. 강력의 힘 전달 양자, 즉 게이지 보손은 여덟 가지로 글루온(gluon)이라고 하며, 약력은 세 게이지 보손 집합이 매개한다. 이 입자들은 좀 평범하게 W^+, W^-, Z라고 한다. 특수 상대성의 명령에 따라 이 힘 입자들은 자유로이(상응하는 장이 충분한 에너지를 지닐 때마다) 물질화하고 붕괴할 수 있다. 물질 입자 ― 쿼크와 렙톤 ― 가 그렇게 할 수 있는 것처럼.

_____

* 상대론적 양자 장론이라는 말이 더 적절하지만, 대개 줄여서 양자 장론이라고 한다.

일관된 형태로서 처음 나온 양자 장론은 양자전기역학 (quantum electrodynamics)이었다. 줄여서 QED라고 하는 이 이론은 디랙 방정식을 자연스럽게 확장한 것이다. 이제 전자와 광자가 똑같이 무로부터 물질화되고 붕괴하여 무로 돌아갈 권리를 지니도록 함으로써. 앞서 이 출현/소멸 메커니즘을 광자에 적용해보았으므로, 전자도 포함시키는 것은 그저 부수적인 문제일 뿐이라는 생각을 할 수도 있었다. 그러나 전혀 그렇지 않다는 것이 드러났다. 광자를 일시적인 에너지 상태로 간주할 때와 전자를 비슷하게 수명이 짧다고 생각할 때, 우리는 전혀 다른 문제들에 직면하게 된다.

이는 주로 다음과 같은 사실 때문이었다. 디랙 방정식은 두 가지 기본 과정만 기술했다. 전자의 광자 배출과 흡수였다. 양자전기역학에서는 또 다른 종류의 상호 작용이 가능했다. 바로 전자-양전자 쌍이 광자로부터 생성되거나 광자로 해체될 수 있었다. 그러자 점점 더 복잡한 곡예가 끝없이 이어졌다. 광자는 전자-양전자 쌍으로 붕괴하고, 그 전자는 다른 광자를 방출하고, 그 광자는 다시 전자-양전자 쌍으로 붕괴하는 식으로 계속 이어졌다. 이제 무한히 많은 행동이 가능해졌기에, 그 이론은 곧 통제 불능으로 치달았다.

하이젠베르크의 말마따나, 반입자의 발견은 모든 것을 바꾸었다. "어떤 입자가 쌍을 만들 수 있다는 것을 아는 순간, 우리는 소립자를 복합계로 생각해야 한다. 사실 그 계는 이 입자 더하기 입자 한 쌍 더하기 두 쌍 등으로 늘어날 수 있었고, 따라서 갑작스럽게 소립자라는 개념 전체가 바뀌었기 때문이다."

지금까지 가능한 가장 단순한 물체라고 여겨졌던 소립자는 갑자기 복잡하면서 계속해서 진화하는 역동적인 계가 되었다. 나는 10년 전 내학원에서 이 사실을 처음 배웠을 때 이 도미노 효과에 흥미를 느꼈지만, 그것이 왜 그렇게 재앙인지 이유를 알 수가 없었다. 어쨌거나 이 과정이 얼마나 멀리까지 진행될 수 있을지를 정하는 어떤 논리적 한계가 있어야 하지 않을까? 에너지 보존이라는 제약이 이 미친 짓을 억제하지 않을까?

그렇지 않았다. 나는 신성불가침의 법칙조차도 불확실성 원리 때문에 (양자 크기의) 구멍을 지닌다는 것을 알고 열 받은 동시에 매료되었다. 그 논리는 이런 식이다. 에너지*와 시

374

간을 동시에 측정하는 데에는 본질적으로 모호함이 있고, 이 두 불확실한 값의 곱은 플랑크 상수보다 커야 한다는 것이 다. 한쪽을 더 정확히 측정하면, 다른 한쪽은 더 모호해진다. 에딩턴의 생생한 표현을 빌리면 이렇다. "지식의 추가는 무지의 추가를 대가로 얻는다. 물이 새는 바가지로 진리의 우물을 비우기는 어렵다." 아주 짧은 시간에는 에너지의 측정이 너무 모호해서 대규모 요동이 있어도 알아차리지 못할 것이다. 그 결과 너무나 빨라서 잡히지 않는 도둑이 우주로부터 엄청난 에너지를 갖고 달아날 수 있다.

도난당한 에너지는 검출하지 못할 만치 아주 빨리 나타났다 사라지는 입자와 반입자 쌍으로 나타날 수 있다. 법칙을 잘 지키는 입자들, 즉 우리에게 친숙한 입자들과 정반대로, 이 '가상' 입자들은 어떤 제약도 받지 않는다. 그들은 빌린 시간을 사는 것일 수도 있지만, 그 짧은 기간에 마음대로

• 이 말은 운동량과 위치에도 적용된다. 양쪽을 동시에 정확히 측정하는 것은 임의의 수준까지만 가능하다.

무엇이든 자유롭게 한다. 심지어 빛이 정한 신성한 속도 장벽까지 깰 수도 있다. 결코 기록에 남지 않을 수 있으니까. 그들의 행동은 모든 예상을 비웃을 수 있다. 심지어 이치에 맞을 필요조차 없다.

언뜻 보면 이런 비행을 저지르는 유령이 너무나 터무니없어서 진지하게 받아들일 수 없는 듯 보이지만, 이들은 본질적인 존재임이 드러난다. 이들은 힘을 매개하는 역할을 한다. 두 전자 사이의 반발 메커니즘을 생각해보자. 양자 장론에서는 이를 광자의 교환으로 설명한다. 전자 하나가 광자를 방출하고(따라서 장을 생성하고), 다른 전자가 그 광자를 흡수한다(따라서 장에 반응한다). 에너지가 보존된다면 광자를 방출하는 전자는 에너지를 잃고 따라서 뒤로 물러나야 하는 반면, 광자를 흡수하는 전자는 에너지를 얻고 따라서 앞으로 추진되어야 한다. 이 그림은 전자들 사이의 반발 운동을 아주 흡족하게 설명하지만, 전자가 움직임을 멈추면 이 설명도 들어맞지 않는다. 그런데 정지해 있을 때에도 전자 사이의 반발력은 계속 존재하므로, 광자가 여전히 교환되고 있는 것이 틀림없다는 결론이 따라 나온다. 그런데 이 에너지의 상실과 획득

이 전자의 운동에 영향을 미치지 않는다면 에너지 보존에 역행한다. 게다가 전자들 사이에 놓인 검출기에는 지나가는 광자가 전혀 기록되지 않는다. 이렇게 자취가 없으므로 오가는 것이 가상 광자라는 결론에 다다른다. 비록 정교하긴 해도 이 말이 거의 어쩔 수 없이 내놓은 주장처럼 들리지만, 이는 수학을 통해 나온 증명이다. 전자 사이에 가상 광자가 교환된다는 가정하에, QED의 방정식은 반발력의 크기를 정확히 재현할 수 있다.

도저히 받아들이기 어렵지만 사실이다. 우리 이론의 가시적인 영역에 있는 친숙한 것들을 재현하려면, 보이지 않는 곳에 숨겨진 컴컴한 틈새에서 온갖 터무니없는 일들이 벌어진다고 받아들여야 한다. 이런 논증을 접할 때, 우리는 마지못해 가상 입자를 받아들이고 우리가 이해하고 있는 것들을 재배치함으로써 그것들이 들어갈 공간을 마련했다. 그러나 그렇게 양보하자마자, 우리 결정의 다른 면이 드러났고, 그 결과에 우리는 당혹스러웠다.

모든 질문에 한 가지 답만 내놓는 고전역학과 달리, 양자역학은 가장 가능성이 높은 것부터 시작하여 가능한 결과들의 목록을 죽 제시한다. 답을 알아내려면 해당 과정이 취할 수 있는 상상할 수 있는 모든 방법들을 고려해야 한다. 전자가 한 지점에서 다른 지점으로 가는 경로를 계산하고 싶다고 하자. 고전역학에서는 곡선을 하나 그리면 끝이다. 하지만 양자역학에서는 설득력 있는 대안인지 여부를 떠나 시점과 종점을 연결하는 모든 경로를 하나하나 고려해야 한다. 가상 입자라는 판도라의 상자가 열렸으므로, 이제 우리는 가상 입자가 돌아다닐 명백히 비물질적인 경로까지도 포함시켜야 한다. 이성의 제약을 받지 않는 이 경로들은 언제나 더욱더 복잡해질 수 있다. 모든 광자의 경로에는 가상 전자-양전자 쌍이 삽입될 수 있다. 그리고 이 끼워진 전자와 양전자 쌍은 광자를 방출하면서 붕괴할 수 있고, 그렇게 나온 광자는 다시 전자와 양전자 쌍으로 바뀌는 식으로 무한히 이어질 수 있다.

이런 미칠 것 같은 상황에서, 우리는 수학에서 종종 일어나듯이* 무한급수가 어찌어찌하여 유한한 합을 내놓을 것이라는 희망에 매달렸다. 언뜻 볼 때, 이 방식은 먹히는 듯했다. 비록 온갖 복잡한 경로들을 계산에 포함시켜야 했지만,

경로에 더 복잡한 사항이 추가될수록 그 경로가 선택될 가능성은 더욱 낮아졌다. 다행스럽게도 모든 연속된 항은 바로 앞에 있는 항보다 기여도가 더 작았다. 이 급수는 수렴할 듯이 보였다. 하지만 전부 다 더한 답은 어쨌거나 엄청났다.

상황은 스칸디나비아의 12월만큼 암담했고, 희망의 불빛이 절실히 필요했다. 낮이 점점 짧아지면서 동지를 맞이할 채비를 할 때, 스웨덴의 모든 마을에서는 성 루치아 축일에 소녀들이 어둠 속에서 촛불을 들고 행진을 한다. 소녀들은 무겁게 발을 디디면서 감미롭게 조화를 이루는 목소리로 그늘과 밤을 이겨내겠다고 노래한다. 성 루치아가 나타나 어둠을 물리칠 때까지.

하얀 옷을 입고 머리에 촛불로 이루어진 관을 쓴 루치아는 밝은 새벽이 찾아올 것이라고 속삭인다. 이 전망을 버팀목으로 삼고, 글뢰그와 진저브레드 쿠키 그리고 건포도와 사

---

* 예를 들어 단순히 앞에 있는 수의 절반인 수를 차례로 적는 것만으로도 무한급수를 생성할 수 있다. 이 모든 항을 더하면 처음 수의 두 배가 될 것이다. $1 + 1/2 + 1/4 + 1/8 + 1/16 + 1/32 + \cdots = 2$.

프란이 들어 있는 **빵**의 도움을 받아 우리는 밤이 점점 짧아지고 찬란한 태양이 환하게 빛날 때까지 견딘다.

하지만 어둠 속에 있는 QED를 인도할 후광을 발하는 천사는 나타나지 않았다. 그 탈출 여정은 덜 시적이었다. 그래도 겨울을 벗어날 때만큼 깊은 안도감을 얻을 수 있었다. 많은 명석한 과학자들이 발산의 문제를 붙들고 씨름했다. 벽에 부딪혀 튀어나올 때마다 점점 더 소리가 커지면서 불협화음에 메아리를 추가하는 듯한 이 무한에 붙인 이름이었다. 여러 사람들이 상황을 진정시키는 데 기여했지만, 이 노력을 이야기할 때 으레 나오는 이름을 꼽으라면 바로 리처드 파인만(Richard Feynman)이다. 그는 QED를 대중에게 알린 인물이었다. 허풍을 잘 떨고 자물쇠도 잘 따고 봉고 드럼도 치는 쇼맨십 많은 재간꾼이었던 그는 무한의 핵심을 파고들어 납득할 만한 유한한 답을 내놓은 공로로 줄리언 슈윙거, 도모나가 신이치로(朝永振一郎)와 노벨상을 공동 수상했다. 세 과학자는 서로 독자적으로 연구를 했으며, 그 주제에 접근하는 방법에는 각자의 개성이 반영되어 있었다.

세상에 가장 늦게 알려지긴 했지만, 가장 먼저 연구 결과를 내놓은 쪽은 도모나가였다. 제2차 세계대전 때 강제 격리된 상태에서 그는 '재규격화(renormalization)'를 연구했다. 재규격화는 다루기 힘든 무한을 다루려는 시도였다. 파인만과 슈윙거를 자극하고 인도한 실험 결과들을 전혀 모른 채 연구했다. 세상과 동떨어져 오로지 이론적으로만 생각한 끝에, 이 점잖은 일본인은 이윽고 다른 두 연구자가 다다른 것과 동일한 결론에 이르렀다.

슈윙거는 천재였다. 그는 고등학교 때 이미 첨단 연구 과제를 파고들었고, 29세에 하버드 교수가 되었다. 그는 늘 쫙 빼입고 윤기 나는 검은 캐딜락을 몰고 다니면서 클래식 음악에 심취한 인물이었는데, 연구할 때는 엄격한 수학적 전통에 따랐다. 그의 연구 결과는 세심하게 다듬고, 완벽하게 물을 주고, 잎과 꽃이 하나하나 다 제자리에 놓여 있는 교과서에나 나올 법한 프랑스 정원 같았다. 다른 이들은 그의 전문 지식에 혀를 내두르기만 할 뿐, 그가 한 대로 재현할 수가 없었다.

반면에 파인만은 건방지고 인습 타파적이었고 거의 의도적으로 소박한 태도를 취했다. 그의 물리학은 직관적이었다. 그는 전통 방식을 내팽개치고 자기 나름의 설명 방식을 구축했다. 파인만은 물리 현상들을 해체한 뒤에 조립 설명서 없이 다시 조립할 수 있는 능력을 지녔다. 이 능력은 양자전기역학의 프랙털 미로를 헤쳐나갈 때 특히 유용했다.

파인만은 전통적인 도구를 사용해야 한다는 생각을 아예 떨쳐내고, 단순한 다이어그램 체계를 고안했다. 다양한 물리적 과정들을 분석할 때 한 줄 한 줄 계산하면서 진행하는 대신에 그림을 써서 나타내고 추적했다. 강한 호기심과 불손한 만화의 집합처럼 보이는 것으로 무장한 파인만은 무한을 그 근원까지 추적하는 데 성공했다. 그리고 놀랍게도 세 곳에서만 불협화음이 났다. 그 문제는 곧바로 관리 가능한 크기로 축소되었다. 이 세 곳의 발산을 길들일 수만 있다면, 모든 잡음은 사라질 것이고, 그 뒤로는 마침내 경이로운 선율을 듣게 될 터였다.

파인만의 다이어그램은 쉽고 직관적인 반면, 슈윙거의 체계는 형식적이고 복잡했다. 이 두 관점은 서로 충돌했다. 수십 년 전 하이젠베르크의 행렬과 슈뢰딩거의 파동 방정식이 그랬듯이. 다시 한번 서로 경쟁하는 두 형식 체계가 내놓은 진술들이 사실상 동일한 것임을 증명하려면, 번역할 사전을 만들어야 했다. 양자역학에서는 디랙이 바로 그 일을 했는데, QED에서는 프리먼 다이슨(Freeman Dyson)이 그 역할을 맡았다.

그 이야기는 15년 전 코펜하겐의 닐스보어 연구소에서 프레드라그 츠비타노비치(Predrag Cvitanović)가 행한 연속 강연의 서문 격인 한 현대 우화에 멋지게 표현되어 있다. 나는 그 강연집을 갖고 있었고, 그 서문을 책상 앞 벽에 붙여놓았다. 그래서 몇 년 동안 매일 쳐다보았다. 지금도 아마 외울 수 있을 것이다.

예전에(어제는 아니다) 아주 젊은 두더지와 아주 젊은 까마귀가 살았다. 둘은 쿼피시(Quefithe)라는 전설의 땅이 있다는 소문을 듣고 찾아가보기로 마음먹었다. 출발하기 전에 그들은 현명한 올빼미를 찾아가 쿼피시가 어떤 곳인지 물었다. 올빼미가 묘사하는 쿼피시의 모습은 매우 혼란스러웠다. 올빼미는 쿼피시에서는 모든 것이 오락가락한다고 했다. 자신이 어디 있는지 알면 자신이 어디로 가고 있는지 알 방법이 없고, 반대로 자신이 어디로 가고 있는지를 알면 자신이 어디에 있는지를 전혀 알지 못한다고 했다. 젊은 두더지와 젊은 까마귀는 잘 이해되지 않아, 독수리에게 가서 쿼피시가 어떤 곳인지 물었다. 독수리는 흰 깃털이 난 머리를 흔들더니 사나운 눈을 바짝 들이대면서 말했다. "작용은 자동적으로 쿼피시의 불변 묘사를 제공해. 로런츠 군(Lorentz group)의 유니터리 표현을 연구해야 해." 두더지와 까마귀는 좀 더 설명을 듣고 싶었지만, 독수리는 입을 다문 채 하늘에 있는 불가해한 한 끈을 응시할 뿐이었다.

쿼피시에 관해 더 알고 싶으면, 직접 알아내는 수밖에 없었다. 그래서 그들은 그렇게 했다.

몇 년이 흐른 뒤, 두더지가 돌아왔다. 두더지는 쿼피시가 아주 많은 굴로 이루어져 있다고 말했다. 한 구멍으로 들어가면 굴이 계속 갈라지고 합쳐지는 미로 속을 떠돌다가 이윽고 다음 구멍을 발견하고 나온다고 했다. 쿼피시가 두더지만 좋아할 곳처럼 들렸고, 그래서 아무도 더 이상 들으려 하지 않았다.

얼마 뒤 까마귀가 흥분해서 깍깍 소리를 지르고 날개를 퍼덕이면서 내려왔다. 까마귀는 쿼피시가 놀라운 곳이라고 했다. 높은 산, 위험한 고개와 깊은 골짜기로 가득한 가장 아름다운 경관이 펼쳐져 있다고 했다. 골짜기 바닥에는 파인 길들을 쪼르르 돌아다니는 작은 두더지들이 우글거린다고 했다. 까마귀의 말은 거품 목욕을 너무 많이 해서 오락가락하는 것처럼 들렸고, 그 말을 듣던 많은 이들이 고개를 절레절레 흔들었다. 개구리들은 "엄밀하지 않아, 엄밀하지 않다고" 하며 계속 꽥꽥거렸다. 독수리는 말했다. "지독히 무의미해. 로런츠군의 유니터리 표현을 연구해야 해." 그러나 까마귀의 열광에는 뭔가 전염성이 있었다.

가장 이상한 점은 두더지가 묘사한 쿼피시와 까마귀가 묘사한 쿼피시 사이에 비슷한 점이 전혀 없는 듯하다는 것이었다. 그래서 두더지와 까마귀가 그 전설적인 땅을 정말로 갔다 왔는지 의심하는 이들도 있었다. 천성적으로 호기심 많은 여우만이 두더지와 까마귀 사이를 계속 오가면서 질문한 끝에, 양쪽 말을 다 이해했다는 확신을 얻었다. 지금은 누구든 쿼피시에 갈 수 있다. 달팽이까지도.

주변에서 웅얼거리는 소리가 들린다. 사람들이 경제학

강연을 듣기 위해 한두 명씩 돌아오기 시작했다. 이제는 정말 집으로 가야겠다. 목도리를 두르고 꼼지락거리면서 손을 장갑에 넣고 있다가, 내가 입가에 웃음을 머금고 있다는 사실을 문득 알아차린다. 이 이야기를 떠올리니 자연스럽게 쿼피시와 그곳이 나타내는 것, 게다가 그 우화를 쓴 이들, 그 이야기를 들으면서 낄낄거렸던 이들, 그 이야기의 토대를 마련한 이들을 향한 애정과 따스함이 밀려든 모양이다. 갑자기 나를 심란하게 만들던 문제들 중 적어도 하나는 답을 확실히 알고 있다는 깨달음이 찾아왔다. 나와 물리학 사이에 있었던 일은 사랑이었다는 것을. 그 시절 나는 물리학을 사랑했고, 지금도 사랑하고 있다는 것을. 내 가슴과 마음은 불안한 상황에 내몰리지 않을 때면 본능적으로 즐겁게 확신에 찬 태도로 물리학에 반응한다.

늘 그렇듯 지하철 승강대에는 학생들이 가득하다. 전철을 기다리는 동안, 벽에 죽 붙어 있는 지식의 모자이크가 다시 친숙하게 와닿는다. 작은 타일에 그려진 무수한 숫자, 다이어그램, 단어, 기호 등이다. 이 정거장에서 배우게 될 온갖 지식을 시사하는 것들이다. 스톡홀름 지하철은 역마다 독특한 방식으로 장식되어 있다. 내가 좋아하는 역이 많지만, 우니베르시테트 역은 특히 내가 좋아하는 곳이었다.

지난 시절에 이곳을 너무 자주 왔기에 저절로 근육 기억이 발동한다. 어느새 무심코 올라타 자리를 잡고 앉아 있다. 그 시절에는 으레 그렇게 했으니까. 이렇게 타고 가면서 생각에 잠기는 것도 익숙하다. 열차는 흐릿한 지하 터널을 통해 미끄러지듯 역 사이를 지나간다. 창밖으로 차량이 깜박거리면서 생생하게 비친다. 내 모습도 어른거린다. 한순간 마지막으로 이 캠퍼스에 들렀을 때의 내 모습이 스쳐 지나간다. 도서관에 반납하기 위해 가져온 책들의 무게에 구부정한 모습으로 배낭을 메고 있는 학생의 모습이다. 10년의 세월이 순식간에 지나갔다. 그녀가 이 열차에, 아마도 다른 칸에 타고 있을 것 같은 기분이 든다…….

승강대에서 그녀와 마주친다면 나는 뭐라고 말할까? SF 영화에서는 과거로 돌아가면 미래에 관한 이야기는 전혀 하지 못한다는 식으로 설정하지만, 나는 굳이 말하고 싶지도 않을 것 같다. 젊은 나 자신과 만난다면, 지금 이 순간 내 머릿속에 있는 생각을 말하고 싶다. 그녀의 머릿속에도 같은 생각이 떠오를 가능성이 꽤 있다. 예를 들면 재규격화 같은 것들이다.

그 개념은 흥미로우며, 실제로는 작동하지 말아야 하지만 어쨌든 작동한다. 수학자에게 유한한 답을 얻기 위해 무한에서 무한을 빼려 한다고 말하면, 그들은 제정신이냐고 비웃거나 한번 해보라고 떠넘길 것이다. 그러나 물리학자는 으레 무한끼리 맞붙이곤 한다. 그런 일을 늘 아무렇지도 않게 했던 것은 아니었다. 모든 일은 우리의 계산을 엉망진창으로 만드는 무한이 단 세 가지 근원에서 비롯된다는 것이 발견되면서 시작되었다. 전자의 질량, 전하, 진공 분극(vacuum polarization)이다. 진공 분극은 입자와 반입자 쌍이 진공에서 튀어나오는, 새롭게 발견된 능력이다. 전자의 질량과 전하가 유한하다는 것은 매우 명백하고 측정 가능한 사실임에도, 양자전기역학의 수학적 장치는 그렇지 않다고 우겼다. 우리는 그 이론이 우리의 이어지는 질문에 왜 그렇게 괴팍하게 반응하는지 의아했다. 왜 그렇게 뻔히 틀린 답을 내놓는 것일까?

그러다가 수학이 거짓말하고 있지 않다는 것을 발견하면서 우리는 분노를 접고 분을 삭여야 했다. 규칙을 깬 것은 오히려 우리의 질문 쪽이었다. 양자 바깥에 머물라고 반복해서 퇴짜와 경고를 받았지만, 우리는 계속 양자의 내부 성소에 침입하려 애쓰고 있었다. 의도하지 않은 침입 시도도 있었다. 우리의 사고 패턴 중 상당수는 여전히 고전역학의 전통에서 헤어나지 못하고 있었고, 때로 우리는 의도하지 않은 채 양자 규칙을 깨곤 했다. 그러나 아무리 모른 채 침입했어도, 그 침입은 용서가 안 되었다. 우리가 양자의 보호 구역에 가까이 다가가면, 자연은 욕설과 불경한 말을 내뱉으며 우리를 내쫓았다. 우리에게 무한을 내던지면서.

수학의 판결은 절대적이다. 단순한 주장이나 영리한 조작을 통해 더 마음에 드는 진술로 수정할 수가 없다. 다른 답에 이르려면, 물리학에 의문을 제기하고 우리가 어느 길로 잘못 들었는지를 찾아야 했다. 문제는 입자를 점 전하로 보는 기존의 관점에서 비롯된다는 것이 드러났다. 점은 양자 세계에 있을 자리가 없다. 공간은 더 이상 그렇게 멋지게 설명할 수 없게 되었으니까. 수학적 이상을 상정한 뒤 논증하려는 우리의 고집이 물리학을 옥죄고 있었다.

전자를 생각해보자. 전자는 전하를 지니며, 따라서 전하와 관련된 전기장도 지닌다. 그리고 전기장에는 에너지 또는 그에 상응하는 질량이 들어 있다. 따라서 전자의 전하는 전자의 질량에 기여한다. 우리가 실험할 때 측정하는 양은 전자의 '맨(bare)'질량, 즉 가상의 전하 없는 전자의 질량에 전기장의 질량을 더한 값이다. 자연이 우리에게 측정하라고 내주는 것은 오로지 이 복합 질량이다. 비슷한 맥락에서, 우리 실험이 아무리 뛰어나다 해도 우리는 전자의 맨전하를 결코 측정할 수 없다. 튀어나오고 사라지면서 주변에 어른거리는 가상 입자 쌍에 가려지기 때문이다. 가상 양전자들은 전자에 끌려 그 주위에 모이면서 전자의 전하를 가리는 반면, 가상 전자들은 서로 밀어낸다. 우리는 양전자 망토를 뚫을 수 없으므로, 우리가 측정하는 전자의 전하량은 양전자가 일부를 중화시키고 남은 것이다. 진공 분극으로 생기는 무한에도 같은 주장을 할 수 있다.

그런 증가와 감소는 입자의 크기에 상관없이 모든 하전 입자 주위에서 일어나지만, 그 효과는 입자가 작을수록 더 두드러지게 나타난다. 관련된 장이 더 강하고 더 집중되어 있기 때문이다. 입자가 사실상 사라질 정도의 크기, 즉 진정

390

한 '점'이라면, 그 주위의 장은 무한히 조밀할 것이다. 방정식으로 계산하니 그렇다고 나왔다. 우리의 가정들은 분명히 잘못된 것이지만, QED는 너무 많은 성공을 거두었기에 완전히 폐기할 수가 없었다. 적용할 수 있는 특정한 영역에서, 그 이론은 대단히 정확한 답을 내놓았다. 그래서 우리는 그 이론이 틀린 것이 아니라, 그저 한계가 있을 뿐임을 깨닫게 되었다. 전자의 질량과 전하의 유한성은 신조로 받아들여져야 했다. QED는 이런 양들의 값을 유도하는 데 쓸 수 없었지만, 그 양들과 관련된 다른 모든 것을 계산할 수 있었다.

개념상으로는 이치에 맞는다. 그러나 이행되는 방식은 의구심을 불러일으켰다. 우리는 아주 어려운 문제집을 접했을 때 책 뒤편의 답지를 들춰본 뒤, 방정식에서 그 정답이 나오도록 문제를 거꾸로 맞추어가는 학생과 다를 바 없었다.

이 접근법이 먹혀들게 만드는 방법은 오로지 맨양(bare quantity)들이 무한함을 인정하고서, 장의 무한 효과를 고려한 뒤의 '입은(dressed)' 양들이 유한해진다고 주장하는 것뿐이었다. 마치 상상할 수도 없을 정도의 방대한 두 힘이 줄다리기를 하고 있는 것 같았다. 그 힘 자체는 우리의 측정 범위를 넘어섰지만, 그들이 겨루고 있는 양들은 아주 조금만 움직였다. 합리적인 결과를 얻으려면, 이런 움직임을 측정하는 데 만족하고 밧줄을 당기는 경쟁하는 힘들에 관한 추측은 피해야 했다. 호기심이 강하기로 악명 높은, "무슨 일이 벌어지는지 알기 위해 자연의 열쇠 구멍"(자크 쿠스토의 표현)을 계속 들여다보는 물리학자들로서는 받아들이기 매우 어려운 조건이었다.

대체로 과묵한 인물인 디랙조차도 무한을 폐기하는 이 '임의의' 방식을 공개 비판하고 나섰다. "이것은 그냥 합리적인 수학이 아니다. 합리적인 수학은 양이 작을 때 무시하는 것이다. 그저 양이 무한히 크고 원치 않는다는 이유로 무시하지 않는다!" 외향적인 리처드 파인만은 폴 디랙과 성격이 천양지차였지만, 그런 '속임수(hocus pocus)'에 호소해야 한다는 점에 마찬가지로 불편함을 느꼈다. 그도 "수학적으로 정당하"지 않다고 의심했다. "우리가 하는 이 야바위 게임은 학술적으로 '재규격화'라고 한다. 그러나 아무리 좋은 이름을 붙이든 간에, 나는 여전히 미친 과정이라고 부를 것이다!"

그 말이 아마 맞겠지만, 더 나은 형식 체계가 아직 나오지 않았다. 아마도 양자전기역학의 현행 형식 체계에 미흡한 점이 있긴 하겠지만, 정량적인 답을 도출하는 꽤 효율적인 장치를 제공한다는 사실에는 아직 변함이 없다. 현재로서는 우리가 지닌 것을 사용해야 한다. 물론 이 장치는 운동을 관찰하는 일에 가장 뛰어난 것은 아니다. 계산은 계층적인 방식으로 이루어진다. 동일한 수의 가상 입자들이 관여하는 모든 상호 작용을 함께 묶어서 중간 답을 계산한다. 그런 다음 차수를 높여 2차 계산을 하는 식으로 단계적으로 값을 다듬어간다. 아무리 정확히 한다 해도 이 모든 계산은 결국 근사적이다. 우리는 거기까지만 나아갈 수 있을 뿐이다. 정확한 결과, 즉 무한급수 합의 해석적 표현은 아직 존재하지 않는다.

대학원에서 QED를 연구할 때, 우리는 이 장치를 수동으로 작동시키면서 이 좀 지루한 계산을 하는 법을 배운다. 나는 그 이론이 실습으로 바뀌어 이 뒤엉킨 덩어리를 붙들고 씨름해야 했던 때의 좌절감을 기억한다. 무한의 다양한 힘들을 분류하고 서로 반대 방향으로 당기는 힘들이 균형 잡힌 재규격화한 행동을 낳도록 배열하는 것은 결코 사소한 일이 아니었다. 사실 나는 기가 꺾이고 말았다. 어느 날 주변에 널려 있는 끼적거린 방정식들로 가득한 종이들을 멍하니 바라보고 있는데, 문득 어릴 때 들었지만 까맣게 잊고 있던 톰타르(Tomtar) 이야기가 생각났다. 그 이야기가 사실이라면, 이 유능한 작은 요정은 깔끔하게 정리하는 것을 좋아하고, 자주 어질러지는 곳은 꺼린다. 톰타르는 숙주에게 행운과 번영을 가져온다. 밤에 슬그머니 나와서 자신들을 위해 남긴 음식을 먹고 집 안 정리를 시작한다. 아침이 되면 자질구레한 일들을 할 필요가 없을 정도로 말끔해져 있다.

나는 톰텐(Tomten)*이 이 미치게 만드는 무한의 난장판을 정리하는 데 도움을 주면 얼마나 좋을까 하고 생각했다. 나는 벌떡 일어나 연구실을 치우기 시작했다. 책장에 있던 책들을 다 분류하고, 더 이상 보지 않는 책들을 도서관에 반납하고, 책상 서랍에 꽉꽉 들어차 있던 오래된 잡동사니들을 치우고, 공책들을 산뜻하게 쌓고, 책상을 깨끗하게 치우고

---

* 톰텐은 톰타르의 단수형이다.

닦았다. 다음 날 아침, 도자기로 된 톰텐 상을 하나 사서 학교로 가져왔다. 위가 뾰족하게 솟은 빨간 모자를 눈까지 덮고, 회색 가운 위로 하얀 턱수염을 길게 늘어뜨리고, 작고 둥근 코가 튀어나온 모습이었다. 톰텐은 낮에는 내 책상 맨 윗서랍에 들어가 있었다. 집으로 갈 때가 되면 나는 책상을 정리하고 가장 머리를 싸매게 한 계산 자료만 놔둔 뒤, 작은 요정을 그 옆에 꺼내놓았다. 옆 동료는 내가 제정신이 아니라고 생각했지만, 결과를 보고는 생각이 달라졌다. 아침이면 톰텐은 다시 서랍 속으로 돌아갔고, 나는 계산에 다시 매달렸는데 어찌 된 일인지 몰라도 전날 밤보다 더 이해가 되었다. 때때로 연구실에 있던 비상용 사탕이 이상하게도 사라지는 듯했지만, 꽉 막혀 있던 연구는 조금씩 진척을 보였다.

톰텐은 내가 졸업할 때까지 내 연구실에서 살았다. 아마 지금 내가 '물리학 관련 물품'을 쑤셔 넣었던 상자의 책과 공책 사이에 끼여 있지 않을까? 집에 가면 그를 찾아봐야겠다. 내 삶에는 아직도 뒤엉킨 부분이 많으니 그가 도움을 줄 수 있지 않을까? 먼저 그를 잘 달래고, 오랫동안 방치한 일을 사과하고, 달콤한 간식도 주어야 하겠지만, 결국에는 넘어올 것이라고 본다.

열차가 스타디온 역에 멈춘다. 으레 그렇듯 발소리가 들리고 사람들이 내리고 탄다. 내 앞에 있는 노인이 신문을 펼친다. 그가 신문을 넘기면서 읽을 기사를 찾을 때, 노벨상 소식을 다룬 기사가 눈에 들어온다. 수상자들이 오늘 공개 강연을 하고 있고, 수상식은 알프레드 노벨의 기일에 맞추어 모레 열린다고 실려 있다. 강연의 시간, 장소, 제목도 적혀 있다. 앞서 알아차리지 못했지만, 흑백으로 인쇄된 그 기사를 읽으면서 알아차린다. 엇호프트가 자신의 강연 제목을 '무한과의 대면'이라고 했다는 사실을. 그 제목을 읽는 순간, 가장 먼저 머리에 떠오른 것은 칼 밀레스(Carl Milles)의 〈신의 손(The Hand of God)〉이다.

이 조각상은 전 세계에 몇 점이 전시되어 있다. 다른 곳에서는 어떻게 전시되어 있는지 모르지만, 내가 본 것은 리딩외에 있는 밀레스 저택의 조각 공원에서 좁고 긴 기둥 위에 하늘을 배경으로 서 있는 것이다. 시선을 사로잡는 인상적인 모습이다. 커다란 왼손의 엄지와 집게 손가락 위에 한 남자가 몸을 살짝 딛고 다소 위태롭게 하늘에 떠 있는 듯한 광경이다. 그의 긴장이 역력하다. 무릎을 굽힌 자세는 불편하게 균형 잡고 있음을 시사한다. 두 팔은 손바닥을 위로 하여 뻗고 있다. 혼란스러워하면서도 호기심을 느끼는 듯한 몸짓이다. 하늘을 올려다보고 싶은 듯 머리는 심하게 뒤로 젖혀져 있다. 자신을 이렇게 조심스럽게 붙여놓은 창조자를 바라보는 듯하다. 밀레스의 조각은 무한과의 대면을 강렬하게 표현한 작품이다. 오늘 아침의 강연도 그랬다.

나는 엇호프트가 노벨상을 안겨준 연구를 20대 중반에 했다는 것을 알고 있었지만, 그가 지금도 아주 젊어 보인다는 사실에 놀랐다. 점잖으면서 과묵한 그는 박사 학위 지도교수인 마르티뉘스 펠트만이 하던 연구를 이어받았다. 그는 재규격화의 역사를 상세히 설명하면서 QED가 성공을 거둔 과정, 약한 상호 작용을 설명하지 못하는 이유를 이야기했다.

약한 핵력이 지닌 문제는 그 게이지 보손 세 종류, 즉 W^+, W^-, Z가 모두 질량을 지닌다는 점이었다. 한편으로 보면, 이 점은 매우 타당성이 있었다. 무거운 힘 매개 입자는 짧은 거리만 이동할 수 있으며, 그 점은 약력이 짧은 거리에서 작용하는 이유를 설명한다. 다른 한편으로 보면, 그 점은 큰 문제들을 야기한다. 기존의 재규격화 기법은 질량이 없는 게이지 보손을 다루는 이론에만 적용되었다. QED와 광자가 그렇다. 질량을 지닌 게이지 보손의 존재는 무한히 많은 발산을 낳았고 — 실험을 통해 측정해야 하는 값을 지닌 양들의 수가 무한히 많아짐으로써 — 예측력이 완전히 사라지는 결과를 빚어냈다. 물리학자들은 질량을 지닌 게이지 보손도 포함하도록 재규격화 기법을 확장하려고 애썼지만, 엇호프트 이전까지 아무도 성공을 거두지 못했다.

젊은 대학원생 엇호프트는 게이지 보손이 상호 작용을 통해 질량을 얻는다고 한다면, 그 문제를 우회할 수 있고 이론을 무한에서 해방시킬 수 있음을 보여주었다. 전약 이론에 따르면 W^+, W^-, Z에 일어난 일이 바로 그것이었다. 이 게이지 보손들 모두 광자와 동일한 토대에서 출발했다. 즉 질량이 없었다. 대칭 깨짐과 그 뒤에 존재한 힉스 장 때문에 네 개의 게이지 보손에 서로 다른 질량이 할당되고 약력과 구별되는 전자기력이 출현한 것이었다.

이 주장은 좀 흥미로우며, 진공에서 비대칭 장의 존재가 우리의 질량 지각에 영향을 미친다는 사실에 기대고 있다. 이 점은 이해하기 어렵지 않다. 두 개의 금속 공이 편평한 표면에 놓여 있는데, 집어 들지 않고서 어느 쪽이 무거운지 알아내라고 한다면? 이때 본능적으로 공을 밀어볼 수도 있다. 어느 방향으로 밀든 간에 두 공에 같은 힘을 가하면, 무거운 공이 더 느리게 움직이고 가벼운 공이 더 빨리 움직이리라는 것을 우리는 경험, 아니 직관을 통해 안다. 둘이 같은 속도로 움직인다면 질량이 같다고 예상할 것이다.

　이제 특정한 방향으로 전기장을 가한다고 하자. 그럴 때 나는 대칭을 깨는 것이다. 전기장은 보이지 않으므로, 아무 것도 변하지 않은 듯하다. 그러나 두 공을 다시 똑같은 힘으로 밀면 한쪽 공이 다른 쪽 공보다 더 느리게 움직이는 것을 볼 수도 있다. 그러면 그 공이 더 무겁다고 결론을 내릴 것이다. 하지만 실제로는 그 공이 전하를 띠고 있고 전기장의 반발력을 받는 방향으로 공을 밀었기 때문에 더 느리게 움직인 것일 수도 있다. 다시 말해 장이 없을 때 똑같아 보이는 입자는 장이 있을 때 다양한 모습을 보일 수 있다.

　따라서 우리가 본연의 성질이라고 가정해왔던 질량은

지각된 양임이 드러난다. 즉 질량은 물체와 배경 장 사이에 이루어지는 상호 작용의 물리적 표현이다. 비슷한 맥락에서 W^+, W^-, Z 보손은 힉스 장과 상호 작용을 통해 질량을 얻는다. 그렇기에 엇호프트의 방법은 전약 이론을 재규격화하고 그 방정식에서 납득할 만한 예측을 얻는 데 쓰일 수 있었다.

흔한 끼이익 소리와 함께, 지하철이 T-센트랄렌 역에 들어선다. 나는 곧장 집으로 갈 생각이었지만, 문득 수면 위로 저녁놀이 지는 것을 보고 싶은 충동이 일어 지하철에서 내려 밖으로 나간다. 세르엘 광장 출구로 나가니 음식 냄새가 밀려들면서 배가 고프다는 것을 깨닫는다. NK 카페에 잠시 들러 주문을 해야 할 듯싶다. 스톡홀름에서 가장 호화로운 백화점의 맨 아래층은 경이로운 요리의 세계다. 나는 늘 유혹에 굴복하므로 이곳에 오는 것을 되도록 피한다. 오늘은 저항하는 척도 하지 않는다. 나는 집에 가져갈 나무딸기 잼을 한 통 산 다음에 진한 초콜릿 비스킷을 탐닉한다. 거품 낸 버터크림을 바르고 그 위에 초콜릿을 덧씌운 촉촉하면서 바삭거리는 아몬드 쿠키다.

허기가 가시면서 내 생각은 물리학으로 돌아간다. 힉스

장은 그 이야기의 핵심이지만, 아직까지 힉스 장을 뒷받침하는 증거는 오로지 우리에게 그것이 필요하다는 것뿐이다. 우리가 우주를 기술할 때 언급하는 다른 모든 입자는 자신의 존재 — 또는 적어도 자신의 부재 — 를 느끼게 했다. 힉스 보손은 홀로 있기에 그것이 존재한다고 가정할 물리적 이유가 전혀 없다. 우리는 그것을 본 적이 결코 없을뿐더러, 이 잃어버린 입자가 원인이라고 돌릴 수 있는 그 어떤 수수께끼 같거나 설명되지 않거나 밝혀지지 않은 현상도 없다. 오로지 우리가 구축한 이론의 정합성을 신뢰하기 때문에 있다고 추정한 것이다. 그 방정식으로부터 납득할 만한 예측을 이끌어내는 것을 가능하게 하는 전약 이론의 재규격성은 결정적으로 힉스 장의 존재에 의존한다. 엇호프트의 말을 빌리자면 우리는 힉스 보손이 저 바깥에서 "발견되기를 기다리고" 있다고 믿지만, 이 '도망자'가 마침내 잡힌다면 훨씬 마음이 편해질 것이다.

잃어버린 입자를 잡을 함정을 설치하는 일은 복잡한 작업이고, 우리가 어디를 살펴봐야 할지 모른다는 사실 때문에 상황은 더욱 복잡해진다. 표준 모형은 많은 것을 알고 있지만, 이 문제에는 침묵하고 있다. 힉스 보손의 질량은 알려져 있지 않다. 이 입자가 출현할 때까지 현재와 미래의 입자 충돌기들은 보이지 않는 배경에 눈에 띄는 주름을 일으키고 힉스 장을 구슬려 보손을 방출하게 만들겠다는 희망을 품고 엄청난 양의 에너지를 생성하는 일을 되풀이할 것이다. 우리 눈은 시카고의 페르미 연구소와 머지않아 가동할 대형 강입자 충돌기에 쏠려 있다. 후자는 CERN에 건설 중인 최신 입자 가속기다. 앞으로 10년쯤 안에 아마 그곳에서 힉스 보손이 발견될 것이다. W와 Z가 처음 발견된 곳에서 말이다.

엇호프트는 강연을 끝낼 무렵 앞으로 어떤 일이 일어날지를 언급했다. 전약 통일이 이루어지자 물리학자들은 한 단계 더 나아가고픈 충동을 억누를 수 없었다. 대통일 이론이 양자색역학(quantum chromodynamics) — 강한 핵력의 이론 — 도 포함시킬 수 있지 않을까? 상세한 수학적 분석이 수행되었고, 에너지가 충분히 높을 때 세 양자 장론이 하나로 융합될 수도 있는 듯했다. 사실 세계가 숨겨진 대칭 — 힘과 물질을 관련짓는 초대칭 — 을 하나 더 지닌다면, 대통일은 아주 자연스럽게 이루어질 터였다.

이 체계를 얼마나 멀리까지 밀어붙일 수 있을까? 중력이라는 가닥을 이 세 가닥을 꼰 실과 함께 꼰다면 하나의 '주(master)' 힘에 다다를 수 있을까? 그것이 가능하다면, 우리에게 친숙한 네 가지 기본 힘은 하나의 줄기에서 서로 다른 시기에 자란 가지나 다름없을 것이다. 같은 뿌리와 연결되어 있고 같은 씨앗에서 나왔을 것이다. 이러한 전망은 유혹적이지만, 그 길에는 몇 가지 장애물이 있다. 중력은 재규격화할 수 있는 양자 장론으로 기술할 수 없기에 지금은 따로 떨어져 있다. 이 장애물은 극복할 수 있을까? 중력을 우리의 현재 패러다임 안에 끼울 방법을 알게 될까? 아니면 기존 틀을 확장하거나 재편까지 해야 할까?

최근 몇 년 사이에 새로운 후보가 등장했다. 네 힘을 하나로 통합한다는 이 궁극적 목표를 이루고, 추가로 초대칭까지 포함한다고 주장하는 이론이다. 이 (초)끈 이론의 기본 전제는 진정한 점 입자 같은 것은 전혀 없다는 것이다. 대신에 우리가 보는 모든 것은 점처럼 보일 만큼 작은 진동하는 에너지 가닥들에서 만들어진다고 본다. 끈 이론은 알려진 모든 입자 — 물질과 힘 모두 — 를 이 기본 끈의 진동 양식으로 묘사한다. 많은 입자가 같은 기본 끈에서 생성될 수 있다. 기타의 같은 현으로 음계 전체의 음을 연주할 수 있는 것과 같다.

끈 이론이 물리학의 성배가 될 수 있을까? 견해는 갈린다. 아직 확실히 말할 수 있는 사람은 아무도 없다. 오늘 아침 엇호프트는 분명히 그것을 최종적인 만물의 이론이라고 부를 준비가 되어 있지 않았다. 마지막에서 두 번째 슬라이드는 진동하고 뒤집히고 안팎이 바뀌는 등 우리가 예상하는 모든 운동을 능숙하게 수행하는 끈을 보여주었다. 엇호프트는 끈 이론이 미학적으로 압도적이라고 인정하긴 했지만 자신이 진리라고 확신할 만큼 충분히 이해된 상태가 아니라고 했다. 그가 놀라운 것들이 나올 여지가 아직 있다고 말할 때, 뒤쪽 화면에서 돋보기 이미지가 튀어나왔다. 그는 우리가 실제로 끈을 볼 수 있다 해도 무엇을 보게 될지 결코 말할 수 없다고 했다. 그때 갑자기 음악이 흘러나왔고, 강당 전체에 웃음이 터져 나왔다. 돋보기가 확대되자 태즈 ― 루니툰스 만화에 나오는 태즈메이니아데빌 ― 가 끈을 팽팽한 줄타기용 밧줄로 삼아 끈 위에서 통통 튀고 있었다. 화면 앞으로 바짝 얼굴을 들이민 채.

세미나 강연자들은 대부분 시간이 얼마나 남았는지 계속 신경 써야 하지만, 엇호프트는 아주 유용한 스톱워치를 발표 자료에 삽입했다. 화면 오른쪽 바닥에 다이너마이트가 한 묶음 놓여 있었고, 불이 붙은 심지와 연결되어 있었다. 다이너마이트의 발명가이자 그 상의 제정자인 알프레드 노벨뿐 아니라 아주 사랑받는 만화에 경의를 표하는 셈이었다. 강연이 진행될수록 불꽃은 다이너마이트에 점점 가까이 다가갔고, 이윽고 시간이 다 되자 다이너마이트가 화면에서 폭발했다. 엇호프트는 그것이 일이 진행되는 방식이라고 결론지었다. 역설과 모순을 지닌 이론은 마침내 폭발하고, 새롭고 더 나은 이론을 남긴다는 것이다. 이 철학과 유머가 섞인 말로 강연은 끝을 맺었다.

나는 끈 이론에 흥미를 느낀다. 나는 엇호프트의 비판이 들어맞을지 여부를 알지 못하지만, 역사적으로 보면 악마는 디테일에 있다는, 즉 세부적인 부분에서 문제가 시작되어 비화되곤 했다는 말에는 동의한다. 나는 태즈를 그런 악마에 비유한다는 생각을 해본 적이 없었는데, 오늘 이후로는 태즈를 볼 때마다 그 생각을 하게 될 것이 틀림없다.

지금 돌이켜보니, 그것이 바로 이 강연이 뇌리에 남은 이유 중 하나였다. 엇호프트가 물리학으로 장난칠 수 있음을 공개적으로 확인해주었다는 것이다. 그런 단어들을 마음속에 정식으로 떠올리는 것만으로도 해방감이 느껴진다. 오랫동안 나는 개념을 너무 장난스럽게 대하는 것이 아닐까, 원래 요구되는 대로 진지하게 대하지 않는 것이 아닐까, 따라서 내가 "자격이 안 되는" 것이 분명하다고 속으로 걱정했다. 하지만 오늘 아침 엇호프트는 엄숙한 연단에서 자신이 사랑하는 것에 굳이 격식을 차릴 필요가 없음을 보여주었다.

나는 오페라하우스 계단에서 저녁놀을 지켜본다. 발 앞으로 노르스트룀강이 액체 페인트처럼 흐른다. 뾰족한 탑들 사이로 멀리 시 청사의 뾰족탑이 얼룩처럼 보인다. 그곳의 블루 홀 — 온통 벽돌로 되어 있고 파란색은 전혀 없는 — 에서 녹청색의 장엄한 둥근 지붕 천장 아래 스웨덴 국기가 지켜보고 벽에 보라색 물결무늬가 비치는 가운데 메달을 받을 것이다.

마음이 평온해진다. 아주 오랫동안 느껴보지 못했던 평온함이다. 오늘 아침 아울라 마그나에서 나는 과거의 고통스러운 기억과 대면할까 봐 마음을 다잡아야 했다. 나는 오래 전에 물리학과 마지막 작별 인사를 했기에 분노를 느낄 것이라고 예상했다. 그러나 오늘 겪은 일은 그런 드라마나 비극과는 전혀 무관했다.

처음에 불안하게 감정이 쇄도했지만, 의구심은 곧 뒷전으로 밀려났다. 학문을 포기했다는 후회도 사라졌다. 직업은 충성의 서약이 아니라 생계 수단이다. 많은 이들이 직업보다도 훨씬 더 자신을 정의하는 취미와 관심사를 지닌다. 우리는 아마추어라는 단어를 "정식으로 배우지 않았다"는 뜻으로 사용하지만 사실 그런 의미가 아니다. 생계유지를 위해서가 아니라, 좋아하는 것을 추구하는 사람을 뜻한다.

저무는 태양에 스톡홀름이 불그스름한 금빛으로 빛난다. 내가 어디에 살든, 이곳은 언제나 내 도시가 될 것이다. 나는 어두운 겨울을 견디고, 자갈이 깔린 거리를 오래 걷고, 내게 특별한 비밀 장소를 발견함으로써 그 소유권을 얻었다. 물리학도 나의 도시다. 그 구불구불한 거리를 거닐고 계절의 변화를 겪어왔다. 그 입구로 다시 발을 들일 때마다 내 나름대로 하는 의식이 있다. 좋아하는 곳을 다시 들르는 것이다.

물리학은 고된 노력과 오랜 애정을 통해 내게 속해 있다. 그 누구도 내게서 물리학을 빼앗을 수 없다. 내가 어디를 돌아다니든, 물리학은 언제나 내 집일 것이다.

PART

마지막 원고

보낸 사람: Sara Byrne 〈breaking.symmetries@gmail.com〉

날짜: 2013. 3. 29. 금요일 오후 7:18

제목: 자연의 태피스트리

받는 사람: Leonardo.Santorini@gmail.com

안녕 레오

너무 고마워요! 초콜릿도 맛있고, 카드도 너무 예뻐요. 하지만 가장 마음에 든 생일 선물은 당신이 보낸 마지막 원고였어요. 초콜릿보다 더 빨리 탐식했다니까요. 곧바로 읽고 평해달라는 당신의 요청을 받아들여 이미 전화로 마지막 두 장을 읽은 소감을 떠들어댔으니까, 이 편지에 그 찬사를 다시 늘어놓지는 않을게요. 대신에 다른 이야기를 할게요…… 저술과 관련된 거예요.

이틀 전에 리처드 파인만의 짧은 글을 접했어요. 당신에게 보내려 했는데 깜박했어요. 지금 보니 더욱 딱 맞는 듯해요. "자연은 가장 긴 실만 써서 무늬를 짠다. 따라서 자연의 천은 작은 조각 하나하나가 태피스트리 전체의 짜임새를 드러낸다." 그 구절을 읽는데 당신의 책이 떠올랐어요. 자연이 베틀

앞에 앉아 우리 세계를 짠다는 이미지도 아주 마음에 들지만, 이 구절은 그보다 더 깊은 의미가 있어요. 세계는 너무나 풍부하고 다양해서 언뜻 보면 엉성하게 이어 붙인 온갖 것들의 조각보 같아요. 하지만 이따금 한순간 환하게 반짝이는 조명에 천에서 이리저리 구불거리며 가까이 있는 것들과 멀리 있는 것들을 연결하는 한 가닥의 실이 빛나곤 하지요. 이론들이 통일될 때 벌어지는 일이 바로 이것이 아닐까요? 바로 그 순간에 공통의 기본 구조가 빛을 발하는 거예요.

당신의 화자들이 하는 말을 듣고 있자니, 몇 가지 모티브가 반복해서 나타나는 것이 보이고, 그들의 반복되는 생각들에 있는 리듬을 내 귀가 알아듣기 시작했어요. 전혀 다른 이 사람들이 같은 애정과 욕구를 통해 시대와 장소를 넘어 서로 얽혀들었어요. 그 인간적인 태피스트리에도 아주 길고도 아름다운 실들이 있는 거예요.

그리고 덜 고상한 태도로 말하자면, 당신의 제안을 곰곰이 생각했는데, 그래요, 한번 해볼게요. 당신이 오늘 아침에 말한 식으로라면, 할 수 있을 것처럼 들렸거든요. 그냥 당신에게 편지를 쓰는 척할 거예요. 그러면 당신이 이 두서없는 내용을 기우고 맞추어 책에 맞는 한 장으로 만들 수 있겠지요.

사실 그 생각을 하니 흥분되기는 해요…….

곧 보낼게요,

사라

제7장

방정식 속의 불

끈 이론: 표준 모형을 넘어

글쓴이: 사라

"설령 가능한 통일 이론이 단 하나뿐이라 해도,

그것은 규칙과 방정식의 집합일 뿐이다.

그 방정식에 불을 뿜어 그것이 기술할 우주를 만든 것이 무엇일까?"

_ 스티븐 호킹

2013. 4. 19.

매사추세츠 케임브리지

안녕 레오

멋진 봄날이에요. 오후의 햇살에 만물의 윤곽이 은빛으로 뚜렷하게 드러나고 있어요. 내 앞에는 사이언스 센터의 거대한 직사각형 유리창에 메모리얼 홀의 고딕 아치가 반사되어 비치고 있어요. 현대 액자에 끼워진 고전 예술 작품인 셈이지요. 노을빛으로 물든 지붕에 매달린 입 벌린 가고일들이 광장을 달리거나 걷거나 자전거로 오가는 사람들을 바라보고 있어요. 건물들은 뒤집은 외투 주머니처럼 텅 비어 있고, 건물 밖 탁자와 벤치에는 사람들이 가득해요. 선명한 그림자들에 풍경이 다각형으로 나뉘고, 태양이 기울면서 가장자리가 움직이거나 합쳐지거나 사라지곤 해요. 재미있게도 그림자가 대상을 반으로 나누었다가 다시 옆으로 비껴가면 나도 모르게 살짝 안도감이 들곤 해요. 빛과 그림자에 조각난 것들이 다시 모여 하나가 되는 모습을 지켜보고 있으면 마음이 편안해져요.

우리가 이런 광경을 보며 즐거워하는 것도 놀랄 일은 아니에요. 우리는 쪼개진 것을 하나로 이어 붙이려는 타고난 충동을 갖고 있어요. 이 욕구가 충족될 때 아름다움을 느끼죠. 분야, 문화, 시대, 맥락을 가릴 것 없이, 통일은 "근본적인 — 근본적인 것일 가능성이 매우 높은 — 미학적 기준"이라고 여겨지지요.* 나는 대중이 끈 이론에 매혹되는 것도 이 때문이 아닐까 생각해요. 우리는 자신이 아는 모든 것들이 공통의 기원에서 유래하지 않았을까 하는 생각에 본능적으로 끌려요. 우리 우주에 있는 온갖 물질과 에너지가 떨어대고 나풀거리는 무한히 작은 끈의 운동 범위를 반영한다는 이론에요. 그 개념은 지적으로도 미학적으로도 호소력을 지녀요.

이 이론을 언급한 거의 모든 책과 다큐멘터리에서, 우주는 현악 교향곡에 비유되지요. 정확한 수학적 진술은 아니지만, 꽤 적절한 유추지요. 이 이론을 말로 표현해야 한다면,

* 『프린스턴 시와 시학 백과사전』에서 인용

우리가 아는 것을 이렇게 말할 수 있겠지요. 에너지의 진동하는 가닥인 기본 끈이 자연의 기본 구성단위를 형성한다는 거지요. 끈은 열려서 양끝이 있거나, 고리처럼 닫혀 있을 수 있어요. 우리가 아는 모든 입자, 즉 페르미온과 보손은 모두 이 끈들의 진동 모드에서 생겨나요. 드브로이의 원자 궤도처럼, 끈을 같은 길이로 분할하는 파장만이 지속 가능한 진동을 이루지요. 다른 모든 진동은 자체 간섭이 일어나 소멸해요. 그럼으로써 가능한 진동의 수는 한정되고,* 각각의 가능성은 끈이 지닌 연주 목록의 각 음에 해당해요. 각 진동 모드를 유지하려면 특정한 양의 에너지가 필요하고, 아인슈타인의 질량-에너지 등가 원리에 따라 모든 음은 저마다 독특한 질량을 지녀요.

기본 끈은 진정으로 작아요. 원자가 태양만큼 커진다면 끈은 모래알만 해질 거예요. 끈은 모든 현미경의 해상도를 훨씬 넘어서기에 그 구조를 볼 수 없어요. 모든 끈은 단순한

---

* 분수 1/2, 1/3, 1/4 등에 해당한다.

점, 즉 점 입자처럼 보여요. 그러나 물론 모든 끈이 똑같지 않고, 우리는 끈들의 차이를 시각적으로 볼 수는 없어도 다른 방법들을 써서 구별할 수 있어요. 각각의 진동하는 끈은 그 시점에 연주하는 음에 따라 일정한 에너지로 작동해요. 진동 자체는 검출되지 않지만, 우리는 진동의 에너지를 질량으로 지각해요. 더 날뛰는 진동은 더 높은 에너지, 따라서 더 무거운 입자에 해당해요.

복잡한 규칙과 설명을 고안해야 하는 입자 상호 작용과 달리, 끈들은 가장 직관적인 방식으로 상호 작용해요. 열린 끈의 끝들은 연결되어 닫힌 끈을 이룰 수 있어요. 닫힌 끈은 끊겨서 열린 끈이 되고요. 닫힌 끈 하나는 갈라져서 두 개의 닫힌 끈이 되거나, 닫힌 끈 둘이 결합하여 하나의 닫힌 끈이 되기도 해요. 열린 끈 하나는 두 개의 열린 끈으로 나뉘고, 열린 끈 둘은 합쳐져서 하나의 열린 끈이 되기도 하지요. 이 짧은 운동 목록이 입자들이 보이는 모든 활동의 뿌리예요. 진정으로 우아한 구성이지요. 아주 적은 것들로부터 너무나 많은 것들이 쉽게 생겨나니까요. 하지만 이야기는 거기서 끝이 아니에요. 우리 우주라는 드라마에서 끈은 등장인물들을 생성하고 그들의 상호 작용을 기술할 뿐 아니라, 이 모든 것이 펼쳐지는 배경도 구축해요! 이 마지막 중요한 단계를 규명한 것이 바로 끈 이론이 이룬 대단한 성취지요.

우리는 양자 장론을 써서 물질과 그 상호 작용을 하나의 기본 틀 안에 통합할 수 있었어요. 대칭 개념을 써서 동일한 힘을 받는 입자들을 하나로 묶었지요. 양자 장론은 네 가지 기본 힘 중 세 가지를 설명하기 위해 정립되었어요. 중력만 남겨졌지요. 일단 힘들을 동일한 언어로 표현할 수 있게 되자, 통일이 가능해졌어요. 전약 이론은 전자기력과 약력의 이야기를 합쳤고, 대통일 이론은 강력도 통합했지요. 하지만 이런 확장된 이론들이 야심적일 만치 규모가 더 크고 더 큰 대칭을 포함한다 해도, 이 이론들은 모두 양자 장론의 언어와 구조를 써서 개발되었고, 나름의 한계를 가지고 있었어요.

중력은 고집이 세서 포함되기를 거부한 것이 아니라, 이 기본 틀의 근본 가정 중 하나가 적극적으로 막고 있기 때문에 통합되지 못한 거예요. 양자 장론은 시공간이 입자들 사이의 상호 작용이 펼쳐지는 정적인 무대라는 개념에서 출발해요. 즉 공연을 기술하는 일에만 관심을 두지요. 그러나 우리는 일반 상대성 이론을 통해 시공간이 역동적이고 물질의 존재에 반응한다는 것을 알아요. 네 개의 힘이 통합되려면, 중력의 양자론이 정립되어야 해요. 그러려면 어떤 근본적인 생각의 전환이 필요하다는 것이 곧 명백해졌어요. 굳게 믿던 개념조차도 일부 버려야 할지 모른다는 것도요.

　중력을 양자로 기술하는 것은 통일의 유혹 같은 추상적인 지적 관심을 위해서만이 아니라 더 실용적인 이유에서도 바람직했어요. 그렇게 아주 작은 것과 무거운 것이 겹치는 일은 자주 일어나지 않지만, 둘이 겹칠 때 나오는 계와 현상은 일반 상대성 이론이나 양자역학 어느 한쪽에만 의지해서는 이해할 수가 없어요. 블랙홀 같은 현상이나 초기 우주를 납득할 만하게 기술하려면 양쪽을 조화시켜야 해요.

　끈 이론은 내가 10대 때 대중에게 알려지기 시작했어요. 13세 생일에 부모님은 『엘리건트 유니버스(The Elegant Universe)』를 사주셨어요. 그 책은 이렇게 시작되었지요. "은폐했다고 말한다면 훨씬 극적으로 들릴 것이다. 하지만 지난 반세기 넘게…… 물리학자들은 먼 지평선에 어른거리는 먹구름을 의식하면서도 그냥 입을 다물고 있었다." 순간 나는 그 책에 푹 빠졌어요. 두 등장인물 사이의 그 어떤 갈등도 일반 상대성 이론과 양자역학 사이의 전투에 비하면 시시해 보일 수 있어요. 끈 이론보다 더 범위가 넓은 소설이 있을 리가 없지요. 우주의 운명 자체를 다루니까요!

그때부터 나는 구할 수 있는 모든 교양 과학책을 탐독하기 시작했어요. 이 책들이 필연적으로 진리를 축약한 것임을 알고 있었지만, 나는 계속 읽었고, 읽은 내용을 떠들어댔어요. 돌이켜보면, 내가 고등학교에서 이렇게 떠들며 돌아다닐 때 내 말이 얼마나 듣기 싫었을까 하는 생각이 들어 등줄기가 서늘해져요. "끈 이론의 요점은 점 같은 것은 없다는 거야!" 으, 잘난 척이라니. 하지만 아무튼 맞는 말이었지요. 또 그것이 끈 이론의 성공 비결이기도 했고요. 끈은 유한한 크기를 지니기에, 그 양이 얼마나 되든 간에 꽉 쥐고 아무리 짓누른다고 해도 점 입자처럼 크기가 0이 될 리 없었으니까요. 그러니 물리적 특성들은 더 이상 속박하고 일그러뜨려서 특이점으로 집어넣을 수 없었어요. 마침내 얼마간 숨 쉴 여유를 지니게 되었지요. 물론 많이는 아니었지만, 그래도 수학적 비명을 내지르지 않게 해줄 만큼은 되었지요. 무한을 파리 쫓듯이 내쫓는 데 익숙해 있던 물리학자들에게는 끈 이론의 이런 재규격화 가능성이 축복처럼 들렸어요.

게다가 끈 이론에는 중력이 내재되어 있었어요. 더 이상 네 가지 기본 힘을 따로따로 이해한 뒤에 어떤 식으로든 융합해야 할 필요가 없었어요. 이 통일에 억지스럽거나 인위적인 것은 전혀 없었어요. 중력자, 즉 중력장의 힘 매개 입자는 여느 입자들과 마찬가지로, 끈의 또 한 가지 진동 모드였지요. 모든 힘은 끈 이론에서 자연적으로 생겨났지요. 모두 똑같이 대우를 받았어요. 시공간은 양자 장론이 강요한 인위적인 동결 상태에서 마침내 풀려나, 다시 고동쳤어요.

끈 이론은 탁월한 솜씨로 물질 입자와 힘 매개 입자 사이의 장벽을 무너뜨렸어요. 엄밀하게 말해서, 최종 타격을 입힌 것은 초대칭이지요. 그래서 끈 이론보다 초끈 이론이 더 적절한 표현이에요. 초대칭은 보손과 페르미온을 짝지어서, 각 쌍이 대칭 변환을 통해 정체성을 바꿀 수 있도록 해요. 따라서 경악할 결과가 나오지요. 물질과 힘 매개 입자가 서로 변환될 수 있다면, 둘은 동일한 무언가의 서로 다른 측면에 불과해요. 클라크 켄트와 슈퍼맨이 같은 사람임을 발견하는 것과 비슷하지요. 그 즉시 우리는 그의 두 인격 중 어느 한쪽을 알았을 때보다 그를 더 많이 알게 되지요.

하지만 끈 이론은 이 모든 것을 우리에게 주는 대신에 보답을 원해요. 사실 끈 이론은 자신의 조건을 정하고 타협을 거부한다는 점에서 프리마돈나와 비슷해요. 특히 10차원 세계에서 살겠다고 고집한다는 점은 문제를 일으켜요. 물리학자들은 유달리 열린 마음을 지닌 종족이지만, 이 괴씸한 요구까지는 받아들이지 못하겠다는 이들이 많아요. 어떤 이들은 호기심이 동해 그에 대한 대가를 치르고 어떤 일이 일어나는지 알아보겠다고 나서지요. 반면에 4차원을 신성불가침이라 여기고, 10차원 극장에는 들어가지 않겠다고 거부하는 이들도 있어요. 하지만 입장료를 내고 들어간다면 끈 이론의 놀라운 공연을 볼 수 있다는 사실은 달라지지 않아요. 지금까지 한 번도 본 적이 없는 공연이지요.

최근 들어 우리의 이해 수준이 아주 빠르게 높아지면서 그 이론의 이름을 넘어설 지경이 되었어요. 열리고 닫힌 초끈으로 이루어진 10차원 계는 단지 그 이론의 초기 화신일 뿐이었어요. 그 방정식에는 다른 것들도 숨어 있었어요. 우리가 그런 의심을 처음으로 한 것은 열린 끈이 조금 기이한 행동을 한다는 사실을 알아차리면서였어요. 특정한 조건에서 이런 끈들은 마치 움직임에 제약이 가해진 것처럼 행동했어요. 끝점이 마치 보이지 않는 냉장고 문에 달라붙은 자석처럼 행동했어요. 끈의 다른 부위들은 평소처럼 진동을 계속했지만, 끝점은 보이지 않는 표면에서 위아래로 미끄러지기만 하는 듯했어요. 이유는 몰라도 표면에서 떨어질 수 없는 듯 행동했어요. 우리는 뭔가 재미있는 일이 벌어진다는 것을 알았고, 그 상황을 좀 더 조사했어요. 그러자 끈이 무대 연기를 하는 게 아니라는 것이 드러났어요. 끈의 움직임이 실제로 제약되어 있었어요. 끝이 하이퍼 차원 막에 붙어 있었어요. 이 막은 D-브레인(D-brane)이라는 이름을 얻었지요. 그전까지는 전혀 몰랐던 막이었어요. 우리의 과학적 쌍안경으로 직접 볼 수 없었으니까요. 그 쌍안경은 끈의 교란에만 초점을 맞추고 있었거든요. 끈의 운동이 이해할 수 없는 방식으로 영향을 받는다는 것을 알아차렸을 때에야 비로소 우리는 다른 무언가가 있음을 의심하게 된 거죠. 우리는 도구를 바꾸어 초점을 더 넓혔어요. 그러자 갑자기 D-브레인이 눈앞에 나타났어요.

그런 예기치 않은 방향 전환은 이론 탐구의 매력 중 하나예요. 어떤 이론을 구성할 공리를 끼워 맞추고 있을 때, 우리는 그 이론의 탄생에 기여하고 있는 거예요. 그러나 아이의 성격과 운명을 결정할 수 없는 것처럼, 우리는 그 이론의 진화를 통제할 수도 없고 최종 형태를 원하는 대로 빚어낼 수도 없어요. 언제나 놀라운 일들이 일어나지요. D-브레인은 불쾌하게 만드는 놀라움이 아니었지만, 다른 놀라운 것들도 있었어요. 특히 그 이론을 위기로 내몰 것처럼 들이닥친 발견들도 있었어요.

우리는 "하나의 궁극적 이론"이 있다고 한동안 내세우고 다녔는데, 즉 궁극적 통일이라는 깃발을 휘두르면서 여섯 개의 숨겨진 차원이 그런 탁월한 이론을 얻기 위해 치르는 대가로는 사소한 것이라고 선언하고 다녔는데, 몹시 당혹스러운 상황과 맞닥뜨리는 일이 벌어졌어요. 끈 이론이 완벽하게 일관성을 띠고 완벽하게 합당한 다섯 가지 형태로 정립될 수 있는 것처럼 보였거든요. 그 역설을 상상해봐요! 모든 길이 모이는 곳이라고 여겼던 최종 목적지가 한 곳이 아니라는 거지요. 나는 이 수수께끼가 해결된 지 몇 년 뒤에 알게 되었지만, 그 발견이 얼마나 마음을 불편하게 만들었을지 생각하면 지금도 가슴을 쥐어짜는 느낌이 들어요.

하지만 역설이란 사실상 까다롭게 뒤엉킨 매듭을 풀 기회이기도 해요. 그리고 이 특별한 문제를 해결하려는 노력은 아주 심오한 깨달음으로 이어졌어요. 끈 이론의 서로 명백히 다른 다섯 가지 판본은 같은 도시로 들어가는 다섯 개의 문과 같다는 사실이 드러난 거예요. 즉 문 뒤에서는 이중성이라는 그물을 통해 서로 연결되어 있었어요. 우리가 그토록 당황했던 근본적인 이유는 이런 입구들을 목적지와 혼동했다는 거예요. 이 발견으로 상황은 전혀 새로운 차원으로 올라섰어요. 맹인들과 코끼리 이야기 기억해요? 맹인 다섯 명이 저마다 코끼리의 서로 다른 부위를 만져보았는데, 서로 받은 느낌이 너무 달라서 다른 이들이 거짓말을 한다고 주장하지요. 이 갈등은 모두가 사실을 말하고 있다는 것이 드러나면서 해소되어요. 굳이 다른 판본들을 놔두고 특정한 판본을 선택할 필요가 없다면, 이 다중성에는 아무런 모순도 없는 거지요.

다섯 가지의 서로 다른 10차원 형식 체계는 하나의 총괄 이론으로 이어졌어요. M-이론(M-theory)이라는 11차원 체계이지요. 우리는 아직 이 이론을 잘 알지 못해요. 다섯 가지 초끈 이론이 이 이론이 드리우는 그림자라는 것밖에는요. 대부분의 물체는 완벽한 대칭이 아니니까, 빛이 다른 각도에서 비칠 때 그림자의 모양이 바뀌어요. 마찬가지로 이 끈 이론 그림자들만으로 M-이론을 구축하기에는 미흡해요. 각 그림자가 무언가를 말해주기는 하지만, 탐구할 것이 아직 분명히 더 많지요. 우리가 마침내 그 최종 이론에 다다른다면, 아마 처음에 생각했던 것과 전혀 다른 것일 수 있지요. 어른이 아기 때 사진과 전혀 달라 보일 때도 있는 것처럼요. 하지만 나는 끈 이론이 그 출발점이 아니라고는 믿기 어려워요.

또 한 가지 개인적인 견해를 피력하자면, 나는 끈 이론이 통일에 대한 '믿음'을 토대로 한다는 인상을 사람들에게 불필요할 정도로 너무 많이 심어준 것 같다는 생각이 들어요. 과학자가 된다는 것은 검증을 신뢰할 수 있어야 하고, 증거가 반대 견해를 받아들이라고 요구하면 기꺼이 그렇게 해야 한다는 의미지요. 그렇다고 해서 우리에게 믿음이 전혀 없다는 의미는 아니에요. 사실 과학이라는 분야는 세계가 이해할 수 있고, 더 대담하게도 수학적으로 기술할 수 있다는 믿음을 토대로 하지요. 과학적 믿음의 특징은 임의적이지 않다는 거예요. 우리가 상상 속에서 그냥 끄집어낸 무작위적인 견해를 믿으라는 말이 아니에요. 관찰과 경험을 통해 얻는 것을 믿으라는 말이고, 지금까지 그런 믿음은 늘 옳다고 입증되어왔어요. 통일에 대한 믿음도 마찬가지예요. 물리학의 역사는 어느 면에서는 통일의 역사이기도 해요. 서로 달라 보이던 다양한 가닥들을 모아서 하나로 엮는 과정이었어요. 우리는 이 패턴에 의문을 품을 이유가 결코 없었어요. 그러니 달랑거리는 끊긴 실들조차도 언젠가는 그 천에 엮일 것이라는 데까지 우리의 가정을 계속 이어가는 거예요. 아니라는 증거가 나올 때까지요.

하지만 물론 우리는 이 자체가 끈 이론의 타당성을 옹호하는 논증이 아님을 알아요. 자연이 우리의 감각 능력에 맞추어 자신을 모형화하겠다는 의무감을 지닐 리 없다는 것도, 끈 이론이 검증 가능한 예측을 내놓을 필요가 있다는 것도 인정해요. 비판자들이 주장하는 것과 정반대로, 지금까지 그런 검증이 이루어진 적이 없는 것은 끈 이론이 실험에 반대하기 때문도 아니고, 고대 그리스인들의 사상처럼 물질세계와 굳이 얽혀서 더럽혀지고 싶지 않아서도 아니에요. 그저 그 이론이 아직 개발되고 있는 중이기 때문이에요.

새로운 개념을 검증하는 일이 지금은 훨씬 어려워요. 우리가 지닐 수 있는 개념들은 거의 다 연구가 이루어진 상태니까요. 우리는 여기서 더 나아가기를 멈추고, 물리학을 당장 접할 수 있고 직접 검증할 수 있는 모든 것들의 연구로 정의할 수도 있어요. 그러나 우리는 감각으로 자연스럽게 이해할 수 있는 영역 바깥에 있는 세계에도 호기심을 갖고 있어요. 그 호기심을 따른다면, 분석 양식을 기꺼이 확장해야 해요. 때로는 간접적인 측정 수단까지 써서 이런 새 변경을 탐사할 더 창의적인 방법을 고안해야 하겠지만, 그런 수준에서 탐사를 하려면 그 정도의 대가는 치러야 하지요.

사실 피노키오 이야기와 좀 비슷해요.* 제페토는 자신

---

* 디즈니 판본

이 만든 수많은 장난감 중에서 꼭두각시 나무 인형인 피노키오를 가장 좋아해요. 착하고 점잖은 사람인 제페토는 아들을 몹시 원했는데, 파란 요정이 그 소원을 들어줘요. 그녀는 피노키오에게 생명의 숨결을 불어넣고, 세상에서 겪는 일들에 올바로 대처한다면 '진짜 소년'이 될 자격을 얻을 것이라고 말하죠.

이론물리학자는 제페토와 비슷해요. 우리는 수학으로 모형을 만들지요. 우리가 만든 모형 중에는 우리의 망치와 끌에 살아남지 못하는 것도 있고, 우리가 의도한 결과를 내놓지 못하는 것도 있지만, 우리의 시험대를 통과해 우리의 축복을 받으면서 세상으로 내보내는 것도 있어요. 자신의 가치를 증명한다면, 그것들은 이론이라고 불릴 권리를 얻지요. 그렇지 않으면 영원히 예쁜 수학 장난감으로 머물러야 하지요.

초끈 이론은 우리가 지금까지 만든 가장 아름다운 수학 모형에 속해요. 파란 요정이 생명의 숨결을 불어넣기 위해 우리가 만든 것 중 하나를 골라야 한다면, 이것을 고를 수밖에 없지 않을까요? 우리 이론물리학의 작업대에 놓인 이 이론은 우리가 그 모형으로 풀려고 의도하지 않았던 문제들까지 기이할 만치 잘 알고 있다는 것을 보여주지요. 하지만 아무리 많은 가능성을 지니고 있긴 해도, 이 꼭두각시가 이제 겨우 걷는 법을 배우는 중이라는 것은 사실이에요. 이 모형이 우리 4차원 세계에 관해 구체적인 예측을 내놓을 수 있으려면 더 기다려야 해요. 현재 많은 물리학자들이 끈 이론을 붙들고 씨름하고 있어요. 이곳 제퍼슨 연구소의 4층에도 그런 이들이 있어요.

나는 2년 전 처음 정식으로 끈 이론 강의를 들으러 계단을 올라갈 때 밀려들던 감동을 지금도 기억해요. 황금빛 벽과 아인슈타인 청동 흉상을 지나자 교수실 문들이 보였어요. 앤드루 스트로밍거(Andrew Strominger), 캄란 바파(Cumrun Vafa)라고 적혀 있었지요. 여러 해 동안 많은 이들이 존경하는 태도로 언급했던 이름들이지요. 그 뒤에 학과 모임에서 종종 보았지만, 여전히 그 명성을 접할 때마다 탄복하고 있었지요. 그들의 강의를 듣는 순간, 나는 고위 사제들을 통해 끈 이론의 수수께끼에 입문할 기회를 얻었다는 사실에 이루 말할 수 없는 기쁨을 느꼈어요.

기대가 너무 커서 끈 이론에 실망하게 되지나 않을까 하는 우려가 언뜻언뜻 들었다고 해도, 첫 강의를 듣는 순간 그런 우려는 영원히 사라졌어요. 나는 고향에 돌아온 듯한 느낌을 받았어요. 원자 궤도, 통계역학, 회로, 반도체를 붙들고 씨름했던 그 모든 시간이 바로 그 순간에 보상을 받았다는 느낌이었지요. 마땅히 갖추어야 할 수준의 엄밀함과 주의를 기울여 그 주제를 연구하면서, 애정도 더욱 풍부해지고 깊어져갔어요.

때로 어떤 문제를 공부할 때, 지면에 적혀 있는 그대로 자긍심을 느끼기도 했어요. "보라, 이 방정식이 얼마나 아름다운지!" 나는 이렇게 말하고 싶어요. "보라, 이것이 무엇을 할 수 있는지!" 찬양의 열기에 휩쓸리지 않도록, 나는 호킹의 질문을 되새기곤 해요. "설령 가능한 통일 이론이 단 하나뿐이라 해도, 그것은 규칙과 방정식의 집합일 뿐이다. 그 방정식에 불을 뿜어 그것이 기술할 우주를 만든 것이 무엇일까?"

2013. 4. 25.

목련 꽃잎과 벚나무 꽃잎이 나무에서 비처럼 쏟아지고 있어요. 나는 분홍색 꽃잎들의 웅덩이를 밟으면서 이곳 찰스강 가까지 걸어왔어요. 당신에게 보내기 전에 내가 쓴 장을 한 번 더 훑어볼 생각을 했는데, 기쁘게도 그 생각이 옳았어요. 지금 어떻게 하면 완벽한 마무리가 될지 떠올랐거든요.

이번 주에 파비올라 자노티가 연례 러브(Loeb) 강연을 하러 물리학과를 방문했어요. 강연 주제는 당연히 힉스 보손 이었지요. 맞아요, 지금은 공식적으로 힉스 보손이라고 불러요. 지난 7월에 첫선을 보인 이 입자가 정말로 다른 입자들과 그 입자들의 질량에 정비례하여 상호 작용을 하는 기본 스칼라(스핀이 0)라는 것이 복잡한 분석*을 통해 드러났거든요. 그녀는 우리가 여전히 그 입자를 좋아하긴 하지만, 이 보손 이 더 이상 힉스 같지 않다고 농담을 했지요.** 그녀는 이 결론으로 이어지는 그래프들을 보여주면서, 그 아름다움에 "거의 눈물을 흘릴 뻔했다"고 말했지요.

---

* 1조 곱하기 1조분의 1 수준의 정밀도로.
** 그 말에 청중은 웃음을 터뜨렸다. 파비올라는 그 농담을 자신이 만든 것은 아니지만, "너무 근사해서" 소개할 수밖에 없다고 했다.

LHC는 3년 동안 가동된 뒤에 올해 2월 유지 보수를 위해 가동을 멈추었어요. 2015년에 재가동될 거예요.* 과학자들은 빔을 끄기 전에 가능한 한 많은 데이터를 모으려고 애썼지요. 하지만 데이터가 많아질수록 잡음도 더 많아져요. 그러니 이 돌무더기 속에 숨겨진 보석을 캐내려면 걸러내고 분류하는 작업을 더 많이 해야 할 거예요. 물론 그 풍부함 속에는 예상하지 못한 것들도 있겠지만, 우리가 가장 소중하게 여기는 이론들 중 일부를 입증할 만한 것들도 있겠지요. 우리가 가장 앞세우는 초대칭뿐 아니라, 그 밖의 많은 이론들이 입증되면 좋겠어요. 파비올라는 필요한 증거를 아직 보지 못했다는 사실이 슬프다고 인정해요. "나는 초대칭을 사랑해요. 그것은 매우 정준적인(canonical) 이론입니다." 그 말에 나는 저절로 웃음을 지었어요. 물리학자가 찬사를 보낼 때 전형적으로 쓰는 말이거든요! 우리에게 그 단어는 일상

---

* 2015~2018년 가동했다가 그 뒤로 다시 보수와 성능 개선을 위해 가동을 멈추었으며 언제 재가동될지는 불확실하다. — 옮긴이

적으로 쓸 때와는 다른 의미도 지니거든요. 물리학자가 무언가를 정준적이라고 말할 때에는 그것이 권위가 있고 받아들여져 있고 표준에 포함될 가치가 있다는 것만을 뜻하는 것이 아니에요. 그 상황에서 할 수 있는 가장 자연스럽고 우아한 선택을 의미해요. 논리적 불가피성, 사실상 다른 선택을 할 수 없다는 암묵적인 진술, 아름다움을 인정한다는 의미가 깔려 있지요.

스티븐 와인버그는 이 감정을 멋들어지게 표현해요. "음악 작품에 귀를 기울이거나 소네트를 들을 때, 우리는 그 작품에서 바꿀 수 있는 것이 전혀 없다는, 음 하나 단어 하나도 바꾸고 싶지 않다는 의미에서 강렬한 미학적 즐거움을 느끼곤 한다." 그는 물리학자들이 아인슈타인의 일반 상대성 이론이 뉴턴의 중력 이론보다 더 아름답다고 보편적으로 동의하는 이유가 무엇인지를 설명해요. 전자가 후자보다 이해하기는 훨씬 더 어렵지만, 그 핵심에 놓인 개념은 더 심오하고 더 근본적이지요. 뉴턴의 방정식은 더 단순한 형식이지만, 아인슈타인의 방정식보다 더 깊이가 얕지요. 실험 관측 결과가 다르게 나오면 뉴턴은 전혀 불쾌해하지 않고 자신의 방정식을 얼마든지 그에 맞추어 변형시킬 수 있었겠지요. 하지만 일단 아인슈타인의 공리에서 출발한다면 모든 길이 일반 상대성으로 이어져요. 그래서 와인버그는 이렇게 썼어요. "아인슈타인의 14개 방정식은 필연성을 지니며, 따라서 뉴턴의 세 가지 방정식에는 없는 아름다움을 보여준다."*

파비올라는 초대칭을 사랑한다고 인정한 뒤, 이 이론이 가능성의 세계 안에 확고히 자리 잡고 있다고 자신이 생각하는 이유를 설명했어요. 관측이 이루어진 힉스 보손의 질량은 한 지표예요. 이 질량이 놓인 범위는 초대칭이 존재할 가능성을 뒷받침하지요. 현재의 이론 모형에 따르면, 초대칭에는 적어도 다섯 가지 힉스 보손이 관여하지만, 그것이 반드시 문제라고는 할 수 없어요. 우리가 본 것은 그 5인조의 일부일 수 있어요. 아니면 우리 모형을 수정하게 될지도 모르지요. 누가 알겠어요? 어느 쪽이든 지난 2012년 7월에 튀어

* 스티븐 와인버그, 『최종 이론의 꿈(Dreams of a Final Theory)』(New York: Vintage Books, 1994), pp. 132~136.

나온 이 보손은 지금까지 접근할 수 없었던 전혀 새로운 지식의 세계로 나아갈 관문을 제공할 수 있어요.

암흑 물질에 관한 추측 중 하나는 그것이 초입자로 이루어져 있을 수 있다는 거예요. 따라서 초대칭의 타당성이 입증된다면 또 하나의 수수께끼를 해결하는 길도 열릴 수 있어요. 설령 암흑 물질이 초입자가 아니라 해도, 초대칭은 아주 멋진 이론이에요. 수십 년 전에 우리는 마침내 모든 입자의 목록을 작성했다고 생각했지요. 그것들을 산뜻하게 두 범주로 나누었고요. 양쪽 범주는 서로 다른 규칙을 따르고, 서로 다른 물리적 목적을 지니지요. 페르미온은 물질을 구성하고, 보손은 힘을 전달해요. 둘을 혼동할 여지는 전혀 없었어요. 초대칭이 등장하기 전까지는요. 초대칭은 (초)대칭 변환을 통해 보손이 페르미온으로 전환될 수 있고, 보손이 페르미온으로 전환될 수 있다고 주장해요.

이 이론의 가장 두드러진 쟁점은 우리가 아는 어떤 입자든 간에 초짝(superpartner)이라고 주장할 수 있는 입자(보손이든 페르미온이든)를 아직 하나도 발견하지 못했다는 거예요. 우리가 추정한 이 모든 초짝들은 어디에 숨어 있는 걸까요? 답은 현재 우리 주변에 있는 우주가 분명히 초대칭이 아니라는 사실에서 나와요. 보손과 페르미온은 더 이상 망토와 안경을 쓰거나 벗는 것만으로 정체를 바꿀 수 없어요. 우리는 초대칭이 초기 우주의 특징이었다고 추측해요. 우주는 진화할 때 비대칭을 선택했고, 전약 대칭이 깨진 것처럼 초대칭도 깨진 거예요. 우리는 이 메커니즘*으로 관련 입자들이 서로 전혀 다른 질량을 지니게 되었다는 것을 알아요. 초대칭이 깨지는 바람에 초짝들이 너무 무거워져 오늘날의 일상적인 에너지 크기 범위에서는 존재할 수 없게 되었다는 거지요. 그러나 LHC에서 입자 충돌이 일어날 때 그중 일부가, 적어도 가벼운 것들이 생성될지 모른다는 희망은 남아 있어요. 개념 증명이 이루어진다면 좋겠지요.

골든 레트리버 한 마리가 내 뒤쪽 길로 달려가요. 오늘 같은 날에 살아 있음을 기뻐하는 듯 짖어대면서요. 그 길로

---

* W와 Z 보손의 질량은 광자의 질량과 전혀 다르다. 이러한 불일치는 전약 대칭의 깨짐에서 생긴다.

유모차를 밀면서 아기에게 오리를 가리키는 부모도 보여요. 늘 그렇듯이 자전거를 타는 사람도 보이고 달리는 사람도 보이고, 이따금 조정 선수들이 강에서 노를 저으며 지나가기도 해요. 그리고 나 같은 사람들도 있어요. 따뜻한 햇볕을 쬐며 몸은 활기 넘치는 봄의 경치와 소리가 가득한 땅에 둔 채 훨훨 생각의 날갯짓을 펼치면서 흡족해하는 사람들이지요.

저 앞으로 구불구불 뻗어나가는 강처럼, 내 생각도 구불구불 뻗어나가요. 하지만 이윽고 다시 파비올라의 강연으로 돌아와요. 앞으로 그 데이터에 숨어 있을지도 모를 추가 차원의 증거를 찾아내는 놀라운 발견이 이루어질 수도 있어요. 개인적으로 나는 그런 일이 곧 일어나기를 바라고 있어요. 그러면 세상이 겉으로 보이는 것보다 더 많은 차원을 지닌다는 우리의 믿음과 끈 이론가들을 보는 사람들의 시선도 더 호의적으로 바뀌겠지요. 대개 이런 차원들은 가장 큰 것도 너무 작아서 직접 관찰할 수 없다고 설명하지만, 관찰 가능하고 측정 가능한 결과를 낳아야 해요.

표준 모형은 놀라운 성공을 거두었지만, 최종 해답은 될 수 없을 거예요. 중요한 특징 몇 가지를 설명하지 못하거든요. 채워야 할 몇 칸이 빠져 있는 문서와 비슷해요. 힉스 보손의 질량이나 쿼크-렙톤의 수 같은 것들이지요. 그런데 표준 모형은 그 빈칸을 채울 방법을 갖고 있지 않아요. 그 칸들을 어떻게 채우느냐에 따라 전혀 다른 우주가 나올 거예요. 우리는 최종 이론이라면 무에서 모든 것을 만들어낼 수 있어야 한다고 기대해요. 단 몇 가지 원리를 선택해서 입력하면, 우리 우주 전체가 독특하면서 필연적인 출력으로 나와야 한다는 거지요. 진정으로 근본적인 이론은 관찰 가능한 모든 양에 관한 구체적인 예측을 내놓아야 해요. 실험의 목적은 이런 값들을 발견하는 것이 아니라, 그저 확인하는 것이 되어야 해요.

반물질이 드물다는 것도 두드러진 문제 중 하나예요. 표준 모형은 반입자가 존재한다고 말하지만, 그것이 왜 눈에 띄지 않는지는 말하지 않아요. 물질과 반물질은 같은 양으로 존재해야 한다는 것이 자연스러운 가정이지만, 실제로는 그렇지 않다는 것이 명백하지요. 적어도 우주에서 우리가 있는 구석에서는 그래요. 반물질이 존재한다면, 각 입자는 자신의 반입자와 충돌할 것이고, 그 쌍은 순수한 에너지를 분출하면서 사라질 거예요.

　그리고 표준 모형이 기술하는 것은 가시적인 물질인데, 최근 들어 우리는 우리 우주에서 가시적인 물질이 차지하는 비율이 4퍼센트밖에 안 된다는 것을 알았어요! 우리는 나머지에 관해 말할 수 있는 내용이 얼마 없어요. 그것이 빛을 반사하지 않으므로 검다는 것과, 중력을 일으키므로 일부는 물질이라는 것만 빼고요. 물질이 아닌 부분을 우리는 암흑 에너지라고 해요. 보이지 않으므로, 이 검은 것들은 아주 오랜 세월 검출되지 않은 채로 있었어요. 이들이 존재한다는 첫 번째 단서는 천문학자들이 특정한 은하들이 중심에 모여 있는 가시적인 물질의 양을 토대로 계산한 것보다 훨씬 더 빨리 돈다는 것을 관측하면서 나왔어요. 그 은하들의 중심이 보이는 것보다 훨씬 더 무겁다고 해야만 가능한 일이었지요. 다시 말해 나머지 물질은 검어야 하는 거지요.* 천문학자들은 암흑 물질의 영향을 우주적인 규모에서 추적하지만, 그

---

* 중력 렌즈 효과도 암흑 물질로 일어나는 현상 중 하나다.

정체를 밝혀내는 일은 입자물리학자에게 달려 있어요. 아원자 수준에서 암흑 물질이 실제로 무엇으로 이루어져 있는지를 알아내는 일이지요. 우주 연구는 오랫동안 입자물리학과 분리되어 있었지만, 이 문제를 해결하려면 양쪽이 힘을 모아야 해요. 큰 것과 작은 것 사이에 아름다운 공명이 일어나는 거지요.

표준 모형은 수많은 검증을 거쳐왔어요. 다시 말해 틀렸을 리가 없어요. 따라서 앞으로 수정되거나 더 나아가 대체될 필요가 있다는 것이 명백히 드러날지라도, 틀린 것으로 드러나지는 않을 거예요. 대다수의 이론처럼, 그 모형도 한정된 영역(domain)에서 타당해요. 나는 영역이라는 말이 좋아요. 왕국을 생각나게 하거든요. 각 이론은 자신이 지배하는 왕국이 있어요. 어떤 왕국은 영역이 더 크지요. 우리가 암흑 물질의 정체를 밝히고, 암흑 에너지를 이해하고, 물질-반물질 불균형의 수수께끼를 풀려면 표준 모형의 국경 너머로 나아가야 해요.

아인슈타인은 이렇게 말했어요. "더 포괄적인 이론을 소개하는 방향으로 나아가고, 자신이 그 이론의 한정된 사례로 살아간다는 것이야말로 모든 물리 이론에 할당된 더할 나위 없이 공평한 운명이라고 할 수 있다." 과학은 계속 확장되는 지식에 맞추어 진화하는 기본 틀이지요. 우리는 과거의 이론 위에 새 이론을 구축함으로써 앞으로 나아가요.

힉스 입자가 출현한 지 10개월도 지나지 않았지만, 나는 수백 년을 산 것처럼 느껴요. 당신의 원고를 읽어서 그럴 수도 있고, 파비올라의 말을 다시 들어서일 수도 있고, 아주 작은 것과 아주 큰 것 사이에 깊은 연결 고리가 있다는 것을 어렴풋이 이해하기 때문에 그럴 수도 있어요. 이유가 무엇이든, 나는 어딘가에서 실들이 엮이고 있고 원이 닫히고 있다는 느낌을 떨어낼 수가 없어요. 아마 그것이 일이 진행되는 방식이겠지요? 지식의 고리가 이따금 끊기면서 열리고, 다른 가닥들이 합쳐지면서 에워싼 영역이 점점 더 커지는 식으로요.

다시 한번 우리는 길이 굽는 곳에 도착했어요. 과학자로서의 내게는 더할 나위 없이 흥분되는 상황이지요. 현상을 이해할 때 우리는 대단한 만족감을 느껴요. 우리의 추측이 실험을 통해 확인될 때에도 기뻐 날뛰지요. 하지만 우리

앞에 의문들이 탐사되기를 기다리면서 열려 있고, 그 해답이 가장 터무니없는 꿈에서조차 상상한 적이 없는 무언가일지 모른다는 것을 인식할 때, 경이와 호기심이 가득한 그 순간에 최고의 희열을 느낀다고 할 수 있지요. 우리는 다시금 모든 가능성이 살아 숨 쉬는 신성한 곳에 서 있어요. 바야흐로 눈부신 미래가 눈앞에 펼쳐지려는 시점이지요.

안녕,

사라가

에필로그

보낸 사람: Leonardo Santorini 〈leonardo.santorini@gmail.com〉

날짜: 2013. 10. 8. 화요일 오후 12:03

제목: 완전한 원

받는 사람: breaking.symmetries@gmail.com

안녕, 사라

축하해요! 데이터 속의 한 점이었던 우리 보손이 노벨상이라는 영광을 얻었어요! 이제 우리는 언제 알았는지 말할 수 있어요…….

또 저작권 대리인과 드디어 연락이 되었어요. 내게 전화해서 내일 아침에 출간 계획을 논의하자고 하더군요. 일이 아주 빨리 돌아가고 있어요. 여전히 얼떨떨한 기분이에요. 하지만 일요일까지만 뉴욕에 머물 수 있어요. 축하할 일이 겹쳤으니까, 빨리 여기로 와요.

어서 보고 싶어요.

레오가

감사의 말

밥과 엘런 캐플런이 없었다면, 이 책은 나올 수 없었을 것이다. 불완전한 초고를 읽으며 가능성을 알아보고, 원고를 열정적으로 옹호하고, 이루 가치를 따질 수 없는 조언과 자문을 해준 데 진심으로 감사를 드린다. 두 사람을 알게 된 것은 정말로 행운이었다.

폴 드라이 북스와 함께한 것도 더할 나위 없는 기쁨이었다. 인내심을 갖고 지도하고 지원해준 폴 드라이에게 감사해 마지않는다. 사려 깊은 평과 세세한 부분까지 꼼꼼히 살펴본 더글러스 고든과 크고 작은 온갖 질문에 전문가로서 친절하게 곧바로 답해준 윌 쇼필드에게도 감사드린다.

그리고 전문가의 눈으로 원고를 읽고 가치 있는 피드백을 해준 프레디 카차조, 안사르 파야주딘, 비카르 후사인에게도 고마움을 전한다. 오해를 불러킬 수도 있었을 몇몇 대목들을 짚어준 헬렌 퀸, 통찰력 있는 평을 해준 캐트린 슈먼에게도 큰 빚을 졌다. 따뜻한 환대로 하버드의 첫 기억을 갖게 해준 캄란 바파에게도 진심으로 감사를 드린다. 또 도서관 이용을 허락한 왕립협회와 CERN에 관한 질문들에 답해준 에이던슨 랜들 콘데에게도 감사한다. 큰 호의를 베풀고 격려를 해준 파비올라 자노티와 아미르 악셀에게도 감사를 드린다. 내 일상을 체계화하는데 도움을 준 글쓰기 모임의 빌랄 아산 말리크와 알리 아크람에게도 감사하고, 든든히 지원해준 라비아 사이풀라, 마리아 개터 존슨, 매리언 라일리, 캐서린 매저, 한스 핸슨에게도 감사의 인사를 전한다.

그럽 스트리트는 내 글쓰기의 고향이었고 글쓰기 가족도 만난 곳이다. 특히 이선 글리스도프, 메리 캐럴 무어, 팀 호바스의 수업은 책을 구상하는 데 많은 도움이 되었다. 또 론치 랩에서 내가 배운 모든 것은 린 그리핀과 캐트린 슈먼 덕분이다. 그들은 내 절친한 친구도 되어주었다. 나는 주변에 있는 멋진 서점들에도 큰 빚을 졌다. 하버드 서점, 쿱, 포터 스퀘어 북스, 브루클린 북스미스의 책장은 내게 자주 영감의 원천이 되어주었다. 하버드 서점의 놀라운 작가 시리즈 덕분에, 나는 깊이 찬미하고 결코 만날 것이라고 예상하지 못했던 작가들과 멋진 대화를 나눌 수 있었다.

또 내게 기쁨, 유머, 시각을 제공한 애니 듀러니, 멜라카 삼다니, 아피아 내서니얼, 사미르 바자이, 아예샤 탄짐, 시드라 셰이크, 아니카 치마에게도 감사한다. 한결같이 내 곁에 있어준 데 감사한다. 처음부터 이 책에 자부심과 관심을 보여준 친척들에게도 감사한다. 늘 격려해준 파크루니사와 파테 칸, 아이샤, 사이마, 마비시, 우메르 말리크에게 특히 고마움을 전한다. 내가 하는 일 중 상당수는 식구들이 흔들림 없이 받쳐주고 한없이 위안을 주는 덕분에 이루어진 것이다. 부모님 바사라트와 미다트 카짐은 모든 원고를 꼼꼼히 읽으셨고, 아미르, 자이브, 마헤 제흐라, 알리 후사인은 읽는 척을 했다. 사랑과 인내심을 갖고 대해준 모두에게 감사한다. 또 나 자신의 열정이 흐릿해질 때에도 흔들림 없는 열정으로 나를 지탱해준 아사스와 무르타자에게도 감사한다. 그 모든 길에 함께한 압둘라에게도 고마움을 전한다. 당신은 내 이상적인 독자다.

이 책은 파키스탄에서 유일하게 초끈 이론을 연구하는 여성 물리학자가 쓴 소설이다. 고전역학에서 상대성 이론과 양자역학을 거쳐 초끈 이론에 이르는 물리학의 역사를 소설 형식으로 풀어냈다.

저자는 뉴턴, 아인슈타인 같은 인물들이 물리학의 역사를 바꾼 획기적인 연구 결과를 내놓았을 당시에 살고 있던 누군가의 관점에서 각 시대를 보여준다. 즉 각 발견과 이론이 그 뒤의 발전에 어떤 기여를 했고, 어떤 한계를 지니고 있는지를 되짚어보며 평가하지 않는다. 대신에 당시의 흥분과 기대감, 바야흐로 일어나려는 변화의 흐름을 생생하게 보여주는 데 초점을 맞추고 있다. 그래서 아인슈타인을 당시 사람들이 어떤 시각에서 바라보았는지, 힉스 보손의 발견이 물리학계에 어떤 흥분을 안겨주었는지를 실감할 수 있다. 현장 분위기를 고스란히 전달하는 실황 중계를 보는 듯하다.

또 그런 관점을 취함으로써 얻는 또 한 가지 이점은 되짚어보면서 요약할 때와 달리 시대 상황을 상세히 엿볼 수 있다는 것이다. 어떤 논쟁과 반발이 있었고, 어떤 불안감과 혼란이 있었는지도 알 수 있다. 소설이지만 저자가 꼼꼼하게 자료 조사를 했음이 잘 드러난다.

이 각각의 이야기들은 서로 어떻게 이어질까? 제목 자체가 말해주듯이, 저자는 이 책의 여러 화자들을 하나로 잇는 공통의 실이 있다고 본다. 자연은 거대한 태피스트리와 같지만 그 태피스트리는 가장 긴 실을 써서 짠 것이므로, 그 실들을 풀어내면 자연의 짜임새를 알아낼 수 있다는 것이다. 그 실은 어디까지 이어질까? 끝은 어디에 닿아 있을까? 저자는 초끈 이야기에서 끝을 맺고 있지만, 읽고 나면 생각하게 된다. 과연 거기에서 끝날까? 수십, 수백 년 뒤의 사람들은 이 시대에 어떤 획기적인 물리학적 발견이 이루어졌다고 보게 될까? 읽고 나면 이런 생각들이 절로 떠오른다. 소설로 담아냈기에 느낄 수 있는 여운이다. 과학과 소설의 새로운 만남이 어떤 효과를 낳는지 접해보시기를.

자연은 가장 긴 실만을 써서 무늬를 짠다

1판 1쇄 발행 2021년 5월 25일

지은이 타스님 제흐라 후사인

옮긴이 이한음

펴낸이 김명중 | **콘텐츠기획센터장** 류재호 | **북&렉처프로젝트팀장** 유규오
책임매니저 최재진 | **북팀** 박혜숙, 여운성, 장효순, 최재진 | **마케팅** 김효정, 최은영

책임편집 백상열 | **디자인** 오하라 | **인쇄** 우진코니티

펴낸곳 한국교육방송공사(EBS)
출판신고 2001년 1월 8일 제2017-000193호
주소 경기도 고양시 일산동구 한류월드로 281
대표전화 1588-1580 **홈페이지** www.ebs.co.kr
이메일 ebs_books@ebs.co.kr

ISBN 978-89-547-5797-3 (03400)